The Portal to Cosmic Consciousness

YOU ARE NOT ALONE.

地球守護者

地球實驗的阿卡西紀錄

Dolores Cannon 著/ 張志華 譯

KEEPERS OF THE GARDEN

這些資料是為了那些想知道的人。
那些不想知道或不想相信的人，不接受並沒有錯。
他們只是尚未準備好接受。

台灣飛碟學會創會理事長 呂應鐘 專文推薦
中華新時代協會創辦人 王季慶 心靈推薦

園丁的話

這其實是一本心靈的書，一般人大概很難想像外星人主題的書籍會和心靈有關。但這的確是事實，因爲宇宙原就是心靈的產物。這也是一本談論生命本質的書，只是由一個更大的觀點，所謂的宇宙視野來看。

書裡關於地球生命的起源，對神的概念和高度演化生物（外星人）的部份，在《與神對話》裡也有類同的說法。套用物理學家Mendel Sachs的話，「在不同領域重複出現的觀念，比不重複出現的，較接近眞理。」那麼，來自不同來源所重複出現的觀念，顯然也比不重複出現的，更接近眞理。

想想，滿天繁星，每個發光的星體都代表未知生命的可能性。如果我們願意擴展想像的視野，誰說生命非得以人類感官所能認知的具體形態呈現？這本書除了外星生命的類型和播種地球的內容外，要傳達的訊息其實很簡單，就是「愛與和平」四個字。

狹隘與恐懼是人類故步自封的心靈枷鎖，要打破人性的侷限，並不是一蹴可幾的事。但我們可以試著從相信思想的力量開始，相信自由意志可以創造出任何想要的實相，相信宇宙不存在評斷賞罰，一切都是出於自己意識或下意識的選擇所創造出的學習機會，那麼我們看待世事與回應的方式自然會慢慢產生微妙的轉變；一旦我們體認到內在固有的力量，瞭解靈魂才是我們的本質，軀體只是在三次元的地球，執行人生藍圖的工具，生活就逐漸不再是充滿掙扎，而是一場饒富趣味的探險；如果我們更進而領悟到：我們都是神的一部份，在無限裡創造和體驗，（是的，這就是宇宙眞相☺）那麼，這趟地球旅程就會變得精彩可期。

這個實現的過程說來簡單，然知易行難，畢竟我們仍不免受到俗世種種干擾和考驗。但我相信，只要我們願意超越國家地域的區隔，願意學習尊重不同種族和宗教信仰，以善意對待彼此差異，誠實的溝通；只要我們願意試著以整體的概念來思考，跳脫制式的二分法模式，用同理心取代分別心，那麼，在這個藍色星球上落實「分享」與「互助」並不是太困難的事，「愛與和平」也不會只是空泛的理想——因爲我們每個人都擁有改變世界，提升地球意識的力量，只要我們願意從自己做起，只要我們願意。

推薦序

開啓心靈大門

呂應鐘

看完本書，我久久不能釋懷，只能讚嘆：「太豐盛了。」因爲書中所談及的主題包羅萬象，若是一位關注史前文明和外星人主題的人，立即可以體會出這本書的偉大。

書中除了典型的外星人生理狀態敘述、外星球景色及建築描述之外，還談到許多主題，包括科學的人類疾病的源由、恐龍滅絕的原因、演化論的錯誤等；人類學的馬雅人消失眞相、獻祭的本質、地球人是被播種的等；宗教學的神的概念、聖經的眞相、世界末日、耶穌與外星人、輪迴轉世等；考古學的亞特蘭提斯、百慕達三角等；心靈學的心智溝通、能量治療、靈魂能量、第六感；以及神秘學的水晶能量、靈魂來自許多其他星球等。

如果是一位不相信外星人存在的讀者閱讀本書，只以抱持看科幻小說的心態閱讀，也應該會爲作者構思出這麼豐富的情節而讚嘆。

不過這樣就太可惜了。

因爲，這不是一部科幻小說，而是告訴地球人思考一個嚴肅問題的啓蒙書，誠如書中所言「地球人現正處在滅絕或進化的交叉口上」，這正是二十一世紀人類面臨的抉擇。

「二十一世紀」將是一個不同於過去的世紀，因爲此時地球文明從雙魚座邁進寶瓶座的時代，也就是人類從物質科技文明邁進心靈科學文明的重要時代。自從十九世紀人類開始注重唯物科技的研究與發展之後，讓二十世紀成爲唯物科技發展的高峰，但是人類也同時失去「心物合一」的內涵，失去數千年來的優良文明底蘊，走向以功利思考一切的資本主義和科技文化。

以致於人類忘卻了自己還有「心靈」的層次，在現代唯物科技的霸權教導下，使人類誤認爲能夠經「科學證明」的東西才是眞理，無法經科學證明的就是不存在的。這是唯物科技極大的錯誤，也是人類認知的悲哀。

幸好二十一世紀將會轉向了，被忽略的眞理將再度被重視，屆時人類才會驚覺過去的錯誤，而迎接「天人合一」的時代，這是極爲古老的宇宙認知，卻在二十一世紀再度成爲新的認知，這也是宇宙文明的安排，因爲「時候到了」。

二十世紀下半起，New Age思潮的興起不是沒有原因的，台灣開始流行生死學主題書籍也不是沒有原因的，書店裡盡都是靈媒及外星靈相關出版品更有其背後因素，這些都在告訴敏銳的現代人：「一個不同的時代要來了。」

什麼時代？就是告訴地球人一切眞相的時代，也就是本書所談及的所有內容。這些不

同凡響的內容讓我邊讀邊喜悅，因爲和我的心得完全契合，書中所說的宇宙奧秘都是我已經知曉的，更妙的是二月初我才和一些人談及水晶能量的重要性，在這本書中竟然也談到外星人飛行器是靠水晶能量飛行的。

也許對一般讀者來說，裡面的各種描述超過你們的認知範圍，令人匪夷所思而無法接受，總會產生「眞的？假的？」疑惑。但是我要誠懇地告訴大家：「相信吧。不要用當今地球的標準來衡量宇宙，地球人如同井底之蛙，總以爲井口的天空就是整個天空。」

如果讀者還是無法體會我的話，讓我再做個比喻：「你有沒有辦法向清朝的人說明手機、電腦？」當然沒有辦法，因爲這些科技產品超過清朝人的認知，他們能否認手機和電腦的存在嗎？所以，今天超過你認知的所有事物或現象，我們也不能輕易地就否認。

科技總在進步的，人類的心靈也會進步，書中有一個很重要的觀念「一切都是能量」，沒有錯，宇宙中的一切都是能量的不同呈現。可見光和宇宙射線是能量；引力、磁力、核力等也是能量；植物、動物、人體也是能量。量子物理已經告訴人類宇宙中的一切都是能量，只是振動頻率不同而呈現出不同的物質態。

也許這個理論對大多數沒有學過量子物理的人來說太深奧、太不可思議，但是我還是要說一句「相信吧」，書中又提到「人類不是靈魂所能選擇和使用的唯一形式」，我再度呼

籲讀者「相信吧」。

因爲不久的將來就會證明這些都是正確的，爲何我敢如此預言？因爲這些都是存在已久的宇宙眞理，只是落後的地球人不知道而已。

呂應鐘，現任美國全我自然醫學研究院院長、國際華人超心理學會理事長、中華老子思想研究會常務理事。

曾任俄羅斯聯邦外貿學院名譽教授、南華大學創校委員及第一任主任秘書。擔任過台灣飛碟學會創會理事長，台灣超心理學研究會理事長。研究飛碟外星人及心靈科學主題將近40年。

目錄

目錄

第一章　發現外星人

外星人現在正生活在地球上。他們不能再被視爲只存在於遙遠星球或乘坐太空船遨遊宇宙的外星生物。他們無所不在；你的朋友、鄰居，甚至親人當中，就有他們的身影。我們彼此緊密相連，因爲他們是我們的祖先；我們的身上流著他們的血液。對這些外星生命而言，我們就像他們的手足，一如地球上的動物和人類般親近。

我之所以知道這些，是和一位生活在地球上的外星人密集合作一整年的結果。我們因催眠而結識。我是個回溯催眠師，由於工作的特性，我常常隨著案主的講述穿梭時空，探訪地球的過往，瞭解人類歷史的足跡。但直到遇到菲爾前，我從不曾「造訪」地球以外的星球。然而我一直期待有這樣的機會。我認爲探訪外太空和探訪地球歷史一樣可行，我也相信，有些人類除了地球生命，確曾有過外星世界的經驗。

探索外星球的想法令我神往，但我從不曾與這個「非常人選」交會。我認爲這種人很

稀有。由於我的工作使我有機會接觸到許多形形色色的受術者，我相信遲早會找到這樣的個案，要不，他們也會找上我（這麼說通常比較正確），而我怎麼也想不到這個機率會比我以為的來得大。這些人並不容易被認出來，由於潛意識的保護作用，他們隱藏得很好，甚至連他們本身都不知道自己的身份。

當我剛開始這趟全然的意外之旅時，和大家一樣，我對外星人有著先入為主的制約想法，認為他們可怕且不帶善意；對於不了解的事物，我們自然感到害怕。然而，我很驚訝的發現，這些生命體和電視、電影及科幻小說裡所描繪的外星生物截然不同。我花了好些時間才克服多年來被社會文化洗腦的刻板印象，並進而思考：在靈魂深處，在靈性層面而言，我們和外星生命其實並無二致，存在的，只是誤解。

我和菲爾的合作始於意外，如果真有任何事可稱為「意外」的話。我向來接受各類人士的預約，為那些想知道前世的人進行回溯，這種催眠並沒有最適合哪個特定類別的人，我的個案包括了各式各樣的對象，他們都各自有探索轉世可能性的理由。我通常是到個案家中進行催眠，因為人們在熟悉的環境裡感覺比較自在，對回溯的概念和整個過程也比較不會害怕。

我曾在任何你想得到的環境下催眠，從華宅到陋室，在汽車旅館的房間，甚至下班後

的辦公室和店面；我必須學習去適應各類奇奇怪怪的環境，因爲我相信，讓被催眠者感到舒適是發展彼此信任的最重要元素。由於這種不尋常的工作，我去過一些陌生的地方，有時離我的住處很遠，遠到開車所花的時間比我進行催眠的時間還來得長。最後，我不得不訂下規定。

我訂了個界線，不去超過五十哩外的地方。任何住在超過五十哩遠的人，必須安排在臨近的友人家中與我會面。我並不想拒絕任何人，因爲他很可能正是我要尋覓的那位會提供資訊，展開一場驚異之旅的合作對象。這樣的人無法從外表判別，直到遇上了，我才會知道。他們是一般的凡夫俗子，沒有外在線索可以顯示他們的靈魂在其它時空所經歷過的奇特旅程。

一位離了婚的年輕職業婦人和我相約在她家進行催眠，我開了幾乎五十哩的極限範圍才到她的住處。之前她曾跟我約了兩次，但都在最後一刻臨時取消。我常懷疑她其實並沒做好心理準備；由於回溯的結果有時過於震撼且出人意表，或許她下意識地害怕，怕一旦開始探索而可能發掘出的深埋記憶，因此製造藉口臨陣逃脫。我並沒催促她；有太多人在我的等候名單上。

當我這次來到她住的小鎮，我心想，她終於下定決心了，因爲這回她並沒來電說另有要事。但當我開進她家的街道時，我沒有看見她的車，反而看到一輛陌生的黃色小卡車停在路邊，卡車兩側有電器修理行的標誌。我第一個想法是，她忘記了我們的約定，叫了人來修理電視。她會忘記是正常的，這是很典型的她，我並不覺得奇怪，只是我不認爲這樣的氛圍會適合進行催眠。下了車，我看見有張紙條貼在她的門上，上頭寫著她臨時受命出差，爲免我大老遠白跑一趟，於是她安排了別人頂替。字條上說要接受催眠的人名叫菲爾，正在屋裡等我。我對這樣的安排並不驚訝，因爲她就是會在最後一分鐘做這種事的人。

因此，長程行駛後，我的對象是個完全的陌生人，對我來說，這不是個理想的安排；我並不期待這次的催眠會有多少收穫。新個案有時不好合作，尤其當他們對催眠一無所知時。由於他們常會有防衛心態，我必然要用上大多數的時間來建立信任。信任和親和感對回溯催眠這類的合作關係來說，是非常重要的前提。我當時眞的以爲，這會是我與菲爾第一次，也是最後一次的合作；我很可能再也不會見到他。

菲爾是一個長得很好看的年輕人，有一頭深色的頭髮，二十八歲，很安靜，我最初認爲是害羞，後來發現這純粹是一種沉穩的自信。他來自一個大家庭，家中有五個兄弟姊妹。他和家人同住，在父母家的車庫經營自己的電器修理生意。比較特別的是，他有一個

孿生兄弟。在談話的過程中，我瞭解許多菲爾的背景。他對異性似乎不太有興趣，也從未有過認眞的情感關係。這點倒是讓我很訝異，因爲他挺迷人的。他曾在海軍待過一段時間，在那裡學到了修理電器的知識。

人們常會問我理想的催眠個案所具備的條件。通常他們第一個問的就是宗教信仰。他們多少已假設能夠被催眠的人，應該具有某種非正統的宗教背景。這個假設並不正確。就我接觸的個案而言，各種信仰的人都有。宗教信仰對於催眠中所呈現的訊息型態似乎沒什麼影響。

菲爾在嚴謹的天主教環境中長大，小時候曾在一間當地的教堂擔任輔祭少年，協助彌撒、喪禮和節日慶典等活動。直到七年級前，他讀的都是天主教學校。由於自小接受修女的指導，他對天主教教義有非常充份的瞭解和領會。這樣的學習環境絲毫不鼓吹轉世的思想，然而菲爾卻對神秘學頗有興趣，他讀了許多相關書籍，因爲好奇，他對回溯催眠躍躍欲試。菲爾很親切友善，打從一開始，他和我相處似乎就很自在，對催眠的想法也很能接受。

第一次催眠菲爾的情形，正如我的預期。雖然他很容易就進入了中度的催眠狀態，但他無法清楚表達。他的聲音含糊不清，很難聽出在說些什麼。當受術者在很放鬆的狀態時，常會出現這樣的狀況；他們的答覆緩慢，就好像在睡夢中說著夢話一樣。他們會非常投入於視覺上的情境，但除非催眠師指示，他們不會主動提供訊息，說出所見的景象。經過多年的催眠工作，我已經不太喜歡這類沒什麼互動的型態，我喜歡受術者在催眠狀態下能夠自發地和我交談，這也是爲什麼我尋找有夢遊症的人作爲合作個案的原因。

菲爾在催眠中重新經歷了無趣且平凡的一生。那一世他曾漫走在沙漠中，在乾旱裡尋找水源。被喚醒後，他說他貼切感受到那種口渴、炎熱、氣候的乾燥，以及周遭人的苦悶心境。這是很典型的初次回溯型態。當個案的潛意識在探索這類新經驗時，常會選擇經歷單純平凡的一生。菲爾說他在催眠狀態下看到的景象非常清晰，他因爲非常放鬆，因此還得花些力氣才能回答我提出的問題。他說他現在完全可以瞭解年老，因爲他眞實地感受到生命臨屆盡頭——垂垂老矣、疲累、苟延殘喘的感覺。

菲爾對這次的經驗感到興奮，他很渴望能再次進行。我也很想說我跟他一樣興奮，但我其實不是那麼想再催眠他。要從他口中得到回答實在太困難了。我比較喜歡和自發性高，話多的對象合作，他們能侃侃而談地說出在催眠狀態下所見的景象。然而只要有人願意接受回溯催眠，我通常都會同意。我不想拒絕任何人，因爲我無法得知個案會從中獲得

或提供什麼洞見。因此我有些勉強地和菲爾預訂了下周的會面。我心想，讓他試過幾次，滿足了他的好奇心後，我就可以繼續尋找其他更有效益，能更主動提供訊息的合作對象了。

進行催眠時，我通常會運用許多不同的程序和技巧，直到找出最適合受術者的方法為止。運用電梯是催眠療法之一：當個案覺得抵達了某個正確樓層，電梯門一打開，他會有走出電梯，探索眼前所見事物的渴望。我在菲爾第二次的催眠療程時用了這個方法，發現很適合他。電梯法成功引導他到達不同的地點和存在層面取得重要資料。

第二次的催眠，菲爾開始比較多話。他提到他在戰時德國慕尼黑的一生。在那一世他和其他猶太人受僱於隸屬政府的民間單位。他們的家人都被殺害，他們因具有德國政府可以利用的才能而倖免於難。他們必須配帶臂章以供辨認身份，他認爲這是一種侮辱。他在那世的名字是卡爾布里屈，一位工程設計師。他和其他人一起從事潛水艇基地設計的任務，由於這是機密，他並不想多談。雖然這些猶太人對德國政府很有用處，但他們並沒有被人道地對待。這使得他憤憤不平。他提到曾在一次遊行中看到希特勒，他認爲希特勒是個瘋子。

菲爾的前世身份——卡爾，死於一場空難。當時他和同僚們乘坐小飛機正飛往潛水艇

基地的途中，在臨近法國邊境時，意外地被敵軍的炮火擊落。飛機墜落在一個小村莊裡。

從催眠狀態醒來後，菲爾說這次的經驗對他意義重大。他曾經夢過死亡，跟這次催眠所見很像。他對那個夢印象非常深刻，他一直以爲夢裡的他是德軍，因戰鬥機被擊落而喪生，因爲他夢裡看到的飛機有納粹標記。經過這次催眠，菲爾才知道他乘坐的是民航機。夢中最令他困擾的就是村人的無情和冷漠。他們就站在那裡眼看著他死去。那些村民顯然很高興見到飛機被擊落，他們對發生的事無動於衷，完全沒有試著伸出援手。村人憎厭的態度令他憤怒，但菲爾說他在夢裡看到這一幕時，感受到的情緒比催眠時更爲強烈和激動。

在這次的催眠裡，菲爾的回答仍然緩慢，有時也聽不清楚他在說些什麼，但他比上一次進步，我們的互動也越來越好。

菲爾第三次的催眠主要在體驗一位古文明時期女子的一生，地點是南美洲某處的金字塔附近。菲爾說了許多關於當時的祭司和祭祀的事。他提到當皇后去世時的一個儀式。皇后的女侍們被給予藥物服用，然後朝心臟刺死，這被視爲一種榮耀，因爲她們的屍體會和皇后一起埋葬，跟隨她進入死後的世界。菲爾在這次的回溯中經歷生產的過程。看著一個男性個案體驗女性生產歷程的各種情緒，實在是件很奇怪的事。他（她）這一世死於西班牙軍隊入侵村落並大肆殺害村民之際。

在回溯初期，個案通常都重回這類前世。我因爲對此已很熟悉，不再覺得有何特殊之處，除非他們提供某些重要資訊。我已經蒐集了上百個這類的資料，雖然其中對個案多少有些幫助，但對我而言，它們只是增益了我對歷史的整體瞭解。

然而，在第三次回溯時，先是發生了件奇怪的事。當電梯門第一次打開，菲爾看到地平面上的陌生翦影。在紅色天空下，是一片有著鋸齒狀，參差不齊的岩石地形。當菲爾看到這個景象時，他感到很不舒服，但又說不出所以然。這個畫面很困擾他，令他抗拒。他不想探索那裡，於是要求回到電梯，改去其他地方。我從不要求任何人做他們覺得不自在的事，因此我讓菲爾去他想去的地方。這就是他後來發現自己站在一座金字塔底部的前因。

允許個案去做他們覺得自在和舒服的事，有助於建立信任。這麼做也使他們知道，在回溯過程中，他們始終居於主控。我覺得如果潛意識有重要的事要讓個案在催眠中看到，在不被強迫的情況下，他們終會一探究竟。

菲爾描述的景象引起我的好奇，因爲那個奇怪的地形聽來不像是我熟悉的任何地方。當菲爾醒來時，我問他爲什麼不想探索那裡？

他說他也不知道那是什麼地方，他對地平線上那凹凹凸凸的形狀有種說不出的奇怪感

受，那尖凸鋸齒般的地形就是令他不安。他說他看到右手邊有一座尖塔，上頭有一圈環狀物圍繞。他唯一能給的貼切描述，就是一個巨大的甜甜圈繞在一座巨石尖塔的頂部（見圖）。

「這個景象讓我很不舒服。」他的眼神像是看進了遙遠的他方，語氣輕柔地說：「有種陰森、詭異的感覺……很黑暗，像是不曾改變過的黑暗。」他的目光回到了當下：「我很高興你沒有強迫我去探索，你讓我可以選擇回到電梯。不知道爲什麼，但我覺得電梯裡安全多了。」

那幕景象確實有其詭異之處。這個地方到底在哪裡？爲什麼會那麼困擾菲爾？顯然地，菲爾的潛意識正開始讓另一個世界的浮光掠影滲入意識層面。直到幾星期後，我們才瞭解這個地方的意義，以及菲爾那麼抗拒探索它的原因。

接著的幾次催眠，菲爾似乎很被德國的那世吸引，他重新經歷那一世的生活，雖然那是個苦難的一生。菲爾覺得那世的回憶激起他內心許多深刻的情緒，有憤怒、沮喪和不快樂。他很想在催眠時都發洩出來，可是他怕這麼做會冒犯我。他承認他在這一世也很不會處理情緒問題，他總將感覺隱藏，壓抑在內心，他甚至不讓家人知道他的感受。我向他保證，他可以放心地宣洩這些情緒，這是我的角色的功能，而且這種釋放通常非常有益。

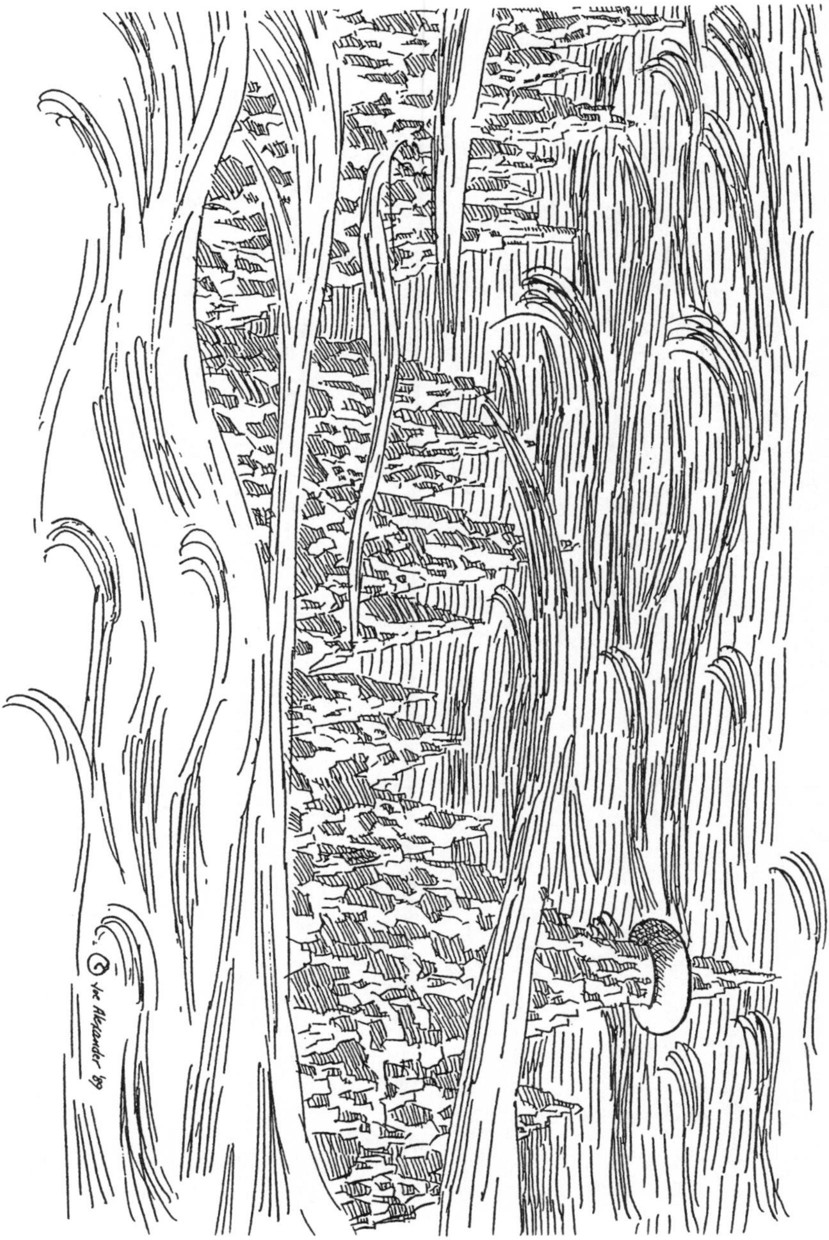

接續的催眠期間，菲爾偶爾會看到更多令他困擾的畫面。比如說曾見一個有很多高塔，車子像飛機般在天空飛來飛去的奇怪城市。這整個城市的外觀沒有任何色彩，一片單調的灰色中，只見白光穿透。每當這景象出現，菲爾便會撤離；他會要求回到令他覺得安全的電梯，改去其他地方。我對這些景象很有興趣，因爲聽起來很像是另一個世界，或至少是很具未來感的地方。我渴望探索它們，但經驗告訴我，我不能讓我的好奇心干預。不催促個案會是最好的作法，讓他們以自己的步調去發現他們的才能和曾有的歷程。在我的催眠工作裡，耐心終會得到回報。

菲爾感到困惑。「我有個感覺，好像有些事試圖要浮上檯面，而且有好幾次都幾乎要成功了。」他覺得不論是什麼，只要找對了電梯樓層，只要他有足夠的勇氣去探究，他就能連接上這些即將浮出的事物。我感覺這一切和那個有鋸齒地平線以及車子在天空翱翔的奇怪城市有關。

接下來的日子，我繼續爲菲爾進行回溯催眠，建立彼此的信賴；我也同時和其他個案合作。菲爾的回應越來越自然，也因爲他所看到的奇怪景象，我認爲可能浮出他意識層面的事物，值得一探究竟。他所描述的場景確實引發了我的好奇。然而，我怎麼也想不到，等候我們的竟是這麼一場奇特的探險。

第二章　失去的殖民地

幾星期後的催眠，當電梯門一打開，菲爾又見到同樣的景象。他看見紅色天空下那片荒蕪、鋸齒狀，多少令人不舒服的輪廓。顯然地，他的潛意識認爲探索那一世的時機已到，因此允許他在催眠狀態下持續瞥見這些畫面。這一次，菲爾決定走出電梯，進入這個場景，去了解爲什麼這裡令他如此困擾。經過多次的互動，菲爾已經知道，如果他有任何不舒服的感受，我會讓他有離開的選項。這樣的認知給了他一種安全感，即使是身處如此陌生奇異的環境。菲爾走進了這個場景，很快地被一股強大的悲傷感淹沒。他描述眼前所見的情景。（譯註：催眠過程中的對話，菲爾以菲表示，朵代表作者。）

菲：風沙很大……塵土飛揚。我看得到，也可以感覺到。天空帶些橙紅色調。我站在一艘太空船外面。我們降落在一塊空地上。我正看著那座尖塔，塔在我的右手邊。

最初聽到他的描述時，我就覺得這個地方不像地球。它絕對有著另一個時空的風貌。現在我聽他提到太空船，更確定他眼前所見是他在外星球的前世。看來，我終於可以如願探索地球以外的世界了。

菲爾現在注視的尖塔，顯然就是之前他所看到的那個奇怪巨石。這個尖塔在整片尖峰中看來格外顯眼，因爲它有個像是甜甜圈形狀的東西環繞在塔頂。菲爾繼續描述。

菲：右手邊有幾間臨時的小屋，那是補給品存放的地方或儲藏區什麼的……（悲傷的口吻）現在都是空的了。

朵：有其他人和你一起嗎？

菲：（語調悶悶不樂）只有太空船的那些人。我們來這裡提供補給品給這個星球上的科學家，並看看他們過得如何，有沒有什麼需要。這些科學家是來自我們星球的拓殖者。我們通常都是往返一些固定的貿易線。這一條路線遠離人煙，可以說是位於這個銀河的偏僻地帶。這個星球是做為測試、開礦和科學用途，並不是拓殖居住的殖民地。

朵：你知道他們在這個星球多久了嗎？

菲：我無法用地球的年來表示那個星球的時間，應該說有七個時間單位，雖然我無法解釋

這個時間單位是什麼。他們已經在那裡探測了七個時間單位了。

朵：這算是一段很長的時間嗎？

菲：在一個星球上來說，是的。

朵：離你們上次補給的時間很久了嗎？

菲：我們約每兩個時間單位來一次。

朵：他們是自願做這個工作的嗎？

菲：是的，都是自願的。沒有徵召這回事。

雖然我很有興趣知道這些科學家的故事以及菲爾覺得悲傷的原因，由於好奇心的驅使，我先詢問了菲爾關於太空船裡的人的長相。他說他們矮矮小小的，有個很大的禿頭，膚色很淡，不是很強壯。

朵：他們的身體和人類一樣有循環系統嗎？還是和人類不同？

菲：是的，他們和人類很相似。他們有兩條手臂，兩條腿，一對眼睛和耳朵，一張嘴巴，但是沒有鼻子。他們不需要鼻子，這是演化的一部份。嘴巴只是一個小細縫，用來吸入空氣。沒有舌頭，也沒有說話的聲帶，因為他們完全用心靈感應來溝通。

這種外觀的描述聽來不怎麼討人喜歡，但菲爾看著他們，似乎一點也不覺得困擾。他稍後提到，他和這些外星人在一起的感覺非常自在。

朵：他們需要吃食物嗎？

菲：是的，食物是塞入小細縫裡。

朵：他們有分男性和女性嗎？

菲：我們是雌雄同體（androgynous），我們這個種族都是。

當時我並不清楚他是什麼意思。我不確定他是說他們同時具有兩種性別，還是說根本沒有可以定義的性別特徵。但顯然他們的生殖方式不同於人類。

菲：我們比較像是結合了兩種性別，混合男性和女性的特徵。

朵：我對這點很好奇。雌雄同體的人要如何生殖？還是說他們的壽命很長，因此不需要繁

衍。

菲：生命期是比較長，但不是永遠，所以還是有繁衍的必要。他們有扮演的角色，但區分方法和地球上的人類很不同。

我的好奇心暫且被滿足，因此回過頭去了解整個故事的來龍去脈。

朵：你說你來這個星球是為了提供補給品給科學家。這些科學家呢？

菲：（悲傷的口吻）除了一個以外，其他的都被埋在地下了。原本有十二個，現在全都死了，最後死的那位埋葬了其他的人。埋葬死去的同伴是他們共同的責任。最後死去的那位，他的屍體也和其他人一起，只不過他是在地面上。

朵：你知道他們發生了什麼事嗎？

菲：知道，因為那個巨石尖塔保存著所有這裡發生的事情的精神感應紀錄。他們是因為又饑又渴，或相當於你們所稱的「渴」而死的。他們是緩慢且痛苦地死去。

這是菲爾之前不願意看到並重新經歷這個景象的原因嗎？他說到這事時，似乎很難

受。於是我給他下了一個催眠指令：當他看到或討論這些畫面時，不會感到困擾。我告訴他，釋放這些回憶通常很有幫助。

朵：這些科學家不能自己種植食物嗎？

菲：這個星球寸草不生。你能想像西南方的沙漠裡有座花園嗎？這是同樣的情形，沒有任何作物能在這裡生長。這是塊荒蕪、貧瘠的岩石地，就跟你能想得到的地球上任何一處荒地一樣。然而這個行星礦產豐富，這也是這些科學家來到這裡的原因。他們是採礦人。

朵：你說「渴或相當於渴」。換言之，那裡也沒有任何流質或液體？

菲：是的。所有的東西都用完了；如果我們準時到達就不會發生這事了。太空船從太空站出發不久就發生故障，問題非常嚴重，無法在當地修復，我們必須回到母星球處理。就是因為這個緣故，我們延誤了許久。因為我們也像你們地球人目前一樣，距離仍是我們要克服的。但是我們的速度比你們快多了，因此我們能夠在較短的時間到達遙遠的距離。我是以地球一九八四年的時間點來做依據。整合這兩種時間是必要的，因為此刻的我仍是在這個房間裡的這個人。描述或解釋這些不同是必須的，因為這是我

——我們——正在學習的事。那就是，我們同時都是這一切。

對我來說，這件事很不尋常。我從不曾遇過個案在回溯催眠時能夠針對他的經歷與現世的時間進行比較，除非他們是在很淺的催眠狀態。在這種狀態時，個案對所見的景象感到困惑，因此常會試圖合理化看到的畫面，或和他們熟悉的事物相比較。這種情形不會發生在較深度的催眠，因此我著實被嚇了一跳。

通常當受術者處於菲爾這般的催眠深度時，「現在」對他們已不存在。他們完全融入且沉浸在所經驗的世界裡。但我很快了解到，我面對的是完全不同的能量，而我從未和這類能量接觸過。這個能量隨著每次的催眠更加強烈。我後來發現，菲爾提供的類比很有幫助，否則，我很可能無法理解他所說的，因為完全無從認知起。雖然我渴望探索外太空的世界，但我從沒預期會有這種可能：個案由於缺乏比較的基準，無法轉譯或詮釋他所見。也就是無法將他所看到的，用我們所知道和瞭解的語言及知識來說明。

朵：雖然延遲抵達造成了這些科學家的死亡，但我要你明瞭，這不是你的錯。沒人有辦法阻止這件事的發生。

菲：我知道，但我還是無法釋懷，不是因為罪惡感，而是哀傷和遺憾。

朵：那你們現在計劃怎麼做？

菲：（嘆口氣）我們在商討是否要將他們的屍體運回母星球，或是留在這裡。最後一致同意留在這裡……因為我們覺得他們以己身的任務為傲，他們會想留下來。第十二位成員也已入土為安了。至今所蒐集到的礦石樣本和高塔的記錄——只有重要的——會被收集並帶離這個星球。我們七個人一致認為不該再派遣人員到離母星球這麼遙遠的殖民地，不能讓這種慘劇再次發生。

朵：但你知道那些拓荒者和探險家的，他們總是希望去更遠的地方探索。

菲：我們不能命令他們去哪裡探險。科學家自由選擇想去的地方，而我們會全力支援他們。但由於我們是負責供應補給的人，我們一致認為不該去超過必要距離以外的地方。

我不希望他將任何愧疚的情緒帶到他的現實生活。我很小心地不讓任何前世事件滲入他的意識，以免不當地影響他這生。

朵：我要你了解這件事錯不在你。你知道的，對不對？你個人不需要負任何責任。

菲：我明瞭。

他心底的重擔已經放下，一個他甚至從未有意識察覺到的心頭負荷。

我覺得有趣的是，雖然菲爾描述的這些外星生物的外貌和人類相較下，顯得相當怪異；如果我們眞碰到了，一定會被嚇到。然而，他們卻擁有很人性化的情感和令人讚賞的特性，那是一種我們很快就能認同的特質。我雖然不知道外星生物應該是怎樣，但由於我們向來被灌輸的觀念，我不認爲我會期待他們具有人性。許多故事裡描述的外星人，彷彿沒有任何情感，這樣的描繪使外星人顯得和我們更爲不同。

我原以爲菲爾可能會排斥有一世是長相怪異的外星人，但令人意外地，他一點也不覺困擾。他說這是個非常奧妙的經驗，因爲感覺眞實無比。他覺得和這些太空船上的外星人很親近，他知道他們在一起工作及相處都很愉快。因此，菲爾原先不想探索這個景象的原因並不是和這些外星生物的外貌有關，也不是他不願意面對曾爲外星人的事實，而是因爲科學家死亡事件所造成的心理傷痛。

第三章　太空船

我的好奇心又蠢蠢欲動了。我向來都希望能找到回溯時可憶起某世生活在外星球的個案，因此自然不會錯過這個了解外太空生命體的機會。同時也爲了將菲爾帶離痛苦的回憶，我詢問他關於太空船的事。

菲：太空船是圓的，銀色的。在最上方的中間有個圓頂。圓頂不是用來領航，而是用來觀看，觀看四周。左邊有個窗户和控制盤。在船艙口前方有一些管狀物。這個太空船有兩層。上面一層是全開放式的空間，導航設備就在這層。下層有四間睡房和一間科學實驗室。

太空船主要的區域是一個大約直徑三十呎的圓形房間。樓層之間使用梯子上下。

朵：這艘太空船是什麼材料製造的？

菲：這個材料很灰暗；不會發亮。它的硬度比母星球建築物的材料更高，而且更有彈性。它不是來自母星球，而是從其他星球進口。鄰近的星球出產這種礦產，將之精鍊後，透過既有的貿易路線，將這些金屬運到母星球。

朵：地球上有類似的材料嗎？

菲：目前沒有。未來可能會有，但目前地球並沒有類似或相對應的物質。它的質地可以和地球上所能製造出的最堅硬金屬相比。依硬度，我會將它和鑽石比擬，但這其實並不正確。

朵：太空船是在你的母星球上製造的嗎？

菲：（停了一會兒）這很難說。我現在不能回答。這不是被允許討論的事……因為某種原因。與其說不被允許回答，該說是我不熟悉製造過程。

朵：你能看見這艘太空船是如何操作的嗎？

菲：用觸控的方式。

朵：用這個方式來駕駛或導航？

菲：用這個方式來下指令。在引導者及引導物之間必須要有介面，這個介面就是觸控。操

作者透過這些介面來控制設備。控制台上有碰觸式的面板。用目前地球上某些電器設備來說明，或許對釐清這個概念會有幫助。在技術上有所謂的觸感式裝置，它不是靠移動零件來操作，它的原理是透過觸碰來改變。你對這類東西熟悉嗎？你曾經看過用碰觸來選換頻道的電視嗎？

朵：我知道，那是新型的電視。

菲爾顯然在使用他修理電視的知識與他眼前所見的裝置來比較。

菲：太空船的燃料是……它使用水晶能量。水晶就是管道或濾器，它集中宇宙能量並引導能量產生推進力。水晶大約有兩呎高或更高些。外型像是由兩個金字塔組成，底部相連，尖端的部位朝外——呈梯形，不等邊的四邊形。

朵：金字塔周邊是平滑面嗎？還是有很多刻面？

菲：有很多刻面。但漏斗形的頂端是平坦的。

當菲爾稍後從催眠狀態醒來，我請他畫出水晶，以便更確認形狀。這個錐形體水晶的

頂端並不尖，它已經被磨平了。（見圖）

菲：這些是天然水晶，依其特定的用途切割形塑。不同形狀的水晶具有不同功能。事實上，我們現在在地球也使用水晶，但只是小範圍而已。這個曾經失傳的知識現正重新被發現。

朵：水晶位在太空船的哪個位置？

菲：太空船的正中央，在第一層。

朵：你可以看見水晶嗎？它有被別的東西隔開嗎？

菲：它有被東西托住，但是看得到。

朵：在水晶四周活動安全嗎？

我想起《耶穌和愛賽尼教派》（Jesus and the Essenes，譯註：作者另一本由催眠資料彙整的著作）裡的耶穌資料提到，當時的人們不可以靠近和觸摸在昆蘭地區（Qumran）的巨大水晶。我認爲這個水晶可能會傷害或燒傷靠近它的人。

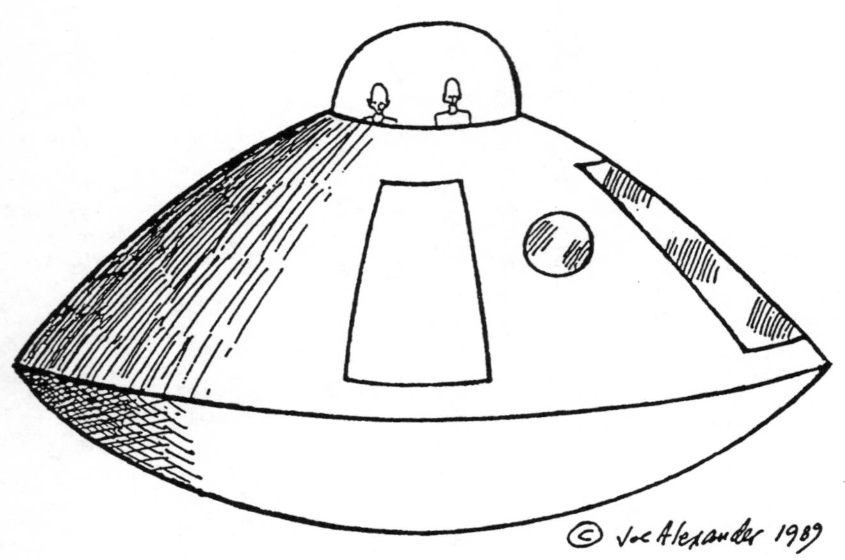
© Joe Alexander 1989

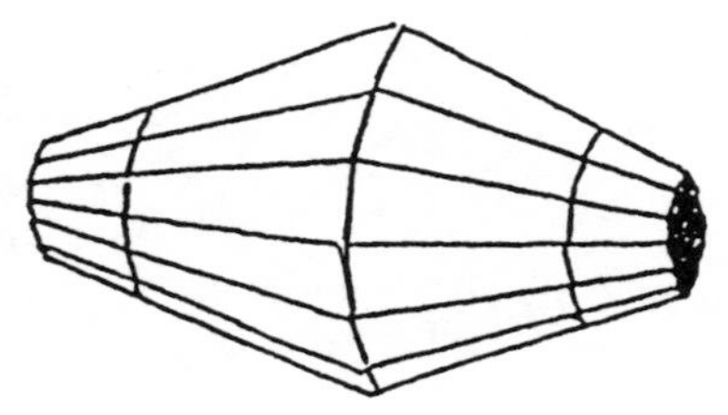

菲：去觸碰或亂動一個正在使用中的水晶是不安全的，因為這會改變它的放射物。並不是因此會造成對人體的傷害，而是會導致太空船改變航道。由於放射物是被引導到特定的方向，移動水晶就會造成改變。

朵：水晶在你的星球有其他用途嗎？

菲：用途非常廣泛——加熱、煮飯、旅行——就像你們會需要使用到電源一樣。

朵：而依據每種用途，水晶被塑成不同的形狀？

菲：大致來說，是的。一旦成型就不再改變。除了在很少數特例或情況下，才會毀掉它並重新塑造。這些都是同類的水晶，但可以用在不同的能量上。推進力能量和煮飯及加熱能量是不同的能量形態。一般煮飯和加熱能量的差異在於能量的集中度。煮飯時的能量焦點遠為集中。

朵：如果水晶能用來煮飯和加熱，難道它不會對人造成危險？

菲：當然會。地球上的亞特蘭提斯大陸就是被水晶摧毀。你可以想像水晶的力量有多強大了。任何能量都可以被使用在正面或負面的用途，端看使用者如何運用。當然，這些能量可以傷人，但如果善加運用，對人們有極大的幫助。

朵：太空船上的那個水晶是自行產生動力，還是從其他地方取得？

菲：它只是聚焦在宇宙能量而已。這個能量現在就在我們四周，甚至就在我們講話的當下，所以你知道了，處於這種能量並不會對人們造成傷害，因為它顯然沒有傷害我們。這個力量的源頭並不是目前的地球人類曾經驗過或了解的。它來自許多源頭。來自恆星，來自可被稱為「神」的宇宙能量。神的能量瀰漫在每一處和每件事物。有宇宙能量，有星界能量（astral energies），有焦點能量（focal energies）；有各式各樣的能量可被應用在許多不同的目標或用途上。

我越聽越糊塗，因此改變話題。

朵：你在那艘太空船上的職務是什麼？

菲：我是小組成員。不是船長，而是協助處理日常事務的組員。我的工作是確定太空船裡的各個系統都運作正常。換句話說，我是看顧機械的人而不是看航行圖的領航員。

朵：太空船上有許多機械設備嗎？

菲：足以執行太空船的任務，但不會多到擁擠。船上的空間並不狹窄，因此在船上不會不舒服。

朵：這些設備是機械和電力的嗎？

菲：就物理學而言，是的。它有各式的能量：電力、水力、氣動力，靜態和動態。就和目前地球的現代船艦使用的種類一樣繁多。都是同樣的物理原理。

朵：但是，機械只要有可移動式的零件就有可能故障。

菲：的確如此。這些設備有時無法正常運作，而我的工作正是修理故障或更換無法修理的零件。我們會攜帶那些零件。零件不常故障，因為製造過程非常嚴謹，很少有瑕疵。但很不幸地，這種事還是會發生，這就是導致那些在採礦星球的科學家死亡的原因。整件事是因零件故障而引起。

朵：你在太空船上有專門負責的系統嗎？

菲：我負責領航、動力設備、水晶和支援水晶的系統。

朵：這些就只是太空船裡的一個系統嗎？那不是遍及了整個船嗎？

菲：是好幾個系統。幾個不同的系統完成這些複雜的任務。但這些系統大都集中在太空船的同一區域。

朵：你能看著這些系統，向我描述它們的功能嗎？

菲：在最中央的是水晶，它有兩個用途——導引及推進。換言之，這個水晶能夠感應方向

和位置，並且產生推動力。雖然還有協助完成這些功能的支援系統，但執行實際機能的是水晶本身。

朵：我現在試著想像你所說的，盡我所能去瞭解它們的操作。水晶上有連接任何線路嗎？

菲：沒有，沒有直接的連接。這麼說吧，是透過能量場在傳導能量和資訊。

朵：你們在太空船有運用電的原理嗎？

菲：不是地球上所知的電力。在太空船是有用到能量，但和電是不同的。

朵：那麼太空船上的照明呢？

菲：也是透過水晶，或不同種水晶的聚合，它們在特定能量的刺激下可以散發光。這些不是分離、個別的水晶，它們是由很多……（他有困難解釋）。最相近的東西就是日光燈管裡的磷光體（phosphor），但是這些類似磷光體的物質並不存在於真空中，它是在天花板上和天花板裡。能量經過導引通過天花板，引起這些水晶發光。因此，實際上，整個天花板變成了光。

從催眠狀態被喚醒後，菲爾說可以將船上的光想像成灑滿牆面或天花板的粉狀玻璃。這些水晶就是那麼細小——許許多多的小細片——當能量經過時，這些水晶就會發光。

朵：船上有沒有類似我們所知的電腦這類東西？

菲：不是從「處理」的觀點來看。地球上的電腦接收資訊並加工處理，船上的系統則是接收能量和引導能量。並沒有處理或改變的程序，只有引導。

朵：這類太空船是不是使用反重力？

菲：反重力這個名詞大致上是正確的，但是本質並不是反重力。我的意思是，確實是有反重力的效果，但使用的是宇宙能量。並沒有什麼力量是和重力相反的，而是有些力量可以被用來抵銷重力的引力。然而，這些力量並不是重力的陰暗面或反面。

朵：我聽過這些太空船必須以某種方法排開重力才能飛起來的說法。

菲：不是排開而是克服，就像磁性的吸引或排斥力的影響，你了解嗎？

我真的不了解，我只有盡力收集資料，讓在這方面比我更有知識的人能明瞭。

朵：我假設這些太空船和人們在地球的大氣層所看到的是一樣的。

菲：這個星球的人看過許多不同類型的太空船。有些是三次元，有些來自第四次元。每次看到的不見得相同。

朵：人類無法了解這些飛船的速度為什麼可以這麼快速。

菲：這是因為它們是在能量流動的路線上翱翔之故。能量回路（energy circuit）連結銀河間不同的地區，只要將飛船放在這些回路上，加上能量的適當導引，飛船就可以用極快的速度向前推進。這些飛船使用飄浮原理，並且利用太陽風或太陽河進行一般的宇宙旅行。不同的星系和行星間存在著浩瀚龐大的能量河流（rivers of energy），這些能量河流流經宇宙，因此只要將飛船與這些河流對準，就可以輕易地隨之流動。這和地球利用河水來導航沒什麼兩樣。

朵：這些太空船的驚人機動性就是藉由這些不同的能量流嗎？

菲：沒錯，和這個類同的會是磁鐵。在磁場中翱翔。

朵：等到地球人可以複製這項驚人的技術時，應該是很久很久以後的事了。

菲：不會太久，不會像你們想得那麼久。目前正有人研究這種能量。這項技術離地球的進化歷程已經不遠了。在日本有一種列車便是使用類似原理，它利用磁力懸浮，沿著磁場向前推進。他們在傳統鐵路放置鐵軌的地方放置電磁鐵，這些電磁鐵交互的通電斷電，由於磁鐵總是朝向目的地前進，因而拉住列車一起移動。列車上的磁鐵被鐵軌上的磁鐵排斥，因此被推動前行，或更正確的說，推動列車的磁場朝著目的地前進。

朵：所以你的太空船也是運用類似的原理？

菲：多少類似。在船尾有一個拉力朝向目的地，也有一個排斥力把船推離它瞬間所在的位置，因此這些能量流自然地將船拉往極化的方向。

朵：所以不是磁鐵，而是相似的原理。

菲：沒錯。

朵：你們駕駛太空船飛行的目的何在？

菲：我們進行探險、開拓殖民地、補給、協助、教育等工作。我們有固定的探險、教導和製造路線，在其他星球上有製造的——公司不是正確的字眼——是機構，有製造的機構。

朵：你的意思是你們來回運送完成的商品？

菲：是的，製造完成的商品。我們有商業交易路線，這不該是令人驚訝的事。這個宇宙存在的住民超過一般人的想像，比你們能想到的還多出許多。宇宙有極多生命體，彼此間有密切的往來，這是個「使用度很高」的宇宙。我們家鄉星球的這個地區，生命分佈就比其他地區來得密集。換句話說，這是一個擁擠的地方，真的很擁擠。

朵：我很好奇，地球是否在其中一條路線上？

菲：不在。我們當時甚至沒有察覺這個星球的存在。

朵：是因為地球太遙遠了嗎？

菲：它只是沒有鄰近我們探險和運輸的區域而已。

朵：我猜想這就跟我們沒有察覺其他星球一樣。我們也很可能沒有察覺到你的星球的存在。

菲：正是如此。地球距離這些繁忙路徑非常遙遠，再加上科技尚未進展到可以看到或偵測到其他星球活動的能力。

我們已經開啓了一扇門，或者說「水閘」會更爲正確——一扇允許來自外太空的記憶由此傳送的路徑。這個初始經驗和我原先的期盼不盡相同。菲爾對太空船內部運作的描述太過專門和技術，我實在無法理解。我希望從我笨拙的發問中，爲那些能夠理解這類事物的讀者發掘些有趣的東西。我向來可以從回溯對象獲取豐富資訊的原因，就在於我詳盡詢問有關時間、地點和個案所經歷事件的能力，但我開始懷疑自己是否能對這類怪異主題想出適當的問題。沒有措辭正確的提問，就得不到答案，即使有，得到的答案也將是破碎不整。

第四章　奇怪的城市

當菲爾能夠在催眠狀態下，重新經歷太空船組員的那一世並探訪殖民星球時，我便知道我們有了進展。他終於讓埋藏已久的記憶浮現。菲爾的潛意識知道這麼做並沒有造成任何傷害，於是這些資料快速、猛烈地浮出意識底層，不再像之前那麼躊躇遲疑；就彷彿藩籬已經卸除，而他迫不及待要告訴我所有的事。

因此，當下一回的催眠療程一開始，電梯門打開，那個有著高塔的城市再度出現在菲爾眼前時，他毫不猶豫地想去探索。他急切地走出電梯，進入了另一個世界。我立刻意會到這是訪談外星人以及瞭解他的外星生命的大好機會。

菲：我又站在這個城市外面了。前方有片綠地，我可以看到城市裡的部份區域。那是市中心還是主要活動區什麼的。我曾經生活在這裡，很多次……當我在另一個存在層面的

時候。

這個城市的建築大都是圓型的高樓，只是高度及大小不同。大樓的側面相互接連，每棟樓在不同的樓層側邊都有窗户。圓形體的建築物聚集一起，但它們不是都一個樣。有的建物是做為倉庫或儲存區，這種建築較為低矮和圓（見圖）。比較高的是住宅。建築物的表面由開採自這個星球的銀色金屬製成。它不是金屬銀，但有銀色的外表。它閃爍的顏色在陽光下發亮並反射光線。當這種礦產被煉製成建物的材質時，它的展性相當高，甚至可以在我們所謂的室溫下使用並塑造成各種形狀。

朵：地球上有類似這樣的東西嗎？

菲：鋁算是這種金屬的成份之一，但還有其它的礦物成份是地球所沒有的。鋁是最接近的了。這種金屬只能使用在外觀。建築物的骨架要用其它更堅固的金屬，相當於地球的鋼鐵。然後再加上內部架構——牆、樓梯和天花板，之後，再加上閃亮的外表。

朵：為什麼要讓外表閃亮？

菲：並沒有特別的理由，只因這是流行的建築風格，而且好看。這個社會有很高的服從性。這個作法是一般共識，絕大多數人都喜歡這種風格，雖然不是每一個人。因此建築物就這樣建造。

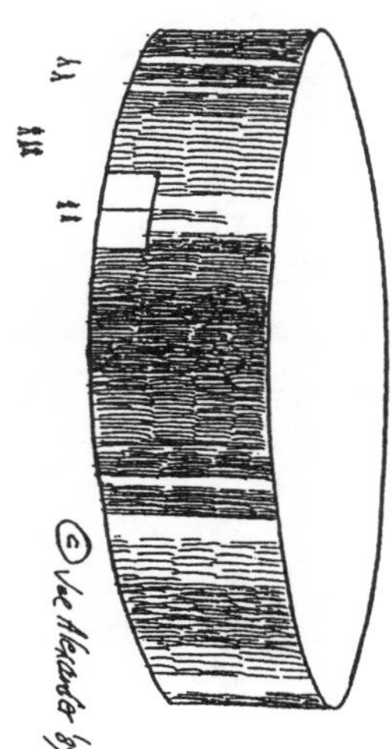
© Val Alexander '89

朵：聽起來很好看，但我還以為是有功能上的原因。

菲：它的功能性次於外觀。

由於他能清楚描述這個城市的建築物，我認爲是多瞭解這個星球的時候了。我問菲爾這個星球有沒有太陽。

菲：有的。事實上，這個星球很像地球，但沒有這麼多的山丘。這裡有很多平原，大部份是平坦平原。這個星球的誕生不像地球形成時那般激烈。我們有兩個月亮。天空是淡綠色調，就像地球的天空是藍色調一樣。這裡有水，有風，有植物和樹木，還有一個社會組織，一個？？組織（發音很不清晰，無法辨識）。我們的居民也稱為「人類」。技術上而言，他們也是人類的一種，雖然長得不是很像地球的人類。他們是陸地上的生物。換句話說，他們是物質界，而不是精神界或能量界的生命體。他們是化身在這個物質星球的軀體裡的生命。他們直立行走，有著和地球人類似的循環和呼吸系統。

朵：他們有手和腳嗎？

菲：是的。雙腳、雙手，每隻手腳也都各有五個指頭。和地球人的形態非常類似，只是依地球人的標準來看，他們的指頭非常細長。他們整體看來不同，身體高而瘦長，禿頭，耳朵略尖。皮膚微微發光，和人類的標準相比，皮膚算是粗糙，但非常柔軟。膚色很淺，非常淺和亮。他們的腦容量也比人類大許多，因此他們的前額和頭蓋骨高聳，以人類的標準來看很「誇張」。這是智力較高的結果。他們兩眼很圓，而且離得很近。在黑暗中的視力非常好。

朵：他們的眼睛跟人類一樣有瞳孔嗎？

菲：有。都是咖啡色，而且像珠子一樣圓又亮。功能基本上和地球人的瞳孔相同。

朵：他們如何溝通？他們會說話嗎？

菲：他們有用來強調或暗示的話語，但主要是以心智溝通。事實上，同理心會是比較正確的詞彙。就好像在彼此間設定一種振動。許多地球人現在也開始具有這種心靈相通的能力。他們的精神感應力很強，而且各種感官都很敏銳，尤其是觸覺。

朵：你的意思是他們的手很敏感嗎？

菲：是的。而且不只手部，他們整個人都很敏感。皮膚整體來說就比地球人敏感許多。手更不用說了，因為手是導引能量的區域。（我請他就此說明。）能量是透過手來引導和接收。這和脈輪很像。只是用手做為能量點而已。

朵：他們用這些能量來做什麼？

菲：很多事——治療、溝通、顯像或移動物體。許多感知是透過手部傳導的能量。

朵：你說透過手的能量來溝通，你的意思是，他們的心智溝通也是透過手嗎？

菲：不是的。心智溝通本質上是精神感應，它是由頭部發出。然而，在一定的距離裡，他們能夠透過手來感應。在某個距離內，他們也可以透過手來傳導能量使物體移動。

朵：你的意思是類似飄浮嗎？

菲：是的。心靈傳動（telekinesis）。（譯註：利用念力讓物體移動的能力）

朵：遠距離也可以嗎？

菲：大多是臨近區域。然而，只要有適當訓練和能量的調頻，遠距離，甚至星際間的距離也是可行的。

朵：你提到他們有和我們類似的呼吸系統？

菲：沒錯。類似，但不是和人類一模一樣，因為氣體成份不同之故。在地球，人們吸入氧氣到肺，然後吐出二氧化碳。這個星球因為大氣層的構成和地球不同，他們的生理構造也不同。因此在大氣和呼吸系統之間的機制或介面，空氣介面，也有差異。

朵：他們所呼吸的氣體，在地球上有相同的嗎？

菲：氦、氮、氧和二氧化碳。然而，重點是這些氣體的組成比例和地球不同。地球的氦成份比那個星球多。而他們所吐出的氣體對現今的地球而言仍屬未知。我對於這方面的科學並不是很熟悉，因為這不是我鑽研的領域。

朵：那麼，地球人顯然無法在那個星球上呼吸。

菲：這麼說是正確的。地球人會因為缺氧而窒息。

朵：他們的身體功能和我們人類相似嗎？

菲：是的。他們攝取、消化食物和排泄廢物。他們也有生殖系統。許多目前地球人身體具有的機能，這個星球上的人也有。

朵：有任何不同嗎？

菲：身體的化學成份多少不同。但不是很大的差異。這些小差異是因為大氣層以及星球構成元素的不同之故，也因此身體的構造成份會有所差異。

朵：他們有男女或類似的分別嗎？

菲：他們有分男性和女性。他們是性的造物。他們繁衍以延續種族。在非生育的階段或年齡，他們的男性和女性看起來很像，因為都沒有頭髮。不像地球人，頭髮是區分男女的顯著特徵。由於兩種性別都沒有頭髮，除了在懷孕期一看就知道分別，其他時候外觀看來非常相似。

朵：所以這個星球小孩的出生和生長是和地球人類似？

菲：沒錯。地球人是人類，他們也是人類。

朵：「類人類」（humanoid）是否會是比較正確的用詞？

菲：這個詞和人類大致類似，沒什麼不同。他們是人類的一族——我們全都是。但這個族類在地球上會顯得非常突出。若有人看到他們在地球的街上行走，必然會受到驚嚇。

朵：主要是因為他們的身高，還是……

菲：他們的身高，他們的態度舉止。整個心智狀態是不同的，因為他們的種族意識已經演化到相當高階的程度，以致於他們沒有任何防衛機制的行為和姿態。而地球人已經很習慣用肢體語言作為防衛本能，因此看到某個人完全不會自我保護，一定會很不自在。

朵：換句話說，他們很能接受他人？你的意思是這樣嗎？

菲：他們彼此坦誠，非常坦誠。這樣的態度是會嚇到地球人的。

這是很難理解的觀念。顯然地，他們的心靈覺察力能讓他們感知事情的眞相。他們不虛僞做作，也不講表面功夫。和這種人相處，完全的誠實是絕對必要，因爲你無法隱藏任何心思。這樣的能力會使我們備感威脅，因爲我們並不習慣有人知道我們內心的每個想法。如果有人具有這種能力，我們一定會視他爲威脅。早在原始人時代，我們的防衛態度就已經深植在基因裡，要去除這種防衛的特性會是相當困難的。

朵：我想我能瞭解你的意思。那麼這些類人類的壽命有多長？

菲：平均壽命是一百二十年；有些人長些，有些人短些。這個星球仍舊有疾病存在，但不像地球那麼普遍。選擇性生育的程序確保了這個族類在健康和演化上達到最佳的狀態。

朵：當身體老化時，他們的外表會有變化嗎？

菲：是的。皮膚會有皺紋，會鬆弛。骨頭的鈣質會流失。他們也有關節炎，但不像地球人嚴重，因為這個星球的重力只有地球的六分之一，所以身體實際上的重量和看起來的不大相同。但老化是一定有的。

朵：你提到有些疾病尚未被克服，有哪些特別嚴重的疾病嗎？

菲：你說的是過去式還是現在式？

朵：嗯，都可以。有哪些重大疾病是已經能克服的？

菲：以前有一種疾病是從別的星球傳來的。我們到那個星球拓殖和探索，對於這種疾病並沒有抗體。這個病引起很大的驚慌。約有三分之一——正確的說，是四分之一的人口死亡，只因為輕忽和大意。這是個慘痛的教訓。病因後來被找出並隔離。它是由一種細菌引起。這種細菌生長在另一個星球，接受不同光譜的太陽光照射。這種病菌當時並沒有被檢測出來，它的毒性很強，對外來者的身體系統有很強的破壞力。

朵：他們對這種細菌一定沒有免疫力。那麼他們現在有預防這類事件再次發生的措施嗎？

菲：有。當然有。

朵：你說他們還是有沒能克服的疾病，是嗎？

菲：是的。大部分是因為疏忽飲食，缺乏適當的保健而造成。如果能多注意營養和運動——如我們在地球所說的，如果注意健康——他們就會有個健康的人生。

朵：但是在正常的情況下，而且多注意飲食和運動，他們就能活到一百二十歲？

菲：這是個平均年歲。是的。

朵：你們有醫院嗎？使用藥物嗎？

菲：是的。儘管我們盡最大努力根除，疾病仍然存在，有些器官會壞死，也會有意外發生。這些都需要醫療設備和藥物來促進療癒。

朵：你們有所謂的預防接種嗎？

菲：有。我們有類似的作法。打針只是個大略的比喻。實際的方式並不同，但是概念……換言之，將藥物注射或置入某人身體的概念是一樣的。

朵：你提到器官壞死——他們有進行器官移植的手術嗎？

菲：沒有，這裡不這麼做。器官移植的手術不曾進行過。我不知道是否技術上不可行。我不認為是道德上的不許行。總之，就是沒有這麼做。

朵：有使用人工器官嗎？

菲：有使用一些機器來輔助生病或受損的器官，使它們的功能維持正常。然而，我不曾聽過有器官移植或裝入人工器官的事。

朵：所以你們有醫生和護士？

菲：相當於地球的醫生和護士角色，是的。有些人選擇這個領域作為他們的專業，他們可以被稱為醫生和護士。然而，他們並不像地球的醫護人員那麼受到崇敬。在地球上，醫生彷彿有著像神一般的光環，這個現象在這個星球上明顯不存在。他們只被視為選擇這個領域工作，並對此有專業知識的人士而已。

由於他們以心靈感應的方式溝通，我好奇他們是否也使用心靈療法。

菲：是的，我們確實會使用能量治療，然而，它不是最終的答案。它和其它方式一樣有效，但不是唯一的方法。在不同的情況下我們使用不同的方法。當能量療法有幫助時，它就派上用場。然而，用心靈能量來治療一個被割斷的手臂就不切實際了，因為這個星球此時尚未進化到可以透過心靈達到瞬間療癒的階段。他們純粹還沒演化到那個層級。

朵：你提到這些人仍會死亡。他們如何處理死後的身體？

菲：屍體被埋葬在土裡，回歸塵土。他們不像地球人會將屍體做防腐處理後再放入墳墓。身體是向這個星球元素暫借的住所和工具，死後將這些化學及礦物質歸還於自然界是件榮耀的事。死亡只是將這些能量和物質回歸於星球，讓它們能再被使用。

朵：有火化的方式嗎？

菲：有，火化是可行的。在某些情況下也是理想的作法。有些病菌可存活於土壤，如果有人因這種病菌死亡，火化便是實際且必要的方式，以免污染了這個星球的土地。

朵：我了解了。你之前提到金屬建築物。那麼你們有使用木材來建築嗎？

菲：沒有。我們不使用木材。這個星球的樹木並不堅固。這裡有植物，但它們並不適合作為建築材料，因為木頭的密度不夠用來支撐。它是有彈性的，不是硬的。地球的重力使得地球上的樹木演化得相當堅硬，禁得起重力的作用，因此能夠拿來當作建築材料。這個星球的重力只有地球的六分之一，樹木的密度並不夠。它們也能長得很高大很茂密，但與地球樹木相形之下顯得鬆軟。它們也有類同的樹葉和葉片，也有光合作用的程序，能將太陽光轉變成植物所需的養分。

這讓我想起了香蕉樹。它們生長得很快，但是莖不夠堅硬，無法當作建築材料。

朵：你們有任何來自樹的食物嗎？

菲：這些樹不結食物，食物不是從我們現在所談的樹來的。但有其他植物會結水果和蔬菜，就和地球差不多。這些植物多屬爬藤類，它們都是這個星球的土生植物。然而，我們也從其他星系進口多種的蔬果。

朵：它們和地球的蔬果類似嗎？

菲：有好幾種很類似。比如說蕃茄。但是有很多種類在地球上並沒有相似或對應物。這裡有豐富的作物，有許多農夫栽種蔬菜。我們不吃肉。就是不吃。吃肉被認為是不健康的，我們只吃素。

朵：你們喝任何液體嗎？

菲：是的。有些植物會產生液體。這種液體很有營養。我說的是植物，不是很類似植物的東西，不是對應物。我們從植物吸取液體，就像在地球上我們從乳牛身上汲取牛奶一樣。這個液體是來自一種植物，非常好喝。

朵：你們使用的唯一建築材料是從地底開採的礦石嗎？

菲：也有類似玻璃的東西。有電線和導體。這種導體不是銅，但它和銅的功能相同。這個星球並不使用銅，因為銅量不多，因此銅可算是半寶石，通常只用來做裝飾品。

朵：我明白了，所以你們用電。你們用來做為導體的東西，在地球上有相同的金屬嗎？

菲：鋁會是最接近的類比了，但不是完全一樣，只是接近而已。它是很普遍的金屬，被大量運用在這個星球的工業上，因為它有質地輕、展延性高、產量多的特性。

他對我提出的各種問題都坦誠的提供資料，因此他對我下一個問題的反應讓我很訝異，我覺得這個問題非常稀鬆平常。

朵：你們有我們所稱的傢俱嗎？

菲：（停頓）這不是適合討論的範圍。因為某些資料會帶來轉譯上的不舒服，所以必須被過濾。

過濾和傢俱有關的問題是件奇怪的事。我無法想像這種稀鬆平常的主題有什麼不好說，會有什麼讓人不舒服的地方。

朵：我很好奇為什麼會不舒服？你知道嗎？

菲：就是不方便轉譯。

朵：我不是在逼你，我只是很好奇為什麼傢俱會是個讓人不舒服的主題。（沒有回答）但是如果你不覺得應該討論，沒有關係。

菲：是的，沒錯。

這實在很奇怪，但因爲他不想進一步說明，我無從得知爲什麼這個主題不能被討論。我也無法問出這個資訊被過濾的原因，我得改變個話題。

朵：你們有娛樂活動嗎？

菲：我們有類似地球的戲劇，內容也有歌，有故事，有場景等等。我們有和地球一樣豐富多樣的娛樂。

朵：所以你認為你曾經生活在那個星球上？

菲：（表達上有困難）用「認為」這個字會有些混淆，因為這個載具（指菲爾）的的確確在他過去的某段時間裡，居住在這個星球許多次了。

這是很典型的例子：在催眠狀態下，個案的潛意識或不論是在誰在回答，都是依問題的字面意義回應。因此，你的問題必須要非常精確才行。

第五章　外星球的社會結構

朵：那個星球上有政府嗎？

菲：跟地球上的政府並不怎樣相同，因為每個人都很能自我管理和自制。這裡沒有明文規定的法律，大家自然而然知道要做什麼、不要做什麼，因此並沒有類似政治人物和執法者的角色。然而，我們還是有商業活動。

朵：你們有領導人嗎？

菲：沒有單一的領導人或國家。這是個星球社區。我們有制定政策的議會，成員則是由公眾投票，由多數人的意見選出。

朵：這不就是一種政治型態嗎？

菲：不盡然。投票在地球屬於政治的一環，是整體的一個面向。然而，在那個星球上，共識就是一切。是的，競爭的確存在，但沒有那種……我在想該如何解釋。服務就是目的，服務才是共同的目標。這個星球沒有政黨，也沒有毀謗中傷和抹黑，而是共識的形成。因此，就這方面而言，和地球上的政治是不一樣的。你瞭解嗎？

朵：我試著了解你所說的概念。這些委員們有一定的任期嗎？

菲：因職務而異。有些人一直「任職」到他們決定做得夠多了或想做其他的事為止。

朵：你們曾經有過民眾希望卸除某人職務或離開議會的案例嗎？

菲：非常非常少。這類事很罕見，但還是發生過。

朵：那麼，這個議會是統治這個星球的機構囉，如果你想用「統治」這個字。或者說「指導」？

菲：「統治」不是正確的字。是的，用「指導」會比較精確。

朵：這麼說你們從沒有人對接受這些指導有任何意見嗎？

菲：換句話說，意見不合。你想問的是這個嗎？私下是可能有其他意見。然而，彼此間有著不「抵觸現行體系」的不成文規定。全體福祉就是大家的共識，因此，私下意見分歧是自扯後腿。

菲：我有點難瞭解人們可以這麼融洽地相處。在地球上，人與人之間有許多摩擦。

菲：在我們這裡，心掌管一切，而非頭腦。我們的內在層面非常調和，因此大家都重視公眾利益。

朵：你的星球上有任何宗教嗎？

菲：沒有這種東西。宗教和政治並不存在。沒有需要。宗教和政治是因應需要而被發明的。如果沒有需要，就不會有這類機制。

朵：那麼，你們信仰造物者或是神嗎？

菲：當然。而且更甚於信仰，它是一種知曉、一種覺察、一種意識。然而，這和地球上所說的「宗教」很不相同。就目前而言，地球上的宗教大都是政治實體，與上帝或造物者的關聯及知識似乎是將宗教抬升到如此崇高地位的原因。但這跟身為民主黨員或共和黨員並沒什麼兩樣。

朵：你的意思是你們比較接近上帝？

菲：不是比較接近……沒有任何人比較接近上帝。意識到上帝的存在才是要點。

朵：這是因為你們能用心靈溝通的緣故嗎？

菲：兩者是相輔相成，但不是互為因果的概念或情況。

朵：那麼，在那個星球上有類似學校的機構嗎？

菲：當然。有很多人，很多不同年齡層的人想學習各式各樣的事物。我們不以年齡做區

隔。有共同興趣的人聚集在一起並接受教導。我們有來自其他星球或星系並具有教學資格的老師。教授的領域很廣泛，諸如外星文化、歷史、製造程序、不同的學科等等。

朵：這是義務教育嗎？我們這裡是義務教育，孩童滿一定年齡必須上學。

菲：這對我們來說是完全陌生的概念，因為每個人自然而然就想學習。這是他們個人的演進，並不需要強制進行。每個人都想學習，因為學習就是成長，就像身體的成長一樣。人們渴望學習並接受教育。由於對教育的見解不同，地球人對教育並非如此看待。

朵：那麼如果有人不想學習，他就可以不用學習嗎？

菲：不用，學習並不是一種義務或強制的情形。但在地球，類似狀況就可能會使那個人成為社會邊緣人，或是無法和他人互動。譬如在地球，每個人都想有朋友，都想被尊重和喜愛，這是內在固有的動力。那個星球亦是如此，學習便是他們與生俱來的驅策力。有些人有心智上的缺陷，或如你們可能會說的，智能障礙。學習的驅動力在這些不幸的人身上並不明顯，但這不是他們的錯。只不過事情就是如此。

朵：這些人被允許和一般人共同生活嗎？還是說他們被隔離在某處或……

菲：依他們機能障礙的程度或嚴重性而定。那些能在社會找到安頓的人，我們鼓勵他們這麼做。那些做不到這個程度的不幸者，會受到庇護和照顧。多年來都是採用這個作法。好幾千年以來，我們也透過選擇性生育篩除這些不幸的人，以提昇種族品質。

朵：所以這並不是一個完美人種的星球。你們有相當於警察的職務嗎？任何執行法律的人？

菲：沒有，沒有相當於警察的職務，因為每個人都是自我約束。並不需要軍隊或警察。當大家都能自我管理時，一個軍事或執法的環境就不是必要的了。

朵：那麼你們沒有具負面傾向的人了？

菲：偶爾會有較差的人，也有些平常狀態良好的人偶爾會變得……不一定是失去自我管理的能力，而是能力降低。這和地球上的心理疾病很類似。有些人因為境遇而自毀或變得管理能力不足。

朵：你是說他們有可能傷害其他人？

菲：他們更容易傷害自己。我們給予他們所能接受的最大幫助和愛，希望他們可以接受自身的……錯誤。然後，我們幫助他們復原。

朵：這麼說來，你們沒有監獄或牢房了。

菲：沒有，醫院會是比較類似的地方。這些人，這些不幸的可憐人住院接受治療和特別照顧。不會有懲罰，因為他們不是故意犯錯。

朵：那麼你們從沒有蓄意犯罪的案例嗎？

菲：這種案例非常罕見，罕見到幾乎不存在。如果曾經發生過，那麼我並沒有注意到是刻意的。

朵：所以他們已經進化到了不會蓄意犯罪的程度。

菲：這麼說是正確的，這就是進化的概念。

朵：那個星球上有其他的種族嗎？

菲：有一群較低階的生物，他們被友善的對待，從事勞工和僕役的工作。他們不是真的比較低等，也沒有被看輕或瞧不起。我們不認為他們比較低下，只是他們進化的程度較低。他們的心智能力較差，但對我們十分有幫助，他們開採我們使用的金屬。他們或可被稱為「僕人」，但是，十分受到關心和照顧。他們是較高等生物來到這個星球前就已存在於此的原有種族，他們也被納入星球意識提升的一部份。他們有野獸般的外表，覆蓋著毛髮，體型較小且有些駝背。我們親暱地稱他們為小小人，並視如兄弟般愛護和關懷。

朵：但是，他們被用來做各種粗工？

菲：他們不是「被用來」，……而是（他停頓下來，好像在尋找正確的字）。這很難轉譯，因為地球沒有類似的概念可以說明。最接近的可用詞彙會是「奴隸」，但這麼說一點都不正確。因為這是一種雙方完全的融合。他們知道自己的職務，我們知道他們的職務，彼此也接受這種狀態。雙方之間非常和諧，這種和諧在地球上卻很罕見。他們有尊嚴地接受自己的身份和地位。這群生物偶發的失常或——我們可能這麼說，崩潰，並非出於故意。他們會生病，就和其他人一樣。雖然這會造成不便，但他們不是故意的。意圖才重要，而他們沒有故意的問題，只有一心服務的努力。由於他們的野獸本性，如果過度工作或受到刺激，他們有可能變得暴力，因此必須小心照顧。但他們並不是有意如此，這是對環境的情緒反應。只要移除刺激他們的誘因，過度反應就會消失。如果沒有受到刺激或敵視，他們不會出現這種狀況。我現在所說的只是可能性，這種事非常少見，但是是有可能的。它們不常發生，如同我所說，因為這個種族多半都已經，可以說「改頭換面」。（譯註：因其種族意識在進化中）

朵：那麼你們並不需要任何武器了？

菲：我們沒有用來互相格鬥的武器。但是這個星球的森林裡居住著許多爬蟲類，約有三十呎高，類似地球上的恐龍。倘若有人進入野地，他們會需要能夠防禦這些爬蟲類的東西。在某些特定情況，如果有人打擾到這些動物的巢穴，為了保護孩子，牠們會發動攻擊。使用電擊可以擊退這些動物。這種造成牠們昏迷的裝置是一種圓形的管狀物，末端有控制鈕可以改變電極強度，這個東西裝在桿子上（他對這個詞不確定），只要將一端用來觸碰想制服的動物身體就可以了。這個特殊裝置是保護用的，是一種自衛而非攻擊性的武器。它不會造成動物的死亡，只是用來擊退牠們。這些動物很快就學會不要招惹這種桿狀武器，在被電擊昏倒後，牠們學到不再靠近那支桿子。一旦接觸過這種引起極大痛苦的桿子，牠們以後一見到會立刻調頭就跑。但不是所有動物都像這些爬蟲類一樣巨大。大部分動物的體型只比這個星球的人，這些使用桿子的人稍大些。牠們居住在遠離城市，森林茂密杳無人煙之處。牠們多半是爬蟲類，也有毛皮或毛髮覆蓋的生物，而這種桿狀武器對毛皮獸或爬蟲類都相當有效。

朵：但你們從不必殺任何動物嗎？

菲：會有這個時候。如果真有需要就會這麼做，但總會先試著擊退牠們。電擊並沒有足夠的殺傷力造成死亡。我們有一種類似槍的武器，裝有像子彈一樣的東西，只在需要時才使用。

朵：為什麼會有人去這些動物居住的地方？

菲：這個星球仍持續被探索中，而有些人選擇住在那個環境。

朵：這些動物是唯一的野生類型嗎？

菲：牠們是最危險的種類。這個星球上的動物或生物體型，有很小也有很龐大的。雖然比不上地球的生物多樣，但也算是有許多不同種類。大部分在林區的是草食性的爬蟲類。星球上的平原住著有毛的動物。我們也有類似魚或住在水裡的生物，還有住在空中的。

朵：你們豢養動物嗎？

菲：大致說來，牠們算是寵物。這裡有使用馬或相當於馬的動物來拖曳，牠們是唯一用來工作的動物。我們豢養的動物和猴子類似。這裡有些生物如果出現在地球上，會被認為非常奇怪，而且會嚇到小朋友，但牠們一點也沒有傷害性，又很可愛。牠們就像體型很小的朋友一樣。這裡的動物看起來都和地球上的不同。有一些類似的，但就我所知，沒有一模一樣的。和我所看過的地球動物相比，牠們在特徵上都有些差異，但我還沒看過地球上的所有動物，所以我也不能很確定地說絕對沒有一模一樣的。然而就我見過的動物裡，沒有可對應的。有些會比其他的更類似地球上的某種動物，例如，

我剛剛提過的，那個星球有類似馬的動物。沒有任何動物類似牛。

朵：所以你們不會從動物身上取用牛奶那類的東西？

菲：有些動物產乳，但不會被拿來飲用。

朵：當這個星球剛被殖民時，這些動物就存在了嗎？

菲：有些本來就有，有些是從其他星系帶來的。地球上的動物種類更多。我們有城市、鄉村、瀑布、鳥和樹，我們也會野餐。我們沒有汽車、污染或廣告招牌，這些是地球當下的文化現象，但不存在於我們的星球。

朵：你們有哪種交通工具？

菲：有在路上開的，有在空中飛行的，還有在水上航行的交通工具。

朵：它們使用哪種動力？

菲：在天空飛行的運輸工具通常使用水晶作為推進力，也有利用磁力漂浮的飛航器，它們的外殼由鋁類原料製成。這是種隨著能量流（energy currents）或能量軌道/路線滑翔的小型航器，這些航道的架設和現今地球的高速公路很像。

朵：你的意思是像電流？

菲：這會是大概的類比，沒錯。

朵：那麼這些飛航器無法離開這些航道嗎？

菲：這麼說不正確，因為這些飛航器有能力獨立航行。然而，使用航道會是最有效率的方法，因為不需外部的能量來源。如果脫離航道就得需要外部能量。

朵：我明白了，這些飛航器隨著能量流移動，如果想要離開航道就要使用另一種能量來源。那這會是哪種能源呢？

菲：是一種儲存槽，類似於地球上的電池，儲存的是同樣的能量。這種能量與星球上的磁力線產生極化作用，因此不論是交叉、直線或任何角度，都可以藉由極化作用航行。

朵：航行器需要有人操縱嗎？還是自動化？

菲：航行器上有手控裝置。和目前地球上的汽車駕駛功能非常相似。在將來的某個時間點，地球會被給予建造這種航器的知識，因為這種航器使用的是地球上固有的能源。這種能源不是取自像煤或石油這類消耗性資源，而是一種用之不竭，相當豐富且有效率的能源。使用它們不會對環境造成污染。在未來，這類宇宙共通的概念將會被帶到地球實體的層次。

朵：你們有季節之分嗎？

菲：沒有。由於環繞太陽的軌道很大，比地球環繞太陽的軌道大上許多，因此要經過許多

年的時間，氣候才會逐漸改變。這個星球的季節變化很不明顯，它就只是像由暖轉熱。以地球上的經驗來形容的話，就像從初夏到八月或從夏末回到初夏。

朵：你是說天氣從不會變得像地球的冬天一樣寒冷？

菲：沒錯。你知道的，因為地球季節的轉變是由於地軸的傾斜。就像你們的月亮從不會將陰暗的那面轉向地球一樣，這個星球的軸線從不傾斜，也就無從造成季節的變化。氣候總是舒適或熱。用地球上的經驗來說，天氣保持宜人或溫暖，然後轉為非常暖或熱。這只是一種說法，因為在那個星球上，這樣的氣候不會給人不舒服的感覺。然而，為了要解釋這種經驗，我必須以地球上已知的溫度變化做比較基準。這個星球有穩定的演化，天候也是一樣固定。這個星球沒有季節之分，但在不同的區域會有不同的氣候，而同一區的氣候是不會改變的。星球不受光的陰暗面是較為茂密的森林或無人居住的地方。大部分的人口集中在星球的受光面。

朵：不受光的那邊會不會比較冷？

菲：或多或少，但不致寒冷。這個星球內部有一個熱源，為整個星球產生熱能。

朵：所以你們的星球不是完全依靠太陽光提供熱？

菲：沒錯。

朵：你去過不受光的那一邊嗎？

菲：去過。那裡的植物茂密許多。這個星球的地勢平坦，沒有太多變化。整體來說，缺少連綿山脈或地表的高度落差。

朵：我很好奇在不受光的那邊，植物沒有陽光如何生長？

菲：地球上不是也有生長在黑暗中的植物，那些在海洋底部的？這不是沒有前例。這些植物吸收大氣中的氣體，它們不靠陽光給予養分，土壤會提供其所需。陽光只是植物生長的方式之一。

朵：那麼那些住在陰暗面的動物呢？牠們有什麼不一樣嗎？

菲：生長在陰暗面的動物不會進入陽光區，因為牠們已經演化到能適應黑暗。但有些動物可以遊走於兩邊，在陽光下和黑暗中都適應得很好。

朵：你們星球的兩個月亮會同時出現在天空嗎？

菲：它們會旋轉，因此有時候兩個會一起出現，有時天空中只有一個，或一個也沒有。

朵：雨呢？你們有類似雨的東西從天空降下嗎？

菲：和地球的雨不太一樣。地球的降雨現象是由重力造成的。我之前說過，這個星球的重力只有地球的六分之一。在這裡比較像是大滴的濃霧，這是極度潮濕的情況。這個現

象發生在特定風向的轉換和其他類似情形。比起地球，這個星球的氣候穩定許多，但還是會有變化；天氣還是會毀了一場野餐。我們有愉快的時光，有假期，也有鳥類和螞蟻的困擾。

朵：這麼說來，你們有昆蟲囉。有河流或海洋嗎？

菲：是的，沒錯。我們有河流和大片水域，但是，沒有像地球的海洋這般浩瀚。由於水域不廣，氣候較為乾燥。這個星球的人整年都可以種植農作物，因為需要的濕氣較少。

朵：你們有日夜之分嗎？在我們這裡，地球自轉產生日夜更替。

菲：沒有，這個星球沒有日夜的變化。對於這點，我有種近乎悲傷的感受。星球有一部份是永遠微明，另一部份則否。這是因為這個星球的演化之故。但它不像地球的演化那麼令人難過。

我後來想到，他曾說過這個星球人的眼睛可以在黑暗中看得非常清楚。這可能並不造成矛盾，因爲他也說過他的族人殖民了這個星球，所以他們並不是土生土長的種族。只有「小小人」和動植物才是原住生物。或許這可以說明他傷感的原因，因爲提到夜晚而憶起原來的星球故鄉，那個有日與夜的家鄉。

第六章　能量導引者

朵：你之前提到商業活動。可不可以多告訴我一些？

菲：商業活動存在於這個星球與其他星球和其他星系之間。這個星球盛產一些別的星球需要，但其本身礦藏不多的金屬，因此貿易活動是建立在礦業上。

朵：這是你們「出口」的主要項目嗎？用「出口」正確嗎？

菲：出口是完全合適的用法，但金屬並不是唯一一項。蔬菜與水果也在出口貨物之列。

朵：哪一類東西是你們星球上缺少而需要進口的？

菲：我們進口一些使用在建築上的金屬，因為這個星球沒有這種礦產，我們也進口醫療用品。有些星系的醫療技術已發展到很高的境界，因此他們出口他們的「醫藥」。我們也「進口」和民生相關的知識與技巧；如何使生活變得更好、更舒適自在的知識。

朵：你們進出口的交換媒介是什麼？

菲：並沒有錢這種東西。我們是以物易物的體系。五磅的礦石可以換五磅的「知識」。這只是舉例，不要照字面來解釋。

朵：因為知識是無法用秤來衡量的。

菲：正是如此。

朵：曾經有任何人企圖在這樣的制度下作弊嗎？

菲：這是不可能的，因為所有的交易都是坦誠開放，就像我們之前討論過的，我們非常誠實，我們進化所達的層次已經不再有作弊、掩飾和欺瞞的行為，或任何黑暗、劣等的本能，例如自私自利。

我可以理解這個種族擁有的這些特質，尤其是他們使用心靈力溝通。但是那些來自其他星球的生命體又如何？難道他們都發展到了同樣的高等境界嗎？

菲：我所描述的星球的鄰近地帶，都擁有一致的進化水準，你可以說它是宇宙中的一個進化區域。有些星球進行交易的對象並沒有進化到這麼高的層次，然而優勢是屬於能看穿欺騙的人。對已經超越欺瞞的他們來說，看穿耍詐的人非常容易。甚至連有欺騙的企圖都是徒然，因為無所遁形。

雖然這個概念對我們人類的思考模式很陌生，但他讓這整件事聽起來非常簡單、合理又容易理解。

朵：你提到你們有商業往來路線，也使用太空船飛行天際。你們也懂時光旅行的知識嗎？

菲：時間並不是可以被旅行或穿越的東西。時間，事實上，並不存在。時間只是一個概念，時間並不是一個……（他試著尋找適合的字眼）……存在的物質或機制。它只不過是個概念。如果我們可以「穿越」過一個概念，那麼，是的，時光旅行是可能的。然而，在我們的進化層級上，還不能做到這點。

朵：地球上的人一直想穿梭時空，回到過去或前進未來。

菲：這種對事件在時間上的描述和安排，完全是為了有利於人類的理解。每一件事都是同時發生，因此所有已經發生或將要發生的事都正在發生中。時間只不過是一個被人類發明的概念——為了更了解周遭發生的事物，將它們帶入他們的認知層次。

朵：對我來說，要了解這樣的概念非常困難，因為我們認為過去的事影響了現在及未來的事件。

菲：這只是一種理解的方式。如果有用，很好。它便算達成了目的。如果這麼理解會造成不安，就不要嘗試這麼認知，停在你覺得自在的層次就好。當你渴望知道更多的時候，尋找它，它就會呈現——在你的夢裡、在你生活的點點滴滴、在你遇到的人裡。當然有很多觀念對地球來說非常陌生，但它們在銀河的其他地區卻是很流行的。你決定你想要的真相。

這個「同步時間」（simultaneous time）的概念向來困擾我，由於它是如此難以理解，我把接下來的提問帶回到比較世俗的事情上。

朵：那麼，如果你們沒有錢幣或類似的系統，一般人要如何取得食物及生活用品？

菲：每個人都可以貢獻自己的能力，用以物易物的方式獲取所需。有許多不同的事可做，每個人只要選擇他想做的事，他就有以物易物的潛力。有些人耕種、有些人教導、有些人治療、有些人建造。選擇一項職業，那麼你就有了取得食、衣和住的方法。這些交易行為純是就個人對個人的基礎而言。我們沒有貨幣，因此沒有超市和這個脈絡下產生的商業體系，在這個星球上，它們並不存在。有人生產食物，如果你需要食物，就去找那些生產食物的人。

朵：你們在那個星球穿哪一種衣服？

菲：較一般的描述會是緊身——不是貼身的緊身衣，而是合身——微微發亮的銀色服飾。像是跳傘裝，但是更合身，比較像是單件式的衛生衣褲。它很有彈性和伸縮性，所以可以從頸部拉開，把腳伸進去，然後直接拉到上半身穿好。這種衣服是用金屬製成，一種看起來像銀的發亮金屬，然而摸起來卻跟地球上任何一種纖維一樣柔軟。

朵：穿起來難道不會熱嗎？

菲：不會，這種衣服主要取其穩重樸素和美觀，而不是為了禦寒，因為這個星球並不冷。就如我說過的，大致上，這個星球的氣候溫和，由於太陽光譜的不同，她呈現了和地球氣候不同的性質。她的太陽射線不像地球上的這麼強，或是更正確的說，太陽光影響我們星球的方式和地球不同。

朵：那麼衣物並不是用來防禦氣候了。

菲：衣物是用來防禦氣候，但陽光只是氣候的一個面向。在空氣中有些顆粒，如果沒有任何保護，當刮起風時，受到粒子侵襲，身體可能會受傷。這些顆粒包括了石頭、玻璃等許多不同種類。它們不會迅速落到地面，不像在地球，這是因為這個星球的低重力之故，也因此粒子更易受到風的影響。它們可以被想成是「拋射物」。

朵：這些空氣中的顆粒是自然產生的嗎？

菲：有些是，有些則是意外的產物。

朵：你們的臉呢？你們有用任何方式把臉遮起來嗎？

菲：當有極度需要時，面具會派上用場。我們穿衣通常比較隨意，若要進入暴風中，會有外加的防護措施。

朵：這對人們的呼吸有什麼影響？他們難道不會吸入這些微粒嗎？

菲：那只是舉例。呼吸大致說來跟地球上一樣。假使你身在地球的沙塵暴裡，你不會覺得呼吸困難嗎？答案是「會」，在這裡也是一樣。

朵：我還以為你的意思是空氣裡總是有這些粒子。

菲：跟這裡有沙塵暴的機會是一樣的。

朵：原來如此。那麼，他們腳上有穿載任何像鞋子或靴子之類的東西嗎？

菲：有的，我們有穿戴於手腳的手套和鞋襪，但是使用與否視個人品味與環境需要而定。我們可以光著腳在自己的住處走來走去，但在公眾場合，穿鞋是種習俗。

朵：男人與女人的穿著差不多嗎？

菲：非常相似，是的。

朵：你在那個星球的名字是什麼？我們該怎麼稱呼你？

菲：目前我不想給自己一個名字。有些說法可代表個體的成就層級或特殊功績，但大致上，我們不需像地球一樣，把所有東西都冠上稱號，名字也包括在內。

朵：你知道這個星球的名字嗎？

菲：由於溝通是透過心靈感應，要把它轉譯成一個同樣的聲音能量是不可能的。這眞是個難以理解的奇怪概念。在地球上，我們非常習慣給所有東西取上名字或稱號，很難想像會有一個不需要名字的地方。

朵：這個星球屬於地球所知的銀河或星系嗎？

菲：它位於天狼星座。它是地球已經觀察到的區域，但你們尚未觀測到這個星系的邊界。並沒有什麼物質邊界，而是——嗯，這不是一個正確的翻譯，但可以使你們了解——政治或靈性影響力的邊界，因為宇宙存在著目前地球人尚不知道的靈性界域階層。

朵：大部分的貿易活動都在天狼星座附近進行嗎？

菲：從地球觀點來看，這只是天空中最接近所謂鬧區的地方。還有很多商業路線延伸到許多銀河系，也有些來自其他宇宙。然而，天狼星會是離地球最近的「有生命居住的星系」。

朵：這是最繁忙的地方之一嗎？

菲：不對，說它是最繁忙的地方之一是不正確的，因為還有許多地方比這裡更忙碌。這裡只不過是最接近地球的一個繁忙點，但是地球無法觀察到任何活動。

請注意他在回答問題時，對於答案精確度的要求所表現的堅持，在所有的催眠療程中，他一直如此。

朵：地球可能接收到無線電波或任何類似訊號顯示那裡的活動嗎？

菲：地球有可能探測到一些較不先進，而且比天狼星更為遙遠的星球。這不是很可能，而是可能。天狼星系間的溝通方式遠超過目前這個星球的偵測能力所及；地球並沒有能夠察覺這類溝通的設備。但地球的通訊知識很有可能被提升，因此你們會收到強烈的外星信號。

朵：地球上的科學家一直在透過聆聽無線電波來接收宇宙的生命信號。

菲：他們企圖收到他們所知道的生命信號，或是說，和他們同等級的生命信號。如果他們知道怎麼接收遠為先進的生命跡象，這些科學家會又驚又喜。即使是只知道一小部分宇宙正發生的事，也會讓他們驚愕不已。

朵：你的意思是地球上的科學家根本無法和你們的層次溝通？

菲：目前確是如此，但已經有些進展。這個星球（地球）在科學上的毛病就是，對於和已知現象不一樣的想法都採取封閉的態度。換句話說，只有現今儀器可以探測到的事物才算存在。

朵：那麼這些信號——如果信號是正確的字眼——是無法用地球上的科學儀器探測到的了。

菲：沒錯，因此他們便假設外星生命不存在。這個想法是地球科學家的絆腳石。

朵：以目前使用無線電波的方法，他們有可能發現真相嗎？

菲：以目前使用的科技，他們永遠不可能發現真相；因為不是同一種無線電波。

朵：你可以告訴我是哪種電波嗎？好讓我了解是如何通訊的？

菲：通訊是使用自然界的力量，比如伽瑪射線或宇宙射線；是利用自然現象，而不是刻意產生的，這和地球上的科學家所做的不同。你了解嗎？

朵：不怎麼了解。那麼我們的科學家就必須要有方法來截聽這些射線並且解讀？

菲：地球的科學家目前可以偵測到在自然狀態下自然產生的射線。舉例來說，將收音機轉到兩個電台之間，你會聽到靜電干擾的沙沙聲，宇宙射線的背景，可以說就是這種靜電。科學家還沒有研發出可以解調（demodulate，譯註：把經過調變的訊號轉變為原有訊號）這種存在於自然發生現象，一般稱為宇宙射線裡的訊號的能力。我們是使用伽瑪射線、X射線這類頻寬或射線的光譜來通訊。如果想在地球接收到這些信號，你們的設備必須要能夠解調或偵測到在這個能量頻譜（spectrum）裡的通訊。

朵：就算地球的科學家偵測到了，他們能了解嗎？我的意思是，這種通訊聽來會像是說話的聲音嗎？

菲：這很難說，這會像是對一個不曾解答過的問題先行預測答案。但不論他們能否了解信號的內容，它都很可能和地球使用的語言形式不同。

朵：如果科學家聽到了這個聲音，他們會認出這是通訊嗎？

菲：當然。因為它並不是背景雜音。它和自然產生的雜音很不同，它毫無疑問地會被認為是具有智能的生物間的通訊。它也會有一定的模式，但科學家是否能瞭解這個模式就是另一個問題了。

朵：它跟我們的摩斯密碼類似嗎？

菲：這些通訊並沒有刻意要被偽裝（這是「密碼」的字面解釋或意義。）它純粹是那個銀河地區所使用的通訊形式。並沒有掩飾通訊的必要。如果你現在能用耳朵聽到，這個聲音聽來會像是音調（tones），多重的音調（菲爾以他對電子學的了解試著舉例和說明）。現在地球有一種類似的通訊，叫做FSK，移頻鍵控（frequency Shift Keying），做法是先調變（modulate）一個音調，一個固定的音調，再利用變化這個音調的頻率轉換來進行溝通，這就叫移頻鍵控。

朵：那會是一個類似機械或電腦製造出來的聲音嗎？

菲：可以這麼想，但並不是十分正確。地球上沒有相同的聲音。目前地球的通訊方式所夾帶的雜音（noise），都沒有和它一樣的。但是有可以用來類比的通訊方法，也就是我說的移頻鍵控。

當菲爾稍後從催眠狀態中醒來，他說他想到另一個說法。他認爲這些音調更像是音樂的和絃而非單音；是不同音符在音頻與音調之間變化的和絃。

朵：會不會有人曾聽過這些聲音，卻不知道它們是什麼？

菲：地球上還沒有可以接收這種聲音的任何設備。來自那些星球的人有可能記得這些音調。但是目前地球還不曾收到這些聲音。

朵：那麼某個新東西必須要先發明出來才行。

菲：是的，對這個星球來說是新的發明。

當我在整理本書內容時，正好讀到報上的一篇文章，科學家們計劃搜尋微波頻譜（microwave spectrum），顯示他們可能正朝向正確的方向探尋外星信號。

掃瞄外太空生命跡象的龐大計畫

「一項有史以來野心最大、最複雜的掃瞄外太空生命跡象的計畫已經展開。但一位專家懷疑，就算聽到了外太空傳來的信號，人類是否聰明到可以了解這些訊息？」

「這項搜尋外星信號的計畫將會持續到本世紀末。」加州大學柏克萊分校的吉兒塔特

（Jill Tarter）在美國科學促進協會（American Association of the Advancement of Science）的年會時說：

「這些是探索微波系統的龐大計劃中的初始步驟——尋找非自然因素所產生信號的證據。有史以來，我們的文明，出於純粹的好奇心，將進行一項可能好幾個世代都不會獲致結果的搜尋。」

「這個爲期五年的搜尋外星生物的研究及發展計劃，已進行到第三年。這個由美國國家航空太空總署（NASA）出資的計劃，將監聽由太空傳抵地球的微波輻射（microwave radiation）。」

「儀器及電腦將監聽那些自然界從來不會產生，而人類以其粗糙的科技卻常常製造出的模式。這個計畫將把微波頻譜切割成壹千萬或壹億個頻道，然後進行有系統的搜尋。」

（這篇報導刊登於一九八六年五月二十九日的報紙）

朵：我知道科學家們是最急著和外星生物溝通的一群。

菲：他們真的沒有什麼可說的。地球人沒有什麼可對其他星球「出口」的有用東西。

朵：可能吧，但我想這些科學家尋找的是知識，如果他們可以了解這些知識的話。

菲：是的，他們是在尋找，但是這些知識也可能被負面使用。現階段的地球狀況確是如此。地球的意識必須要先進化到一定的程度，才能獲得並運用這些知識。許多地球人認為人類是孤獨的，就像那些獨自在叢林或沙漠中長大的隱居者，他們與世隔絕生活，自然會認為這世界只有他一個人。如果一個隱居者鎮日在城市的大街上走來走去，他就無法學習到一個隱居者應該學習的課程。你們地球就是一個隱居者星球，在這個星球居住的人正學習許多課程，宇宙的孤寂感是其中之一。你們世界的演進正在某個階段上，為了學到應學的課題，這個星球的孤立是必要的。許多人生來就過著孤獨的生活，因為他們有需要學習的課程。從星球的層次來看也是如此，每個文明都有它要修的功課。你們作為一個文明，要學的是獨行俠（loner）的課題，然後在步入真實世界後，使用所學到的功課。地球並不處在這個宇宙的主流區域，而是偏遠的角落，這並不是巧合，這是有意的安排。把這個種族安排在偏遠的角落是刻意的，並不是說地球人就比較不「入流」。我們無意冒犯，我們希望你不要把它看成有貶損之意。我們只是想說，相對於主流宇宙區，這裡並沒有什麼事情發生。人類這個種族被獨自放在這裡，是為了其自身進展。因為「我們」——我現在用「我們」，因為我和你現在是一起的（都在地球上）。我們，地球上的人類，是一個正在成長中的種族和鄰居。人類並不是宇宙唯一的種族。它只是其中一個。這個種族的宿命就是在這個孤立，與世隔絕的星球上進化，以便成為傑出的宇宙住民。

朵：在我們這個太陽系裡，有沒有生命存在於其他星球，而我們可能和他們溝通？

菲：嗯，首先，我不知道為什麼在地球現在的情況下，你們會想要做這件事。第二，我必須要問，你是指進化等級相似的星球嗎？

朵：一個他們可以溝通的星球，我想這是科學家在尋找的。

菲：有些星球的進化等級遠低於地球。科學家此刻的意圖只是要掌握任何可以證明其他生命體存在的證據。不過，這有點……我很不想說滑稽，但是當你想到目前地球的情況，它是個可悲的狀態。最好……人類最好是先學習在地球上彼此溝通，這遠比花上額外力氣學習外星文化要好得多了。

朵：是的。但是在地球的太陽系裡，有沒有比地球還要進化的星球？

菲：沒有。在地球的太陽系裡，沒有。就如我說的，天狼星座的一些行星比地球更進化，這些會是目前最接近地球的進化星球了。然而，如果你把地球上的心智狀態想成是一種疾病，那麼沒有人會希望因為和病人往來而被傳染。這種心智狀態是地球人非常沉重的負擔，這個宇宙對此並不輕忽。人類存在的核心被這個心智狀態影響，人類的整

個進化也被這個「疾病」所阻礙。無論如何，這個太陽系目前沒有存在其他有智慧的生命。你可能會問，小至在顯微鏡下的層面呢？答案是：我不知道有其他智慧生命的存在。是有可能，但就我個人存在領域所知，這麼說是不正確的。

朵：那麼科學家必須往其他地方尋找了。

菲：就像我們之前說的，科學家可以往他們從來沒有探尋過的地方尋找。然而，先將地球的事處理好，再去接觸和學習新文明會是比較理想的作法。

朵：是的，我懂你的意思，但是要阻止科學家去探索是很困難的事。聽起來，你所描述的星球確實是高度進化。

菲：比較上來說，是的。當然也有很多星球比我描述的更為進化，但跟地球相比的話，是的，它算是高度進化。

朵：你之前提到過耕種，你說你了解不多，因為那不是你選擇鑽研的領域。你的領域是什麼？

菲：一直都和科學有關，我現在在地球上的職業也是。在那個星球，我的工作和能量有關，我引導這些能量，並使用它們達成不同的目的。能量可以用在通訊、導航、工業等等不同用途。每個人都有他們選擇努力的領域，而這是我選擇的特定領域。這絕不表示它比其他的來得好或壞，這只不過是我個人的選擇。

於是我引導菲爾來到他在那個星球執行職務的時候。我完全不知道那會是怎樣的工作。

菲：這是能量導引者的角色，操控能量供星球其他地方運用；一個能量的接收及傳送者。能量有許多種，宇宙能量和星球能量都可以被導引並傳送給想要使用的人。

朵：他們是否有實驗室或類似的地方研究這些能量？

菲：是的，我們有研究區。沒有人能夠完全了解物理層面的所有知識，即使在非常先進的星球，也總是有知識等著被發現。總是有最新、最近期的事物被發掘。

朵：那麼，能量導引者並不是通曉一切了。我以為他們知曉了能量的所有使用方法。

菲：那些在神的層級，終極層級，造物主層級的存在體可以確切地如此宣稱。我們，無論如何，距離那個層級還非常遙遠。我們必須靠自己的努力去發現。

朵：你在大樓或建築物裡工作嗎？

菲：有一個專區，是的。在一個圓形區域，中央有個高起來的——轉譯過來是——祭壇，那是渦流（vortex）的正中心，那個區域是目前這個星球能量旋渦的所在。我的工作就是進入渦流裡，將能量導引到那些想使用這些能量的個體，這也是本區為圓形的原因，不指向任何特定方向。

朵：我試著想像那裡的樣子。你是坐著還是站在中央？

菲：那是個像祭壇一樣隆起的區域，祭司——這是轉譯——只要站在旋渦中央，然後運用心靈力將能量導引到那些想要接收能量的人。

朵：你會用到任何實體的東西，比如機器或控制盤之類的嗎？

菲：是的，是有一些輔助工具。它們是水晶器具或基本上以水晶和結晶體物質製成。然而，這項工作是偏向心智本質而非體力。

朵：你在醒來後可以畫出這些工具嗎？

菲：我可以粗略的畫出祭壇，但是目前不適合將這些工具轉繪成圖案。

我給菲爾後催眠暗示的指令，使他在離開催眠狀態後可以畫出他的工作區。（見圖）

朵：你每天都到那裡工作嗎？

菲：這是視需求而定，有時候會需要連續工作很長的時間，有時則沒有需要。也有其他人在別的能量旋渦地點工作，他們一樣可以協助導引能量。

朵：我以為這會是一項必須持續不斷的工作。

菲：這是不正確的。因為一直待在渦流中對導引者並不健康，這會造成載具（指導引者）身體的急速退化或老化。

朵：要做這項工作需要接受很多訓練嗎？

菲：高度的……（停頓了長時間——他有困難找到適當的字彙）

朵：訓練或教育？

菲：最純潔的道德品格，使能量盡可能純粹無瑕。如果傳送者沒有最高尚的品德，他可能會對能量造成破壞。這是一個對應的轉譯，這麼說多少欠缺全面及深度的瞭解。總之，傳送者必須要有絕對的人格。我們有師父和學徒的教導制度，有這方面才能和性向的人在很小的年齡就會被認出，經過……（再次找不到用字）測試或篩選的過程，挑出適合者。由於這制度非常嚴格，能堅持不懈到最後的人，都被賦予極高的榮譽。

朵：需要花很長時間學習嗎？

菲：要花上大部分的青少年時期或是到成年早期，相當於從小學一路到大學畢業。

朵：你必須住在特定的地方學習嗎？

菲：仍是和家人住在一起，但在一個專區裡接受教導。因為正規的家庭教育、父母的撫育照顧以及與手足一起成長，對養成個體健全完整的人格是必要的。這和目前的地球文化並沒有什麼不同。

朵：我以為你必須離開家人到別處受訓。

菲：不是的。這樣就少了健全人格成長所需的家庭教育。

朵：你喜歡這類工作嗎？

菲：是的。我得到極多的回報。在送出能量的同時，我也和接收者的頻率諧調一致，因此可以和他們做精神或心靈的溝通。我常常從心靈感應中接收到感謝及分享能量的愉悅。

朵：這種能量是否以某種形式儲存以便強化？還是就這麼直接傳送？

菲：不，不需要儲存能量，因為宇宙中存在著無窮無盡、永不停歇的能量供應。這些能量不斷在星球內外流動，只要把能量流導引到需要的區域就是了。

朵：所以只要有人知道如何使用與導引能量就可以了。

菲：完全正確。

朵：你不工作時，都在做些什麼？

菲：家庭生活，還有很多充實和有趣的事。就像在地球上一樣，我們有家庭，我們也和所愛的人相處。

朵：你在那個星球是怎麼死的？

菲：因處於能量所致。導引者的生命會因為身處強烈能量而縮短，但這是我們在接受這個責任前就已經知道的。對於我們提供的服務來說，這只是很小的代價。

朵：我想那會造成器官的壓力、耗損和衰弱吧。

對於已經習慣被科幻小說精彩情節轟炸的世代來說，菲爾所描述的外星生活，顯得過於平淡乏味。但對我，這正是它之所以眞實的原因。菲爾是一般的年輕人，伴隨他成長的是「星際大戰」和其他類似的電影及電視影集。如果他想編故事的話，他絕對可以精心編造出引人入勝的科幻情節。但相反地，除了較高度發展的道德與心靈能力外，他在那個星球過的是類似一般地球人的正常世俗生活。對我而言，這意味他所描述事情的眞實與可信度。菲爾的潛意識並沒有試圖要用生動的故事打動我，它只不過是描述存在於內部的記憶罷了。

第七章　四次元城市

在聽了菲爾對另一個星球的詳細描述後，我更急切地想探索他可能有過的其他外星前世。我從沒想過有些會是發生在三度空間以外，或是非實體層面的所在。由於三度空間是我們的意識唯一熟悉的實相，我不曾思考過生命在其他空間或次元生活的可能性。我們被教導這個物質世界只有三個次元/維度，也就是長度、寬度和深度。我唯一聽過的其他次元，是稱爲「時間」的第四度次元，而「時間」絕不是物質或實體。

探索外太空遠比我原先以爲的複雜許多。接下來探討的領域更超乎我心智能理解的範圍。菲爾也萬萬沒想到會脫離熟悉的世界，環繞在這麼奇怪的概念，相較下，科幻小說的內容還比較沒有爭議。但至少，這些呈現的新觀念很具挑戰性，一點也不乏味。催眠菲爾的過程滿是驚奇，我從不知道接下來會發生什麼事。

在接續的催眠時間，當電梯門一打開，菲爾看見地平線上出現高大、鋸齒狀的尖塔，我立刻以爲他又回到了那個因科學家死亡而令他感傷的星球。但菲爾說這是一個城市，而他接下來的敘述也不像是之前他到訪的那個有著高塔和奇特車子的同樣城市。

菲：那是城市建築物的輪廓。它們是不同高度的錐形尖塔。

當我問他想不想走出電梯去探索這個奇怪地方，他同意了。菲爾的潛意識知道前幾次催眠並沒對意識造成困擾，因此潛意識顯然認爲是以較快速度釋放資料的時候了。

菲爾敘述自己走在街道上，朝著一個跟他招手，似曾相識的人走去。這個人沒有頭髮，穿著一件深藍色、高領的單件式緊身服。當菲爾低頭看著自己，發現他也穿著相同款式的服裝。

菲：我們好像是在近郊，我不認為我住在城市裡，但我會進城。就像我住在郊外但在城裡工作一樣。

我將菲爾引導到他工作的地方，並詢問他的工作內容。

菲：這是個橢圓……或環形的區域，壁面……頂部有樑柱。我感覺壁面柔軟光滑。這裡有個演說的講台，還有讓聽眾坐的長椅。這是個會議廳，感覺是個委員議事廳。它是用來當作某種裁決……或調停的房間。

朵：有其他人和你一起在那裡工作嗎？

菲：有，有些助理。有的人是做些較——我不想說是較「卑微」的工作，因為他們的工作一樣重要，只是不那麼複雜。

朵：你的工作有職稱嗎？

菲：仲裁之類的。我的工作是協調紛爭，讓有歧見的雙方了解對方的立場及其正當性，幫助他們達成共同的協議。

朵：你身上有任何識別的標誌嗎？能讓大家一眼就知道你是誰的標誌。

菲：性格就是一種標誌，因為性格會反映職業。當你見到某人，你能立刻知道他是誰，還有他的工作。地球人會穿著制服來表示職業，因為你們沒有這種即刻認知的能力。如果你遇到一位警察，而你能立刻或直覺知道他的警察身份，那你們就不會需要制服了。你明瞭我所說的嗎？

顯然我們又到了一個精神感應和直覺高度發展的地方。

朵：你說你的工作和調解紛爭有關。這是件困難的事嗎？

菲：有時候是的。有時要處理的議題非常複雜。

朵：大家都會聽從你的話嗎？

菲：大致而言，是的。他們尊敬我的威信和智慧。反對並沒有什麼好處。整個調停的目的就是為了解決問題。和調停者爭執就違反了調解的目的。

朵：但你知道的，人們總是很難達成共識。

菲：地球人是這樣。但在那裡不同。因為那裡的人比較能接受別人的觀點。

我請他舉個例子，在哪種情況下他會被請去調解。

菲：此刻在天鵝星座（Signus constellation），有個……嗯，我們不想用「戰爭」，因為這個詞並不適宜。在兩個……種族間有很強烈的爭議……這個載具（指菲爾）沒有參考點可轉譯這個詞。我們沒有可以提供相關概念的背景。我們就純粹來描述這個情況吧——這件事涉及了兩個種族。他們在爭論誰才擁有某個已有住民的星系領域權。A族群因為是第一個探戡這個星系的種族，主張擁有主權。B族群因為是這個星系住民的後裔，認為領域權理應屬於他們。情形是這樣的：B族群很久以前從這個星系遷移到別的星球。這個移居的族類快速發展出星際艦隊，但這個文明也日漸遺忘他們來自的地方。當這個星系被探索者發現後，B族群才知道自己和這個星系的血緣，於是他們以此星系後裔的身分宣稱擁有領域權。

朵：你剛剛說這像場戰爭？

菲：這不是戰爭，因為沒有任何暴力行為，雙方只是存在著很激烈的爭論和歧見。他們訴諸調停委員會，也各派代表試圖達成共識，取得雙方都能滿意的作法。這項紛爭也涉及了礦產權和管理權；由於這個星系原住民的發展現況不如爭取領域權的雙方，因此有必要由一方或雙方派遣管理或照顧者，負責這個星系的發展。這個星系後裔的領導人很有領導力且深受人民尊崇。基於血統關係，他要求擁有整個星系的主權。他認為這個星球屬於他們的祖先，這些較落後的住民是他們的同胞。而另一方也聲稱擁有權利，因為他們先發現了這裡。

朵：如果雙方無法達成協議，情況會演發成戰爭嗎？

菲：他們不會那麼做。兩方之間是有爭執，而且討論激烈，但他們不會訴諸武力。雙方已派代表協議，他們就必須達成共識。事實上，雙方都有立場宣稱主權，因為在銀河或宇宙的這個區域，領域權是依先到先得的原則，也就是歸先發現者擁有。雖然這個星系後裔關心祖先遺民的安全和福祉，但這並不意味發現這裡的A種族就會不顧或忽視其原有居民的福利。這就像如果你的祖先被發現居住在某個被人宣稱為其領域的島上，你自然會關心他們的福祉。這就是目前的情況。

朵：這聽起來跟當初印地安人和美國同時宣稱擁有美洲大陸領土權的情形很類似。

菲：這個情形在宇宙的許多地方都發生過，並不是什麼新鮮事。這個星系有豐富的礦產，它的某些星球生長製藥所需的植物，因此除了血緣因素外，也有商業利益的考量。目前的決定是由雙方共同承擔責任，也就是說，發現的種族負責這個星系的商業化和探勘，而這星系的血親族人則負責文化發展和社會福祉。和諧是大家一致的期望，這樣的安排也達到了和諧的目標。但它必須得到雙方的同意。

朵：你曾經遇到必須實施懲處的時候嗎？

菲：（停頓了很久）我不能回答這個問題。

朵：你的意思是你不被允許談論嗎？

菲：我……純粹沒什麼可說的。顯然地，我並不處理相關的事。

朵：我只是好奇你們的社會有沒有懲罰的機制，或者，你們根本沒有這方面的問題。

菲：它和地球社會不同，它是不一樣的。

我一向要求個案清楚說出人、事、物名稱和時間地點，這是我多年來催眠個案回到前世時的作法。當我詢問菲爾這個星球和城市的名字時，他再次說他無法將它們轉譯成聲音語言。

菲：在地球語言裡，沒有和這些名字相當的頻率，因此我無法轉譯。

我也早該知道詢問那裡的時間也是徒然，但習慣使然，我還是問了。

朵：你可以說出你那裡的時間嗎？比如說，你們有所謂的「年」嗎？

菲：不，我們沒有時間，因為我們是在第四度次元，這裡並沒有時間。我們不需要用不存在的東西來衡量事物。

事情的發展越來越奇怪。從不曾有人告訴我他是來自第四次元，雖然我也從不曾和來自外星球的人說過話。原先聽他講述的例子，我還假定我們談的是三次元的物質世界。看來這個複雜的爭議是發生在四次元的協調庭裡。或許他們比較沒有偏見吧。

由於菲爾談的是我完全不懂的次元，在這樣的狀況下，我不知道該問他什麼問題才不致雞同鴨講。四次元的觀念太陌生，我實在無從比較或聯想。

朵：原來如此。那麼你們的身體就不會隨時間老化，或是說有任何可以判斷年齡的依據，是不是這樣？

菲：還是會改變的。這很難解釋，但它還是會隨著你們所謂的時間而改變。

朵：你們一開始也是嬰兒的身體，然後逐漸長大成人嗎？

菲：身體是配置而不是生出來的。身體是根據所需完成的工作而組成，並隨你們所謂的時間進展。

朵：換句話說，身體在形成時就是完全成熟的，是這樣嗎？

菲：不是，因為一開始還沒有任何學習的體驗。形成身體的目的是為了學習，在最初成形時，還沒有「學習」，我們是透過經驗學習，而經由經驗，身體會改變，這個身體的變化就是反映了性格上的改變。

朵：好吧，我會努力去了解這個概念。在我們的社會，人類是由小嬰兒漸漸長大成人，而你們的社會並不是這樣的情形。

菲：沒錯。不同之處在於：在地球，物質身體會改變和長大，在某種程度上反映了內在靈魂的學習與成長。這是三次元裡的身體面向。

我對這個說法仍然感到困惑，但我決定繼續發問，希望在我有空檔研究並思考這個奇怪概念時，可以有所領會。

朵：你們的社會有男女性別之分嗎？

菲：沒有。性別並非必要，因為我們的繁衍方式和人類不同。你能理解嗎？

朵：我不太懂。那你們是如何繁衍的呢？在一個隔離的地方還是用什麼方式？

我心裡想著實驗室的情景，好比「複製」。由於我不懂這個概念，因此我全神貫注地聆聽。

菲：這都是精神性的。它是投射出的思想能量。假如有需要身體的必要，身體就會形成，做為這個人使用或學習所需課程的工具。

朵：那麼當這個身體具體化後，靈魂就會進入身體？

菲：不是。這並不是肉體的具體化。全都是能量。靈魂就是身體，你瞭解嗎？

朵：這對我真是很陌生的概念，但我在試著了解。……假如身體是由能量形成，而主要是靈魂，那麼週遭的事物呢？它們是物質形態嗎？

菲：它們是能量。所有的一切都是能量。能量就如實質物體，可以被移動和操控。要做到這點，你要先領會它的可行性。

朵：所以群體一起將他們的需求具體化？

菲：是的。透過群體共同的努力，完成他們的業（karma）。

朵：所以你們仍然有業？

菲：對，每個人都有。

朵：那麼，在這類型態的社會裡，你們有任何形式的家庭嗎？

菲：有，我們有，和地球上一樣，我們也有家庭，但不是實體的家庭。可以這麼說，我們會和熟悉的人聚在一起。我們，我說的我們是泛指所有的生命體，彼此友好和親近。

朵：所以即使是純粹的能量體，你們仍然有情緒和感情。

菲：那當然。確實如此。愛和同理心是存在體性格的一部份。

朵：那食物呢？你們必須攝取任何營養品嗎？

菲：不，食物並非必要。食物可算是「娛樂」的一種，然而它並非必要，因為我說的並不是一個物質或實體界域的存在層面。你必須要瞭解這些都是純粹的能量。在物質世界，你的物質身體因為生物機能而需要食物。但在這個存在的次元，能量是……它並不需要食物來維持。

朵：我一直把外星世界想成跟我們地球一樣，以為他們還是有實質上的需求。

菲：對三次元的星球來說，這是事實。

朵：我試著將你說的和我所知道的轉世間狀態，也就是所謂的「死亡」，做一個聯想。在轉世之間，不再需要身體，靈魂因此不受身體束縛。這個狀態和你說的有不同嗎？還是說，你的四次元世界就像活在轉世間的不同存在層面？

菲：是的，是這樣的。它們不是類似，它們是同一件事。當人們在這裡（意指地球）死亡，他們可以選擇到另一個星球生活，只要這符合他們的需求。在這裡或是在那裡並沒有什麼不同，只是處於不同的存在層面而已。

朵：我懂了。我其實真不懂他在說什麼。這些奇怪的概念把我弄得頭暈腦脹，我想不出該問些什麼才有意義。

朵：如果你們只是純粹的能量，你們怎麼會死呢？

菲：你不是死，你只是使你的載具不存在了。比如說，當某人的有效性到期，或是已經學到該學的課程，他就不再需要這個載具（身體）。載具消散於無形，而能量就回歸到……任何需要它的地方。然而，這個存在體的個性仍然保留。

朵：我覺得如果你是在一個不會死亡的地方，你一定會想永遠待在那裡。

菲：不，你很快就會覺得無聊。舉例來說，如果你已經完成了三年級的課程，你會想一輩子都待在三年級嗎？

朵：有些人非常懼怕死亡，他們會想要待在熟悉的地方……（話被菲爾打斷）

菲：這樣是比較舒適，但學不到東西。

朵：你是說沒有挑戰？

菲：沒錯，正是如此。

朵：之前我們談到城市。你們有交通工具嗎？

菲：這些交通工具和四次元的所有東西一樣，都是純能量。它們可以依需要而成形或消散。

朵：我想瞭解的是，如果你們有能力使用純能量和心智，為什麼還需要交通工具？

菲：這跟地球使用房車或小貨車沒什麼不同。你們是使用三次元的物質製造三次元的東西。那裡也是一樣。你需要用四次元的——不是物質——而是事項（items），去創造四次元的東西。就像形成身體一樣。身體是執行工作的工具。這和生存在地球沒什麼不同，除了這裡是四次元，而地球是三次元。然而，在更高的層面，更高的存在和次元裡，不再有這種需求。所有的一切都是思想，都是意念。更高層次的靈體純粹存在於思想，就只是思想而已。

朵：這正是我想瞭解的。我以為純能量的生命體不會需要任何東西了。顯然你說的是介於純物質和純精神之間的生命體。他們已經知道如何操控心智，將他們的需要具象化。

菲：沒錯。我們想告訴你，我們會讓你知道很多事情。你將會獲得許多資料和紀錄。有些資料可能包含一些很難轉譯的概念，但我們會儘量讓你容易理解。然而，我很遺憾有些領域是我們不能觸及的。知道它們對你或我都沒有幫助。事實上，還可能對雙方有害。

這突如其來的聲明嚇了我一跳，也挑起了我的好奇心。我向來以個案為優先考量，而我的人類天性卻好奇有什麼領域會是被禁止探觸的。我從未收到類似的警告，但在日後的催眠裡，我也不曾嘗試去探索那個禁區，因為我知道我很可能被拒絕；有些事還是不要碰的好。

菲：我們的目的是提供協助，因此沒有幫助的事是不被允許的。無論如何，這些資料應該足以滿足大家的好奇心了。

朵：好的。就由你來決定吧。

菲：並不全然是由我來決定或判斷什麼是……「不適當」的。有些資料我並沒有管道，正因如此，這不是我決定的。有比我更有力量的人會看顧我們。他們，事實上，正在這個房間裡看著，並引導我們的提問和回答。他們是我們的指導者，甚至是更高階的存在體。

他這麼說令我汗毛直豎，因爲每當我進行催眠工作時，常感覺有些看不見的「其他人」在房間裡。

菲：他們很高興，因為他們將此視為幫助地球人的方法。如果他們認為這麼做有害，這件事就不會發生；他們不會允許我說。就是這麼簡單。因此，會有我們無法進入的「禁區」，而我將不被允許透露或接觸到這些資料。

我向他保證，雖然我很好奇也渴望學習所有可得的知識，但我絕不會做會令他不舒服或傷害他的事。

我很期待知道未來會揭露哪些資料，雖然我對這次催眠所呈現的次元概念感到陌生，但它已然擴展了我的心智。

第八章　印記

四次元的主題令我暈頭轉向，讓提問變得越來越困難。我希望有個緩衝時間能整理思緒，因此我決定引導菲爾回到他的地球前世，我以為這樣就可以暫時重返熟悉的領域。然而，通往另一個世界和存在層次的大門已經開啓，我們再無法回到那世俗、安全與熟悉的界域。接下來發現的內容令我震驚，也撼動了我的基本信念。或許，天底下的事眞不是如它所顯現的樣貌。

朵：你在地球經歷過許多轉世嗎？

菲：這是第一次，是我第一次真正投生在地球。我有許多來自他人經驗的印記，也曾幫助過很多人。然而，這是我第一次真正在地球的肉體轉世。

慢著！他說什麼來著？這是什麼意思？早先他的確說過，對地球來說，他是個新人，他比較熟悉其他行星和次元，但這怎麼可能會是他第一次的地球生命？在最初進行催眠時，我們曾透過回溯探討過他在地球的四次前世。那些前世究竟是怎麼回事？我實在糊塗了。

朵：那麼我們之前討論的都不是真的了？

菲：那些是印記和協助的紀錄，它們不是真正的肉身轉世經驗。

這眞是難倒我了，我從來沒聽過印記這回事。在回溯催眠中，個案要不有轉世，要不就沒有。另一個唯一的可能性便是整件事都是出於個案的幻想。我向來都很自豪自己能夠辨識這其中的差異。但在所有我讀過的有關前世記憶的可能解釋或理論中，我不曾聽過「印記」的說法。菲爾猛然丟給我一個震撼彈，但我提醒自己，我必須記得我並不是在和一般的地球能量溝通。我實在很困惑，如果人的一生不一定是指肉體的轉世，那我又怎麼知道自己面對的到底是什麼狀況？

朵：你的意思是，有些靈魂並沒有真正有過人世經驗，而是……

菲：他們可以從阿卡西克紀錄（Akashic records）提取資料，將這些資料銘印在靈魂裡，所銘印的資料就成為他們的經驗。（譯注：阿卡西克紀錄即阿卡西紀錄，Akashic音譯為阿卡西克，但國內近年多譯為阿卡西。）

曾有研究者提到阿卡西克紀錄，它記載著宇宙無始無終，一切事件、情緒和所學到的課題。

朵：嗯……你可以告訴我，當遇到這種事，我該如何分辨所聽到的是真正的肉體經驗還是印記嗎？

菲：不能，因為連我都無法分辨。假如我是使用印記，那個印記會真實無比，一如我親身實際的經歷。所有的情緒、記憶和感受，所有關於那一世的經驗都存在於那個印記裡，因此，就我的觀點來看，我無從分辨，因為我全然地沉浸在那個經驗裡頭。這就是印記的作用。它可以讓未曾去過某個星球的靈魂「經歷」好幾千、幾萬年在那個星球的經驗。

朵：為了什麼原因呢？

菲：如果某個來自其他行星或次元的生命體沒有印記的協助，他會完全的迷失。他不會瞭解這裡的習俗、宗教、政治，或是如何在這個社會環境下生存和互動。這就是印記的必要性。

舉例來說，當一個外星人初次轉世到地球，他的潛意識不曾有過地球人的人世經驗。為了讓這個個體適應地球生活，一定要有某些他可以擷取，以便和日常生活經驗對照或比較的基礎。如不然，他會生活在失衡和不對勁的情緒裡，等到他累積了足夠的類似經驗來回顧和理解他的遭遇時，這時也已過了大半人生。這個個體所經驗的困惑與不和諧感會磨蝕掉他所學習的課程；由於他總是處於不和諧的狀態，學習的一切會因此被扭曲而變得毫無成效。這是為什麼必須要有「印記」來協助他適應這個新環境，並在全然陌生的經驗裡感到自在的原因。對轉世為人類的外星人來說，小到像與人爭論這種事都會讓他不知如何應對。他們不曾經歷你們所知的憤怒或恐懼，這種負面情緒會令他們無力，會癱瘓他們，使他們受創。

許多人相信，人類的各種經驗、思考模式和應對事物的方式，都是被環境塑造或制約而成。一個剛出生嬰兒的心智是空白無瑕的，所有的資訊都是在成長過程中透過學習而

來。人類依賴潛意識記憶的程度，顯然比我們所知道和察覺到的還要多。潛意識就像電腦資料庫，我們每天不斷地從中提取資料比對。

根據菲爾提到的這個新觀念，外星人若是第一次化爲人身，投胎來到地球，由於面對的是陌生的新文化，他們必須要有某些過去的記憶以適應新環境，讓他們有參考的依據。這個說法令我驚訝，也開啓了我另一個全新的思考領域。它可以改變我向來對輪迴轉世的看法。

朵：但是，有沒有任何方法能讓我分辨個案所憶起的前世，究竟是他確曾活過的人生還是印記？

菲：你為什麼想分辨呢？

朵：嗯……這樣可能有助於證明我想證明的事。

我內心覺得好笑，因爲它帶出了一個問題：我究竟要證明什麼呢？菲爾似乎看穿了我的心思。

菲：那你想證明什麼呢？

我笑著說：「問得好。」

菲：你其實已經有答案了。

朵：嗯……我想，我是要證明輪迴的真實性，因為很多人不相信這個概念。透過回溯催眠，個案可以憶起前世，如果事後能查證在那個時間確實有那個人的存在，我便證明了這些事的真實性。但是，假使那個人所回憶的是個印記，我們還能去印證它嗎？

菲：是的。因為印記的經驗仍是真實的，雖然它並不是你現在所催眠的這個個案的親身經歷，但這些經歷都確實存在。所有的資料都會是一樣的，就像你是在和那個曾經存在於那個時間點的靈魂說話一樣；印記已是他靈魂實相的一部分。

朵：有時候，不只一個人敘述同樣的前世。印記是不是可以用來解釋這種現象？例如，有好幾個人宣稱他們曾經是埃及豔后，拿破崙也有好幾位。印記和這種情形有關嗎？

菲：絕對是的。因為沒有……（他找不到適合的用語）這些印記不專屬任何人，每個人都可以使用，因此試圖找出誰才是真正的那個「當事人」是白費力氣，因為毫無意義。

我不曾遇過不同個案說出同樣前世的情況，但這個現象是懷疑論者對輪迴提出的質疑之一。

朵：這正是人們爭議輪迴真實性的其中一個原因。他們認為，如果我們發現許多人都自稱曾經是歷史上的某人，那麼輪迴便不可能是真的了。

菲：那些人面對的是拓展視野和知識的挑戰。他們接觸到與自身的短視信念相衝突的事實，以便挑戰他們擴展覺察力。

朵：所以不論誰是真正的埃及豔后或任何人來著，我們仍然有管道得知資料？

菲：這些資料可輕易被那個真正經歷，或是銘刻著這個印記的數百位靈魂之一所驗證。這其中不會有差別。

朵：可是，不同的人會不會對同樣的印記有不同的認知？假使有兩個人都說自己曾是埃及豔后，他們對埃及豔后的認知有可能不同嗎？

菲：這是個好問題。我們會說，人類的經驗就像過濾器，它會過濾並渲染流經心智的事物。因此，如果埃及豔后的某個經歷被敘述者的意識認為是不愉快的經驗，為了不造成對那個存在體的干擾或引發崩潰，這個部分可能會被他刪除或改變。

這聽來像是自我編整。這是不是可以解釋有時錯誤發生的原因？然而這不就跟人們總是拿對自己有利的研究來證明自己的論點一樣嗎？

朵：所以即便如此，資料仍是真實的，只不過是從不同的角度觀看而已。

菲：你說的沒錯。它仍會以最真實的面貌呈現，然而也是個體覺得最自在的內容。

朵：這也可以用來解釋「平行人生」的疑問嗎？兩個相同的人生明顯地發生在同時或相互重疊？

菲：是的。這也就是為什麼「平行人生」會產生矛盾之處。印記只不過是為了要讓某人能從中獲取社會經驗、規則、法律、習俗，以便有效地實現和活出他的人生而已。

朵：所以能不能被印證根本無關緊要了？

菲：沒錯。證明的意義何在？我們可以費盡心血去查證某人的所謂前世，但就印證的角度來看，它完全沒有助益。然而，從這些回溯的記憶裡，我們卻可以學到許多，這不僅對回溯的個案有幫助，讀到或聽到的人也可以有所學習。許多知識可因此被分享，因

而對每個人都有益。

朵：透過回溯重新經歷前世，有些人確實獲益良多，譬如更瞭解他們現世的人際關係。

菲：沒錯，是這樣的。

朵：那麼是如何決定你或別人會有怎樣的印記？特定的印記被特定的人選擇嗎？

菲：個體轉世的目的決定了他所使用的印記。如果某人要成為一位領導者，例如總統，他就有可能擁有由部落酋長到歷任總統，或市長，甚或小偷頭頭等各種不同層次領導人的印記。如果強調的是領導力，許多與領導本質相關的印記就會派上用場，如此一來，這個存在體才會熟悉領導工作的各個面向和觀念。印記的好處還包括因此學到的人性、耐性、樂趣及消遣娛樂。多種面向的人生經驗都包含在這些印記裡。印記產生的方法超乎我的瞭解範圍，但它的作用是經驗多個或許是同時性，也或許是連續性的轉世，以達到透過他人經驗學習的效果。所有學到的課題因此都是共享的。我們每個人在這生所經歷的，在生命終了時，也將成為印記，被任何可以使用的人運用。如果把人生比喻成書，印記就是向圖書館借閱書籍，在閱讀後你對這本書（這個人生）便有了即刻的瞭解。

朵：你是說，生命的能量就像被儲存在書裡，置放在圖書館，想使用這個資料的人都可以使用這個印記。

菲：沒錯。並沒有限定某個特定的人生可以被多少人使用。數以千計的人可以同時銘刻同一個生命經驗。

朵：因此，我有可能在催眠個案時，遇到不只一個人描述同樣的轉世，如果這個相同的印記都被他們使用的話。

菲：是的。印記是在轉世前就選擇好的。方法過於複雜，難以瞭解。但你可以想像有那麼一台萬能電腦，它擁有每個人的每一次人世記錄。當某人要轉世時，他所設計的人生和他對這次生命的期望，都會被輸入這個電腦，接著適當的印記被挑選出來並銘刻在這個靈魂裡。有一個階層的靈體在專門負責這項工作。有個「議會」監管這個運作並協助靈魂。電腦和議會瞭解這個靈魂的任務和可供使用的所有前世資料。所有的人世都已儲存在記錄庫，由此挑出符合個體即將展開的人世需求經歷。所有的記憶、思想、感官覺受，真實活過的生命所擁有的一切都完整如實地保存。它是一個全息圖，那一生的立體總合。一切經歷、記憶、情感都被銘刻在這個靈魂裡，並成為這個靈魂的一部份。轉世結束後，這個靈魂依然會帶著這些銘記的資料，它可以說是生活在這個存在層面的禮物，印記因此成為這個靈魂的永恆紀錄。

朵：若說印記是一種模式（pattern）恰當嗎？還是有其他的字彙？你選擇了這些模式來打造你的人生。

菲：可以這麼說。

朵：我有個有趣的想法，這就像在圖書館裡蒐集資料做研究，對不對？

菲：是的。你被給予許多不同主題的書籍，利用手上可得的知識實踐人生。

朵：可是當一個人是真正地經歷人生，他可以從日常生活得到許多寶貴經驗。印記也可以提供同樣的價值嗎？

菲：你這是從業力的觀點來看，我們會說這是不正確的。因為印記只是供作參考，使你在地球人世有一個比較與適應的依據。它並不會抵消任何業。它可以是一項用來平衡因果的附加工具。假如每一個人都使用印記，就會產生「停滯」，因為再沒有人會去經歷真實的生活。這樣一來，最終就沒有可供使用的相關印記了。因此真正地在人世生活是必要的，這樣才有新的資料加入這個檔案圖書館裡。

朵：沒錯，因為一段時間過後，靈魂會比較喜歡利用印記這個捷徑，而不去真正經驗和創造。

菲：對某些靈魂來說，這個捷徑是合適的，對其他靈魂則不然。這個載具（指菲爾）現在所經歷的人生，正符合他的需要，因此印記這個捷徑就不適合他。我們也可以說，菲爾只要等待另一個靈魂在此時經歷轉世，然後他再接收這個印記就可以了，不是嗎？然而，這麼一來，他就學不到實際的經驗了。靈魂的自由意志的意義正在於此：是這個靈魂的自由意志，而不是其他人的意志創造了那個特定的印記。在轉世之前，所有相關資料都被輸進電腦，然後那些適合的前世經驗便被提供為印記。電腦選出合適的印記，但卻是由那個個體做出最後的決定。不論什麼原因，如果靈魂覺得無法接受某個印記，他絕對有權利拒絕。如果靈魂決定「我不想要那個印記」，那麼，就會如他所願。

朵：我有點迷糊了。你的意思是，根本就沒有我們所以為或認知的輪迴存在嗎？

菲：我的意思是，有肉體的轉世，同時也有印記的存在。某人可能有五次真正的人世，但卻有五百次的人生經驗。這是轉世與印記合併的效果。

朵：換句話說，印記是在你一出生就有的資料，而且供你在這整個人生中使用。

菲：在出生的時候，所需的印記便已銘刻在靈魂裡。然而，只要有需要，你也可以隨時取用額外的印記。這就像出外旅行，打包了行李出發，但在途中你發現忘了攜帶某樣東西。沿路會有些商店，於是，你到商店購買所需的物品。——你對疊層式地圖熟悉

嗎？舉例來說，你可能有一個沒有標示出各州輪廓的美國地圖。疊層圖是由許多連續透明片層層置放上去，你因此可以看出地圖全貌。這也可以用來比喻印記。印記以不同的方式層疊，有的可能出現在夢裡，有的可能是某種實際經驗。你或許經歷一個創傷事件，例如家人死亡或失業或任何能開啓你內心情感的經驗。不論這經驗是愉快，是悲傷，或介於兩者之間，關鍵都在於開放自己的心。而那個必要的額外印記會在個體沒有絲毫察覺下，完美的「潛入」。但事實上，你也可以實際去經驗許多人世，而不使用任何印記。印記只是輔助工具，不是每個人都需要，但對轉世到地球的外星人而言，印記卻是絕對必要的。

顯然地，在我剛開始對菲爾進行催眠時，他的潛意識使用了保護機制。潛意識在初次回溯時，先讓印記浮現，直到菲爾準備好了接受及瞭解他與外星球的關聯，這些外星記憶才逐漸揭露。如果我沒有繼續和菲爾合作，他在外星的生活將永遠不會浮上檯面。對其他的個案來說，這個說法也可以成立，我無法得知他們的經歷，他們當然更不可能知道自己與外星世界的淵源。這確實是個非常獨特的保護機制。

我在催眠其他個案時也注意到這點：只有在和受術者合作了相當一段時日後，最好和最重大的資料才會被釋出。我和個案必須先建立良好的互信關係，才有助資料的釋放。這項工作需要相當的耐性，如果我失去耐心而太早放棄，我就不會接收到我所有書中的內容了。

朵：外星人曾經以不是出生在地球的方式來到這裡嗎？我的意思是，他們來到地球，製造或模擬出地球人的形體，混入人類之間？

菲：是的。這樣的情形有過許多次，而且還會再發生。要和地球能量同化，呈現出想被看見的形式是件很簡單的事。沒什麼困難。

朵：那會是個實質的身體，或只是視覺上的身體而已？

菲：它會有兩者的特性。它不像真正的肉體那麼稠密，因為這個形體是用精神能量來維持的。

朵：他們為什麼要這麼做？

菲：為了要教導或傳授某些特別的訊息，可能是給某些特別的人，或某個積極尋求與外星人接觸的人類。

朵：他們會模擬出人類形體，然後待在地球一段時日嗎？

菲：如果有需要的話，他們可以無限期地待在地球。對此沒有時間的描述。停留多久要視他們在地球上的任務而定。

朵：原來如此。我們曾聽過這個說法：生活在我們周遭的某些人很可能不是人類。

菲：這是完全可能的。

朵：這些模擬人類形態，而且和我們生活在一起的外星人，對人類會有危險嗎？

菲：就跟人類對人類的危險是一樣的。他們甚至更不具危險，因為他們是來這裡協助和幫忙地球人。他們的任務非常單純：啓發地球人，幫助人類開悟。如果這還不算幫助的話，那麼人類就沒有任何幫助了。

朵：我們有什麼方法可以認出外星人嗎？

菲：我們不希望有可供識別的特徵被公佈出來，因為也沒有。事實上，他們和任何人類一樣真實，一樣都是血肉之軀。是有些端倪可以當作指標，然而，我們覺得說出來並不適當。因為這會製造一種迫害或「搜捕」的氣氛，而且會侵擾到那些尚不知自己外星血緣的人的隱私。這會引發他們不必要的不安或傷悲。

這是事實。這世上一定有許多人和菲爾一樣，沒有跡象顯示他們源自外星，而他們本

身也不知道。

菲：如果某個想尋找外星人的人類心態不正，便會捕風捉影或造成不實指控。我們不希望提供的資料助長了那些有偏差心態的人，他們可以為了追求私利犧牲別人。他們會將那些人視為外星人而不是人類。然而，只要是此刻行走在地球上的任何個體，都擁有身為人類，被人道對待的權利。

朵：我們已經被電影和電視洗腦了，它們總說和外星人有關的一切都是不好的。

菲：正是如此，你們被制約了。有關外星人都是不好的觀念並不是事實，而是一種制約下的想法。我們覺得應該要在你的書中解釋為什麼你沒有將辨識外星人的方法含括在書裡，公諸於世。就像我們說的，會有人不惜一切要找出外星人。地球上有法律明文禁止種族隔離和公然的種族歧視，然而，目前並沒有任何保護外星人的律法，因此尋找或捕捉外星人勢必會成為一種公開的競賽。因為有人存在如此的心態。

朵：那些來到地球並模擬人類形體，和我們生活在一起的外星人，他們沒有和我們人類一樣的情緒吧？他們會有印記知識嗎？

菲：我們現在談的不是模擬地球人形體的外星人，我們說的是轉世到地球的外星人。他們會帶有各類情緒的印記知識，並且知道如何處理這些情緒。這正是為什麼要有印記的原因。至於模擬人類形體的外星人，這是另一回事，他們不需印記的資料。他們是很特殊的個體，他們對人類研究之透徹，使得他們能夠和地球人生活在一起而不被周遭的人察覺。

朵：但他們沒有可供參考的情緒經驗。他們就只是靠觀察嗎？

菲：我們不同意這個說法，因為他們非常人性化，舉手投足都和一般人類一樣。

朵：我相信人類正是以為外星人沒有情緒和感情，覺得他們比較像機器人。這個想法讓我們覺得外星人很可怕。

菲：那麼當人類看到星際種族一起慶祝新秩序的誕生時，一定會相當開心。因為他們會看見許多情感，比如哭泣、歡笑、歌唱和舞蹈，這些並不專屬人世經驗。人類總認為他們所做的事都是原創的。但「宇宙手足」乙詞的意義，就表示了這些情感是宇宙普遍共享，而非只是人類的經驗。歡笑存在於整個宇宙。悲傷存在於整個宇宙。恐懼存在於整個宇宙。然而在不同的存在層面，這些情緒和情感的顯現也不同。人類長期以來都生活在恐懼的枷鎖裡，現在是打破這個束縛，釋放人類去接受責任，並成為宇宙成員一份子的時候了。如果這個束縛被釋出給宇宙的一般住民，恐懼就會蔓延開來。因此你們被放置在宇宙的偏遠處，好讓你們以自己的方式來處理恐懼。當你們能在自己的小行星上克服恐懼，你們就可以暢遊宇宙，和那些從未被恐懼禁錮和束縛的文明相遇。由於恐懼具有傳染性，我們不希望你們將它傳染給那些敏銳細緻的外星族類，他們不曾經驗過你們人類版的恐懼，只要一丁點恐懼的念頭，就會令他們錯愕、身心交瘁。他們充滿信心，並不需要你們的恐懼。

朵：恐懼全然是人類的特性？

菲：它現在在地球是一種疾病。這種需要隔離的疾病，使得你們存在於自己的宇宙一角。它在其他地方並不是疾病。所有的能量都有被過度使用和誤用的可能。在地球上，恐懼的能量便是被誤用的例子。它成了破壞性而不是建設性的力量，因此我們說它被誤用了。我們很難找出適當的類比，因為你們不瞭解恐懼其實是可以有建設性的。當這個疾病被克服後，宇宙之門會開啓，你們將被允許探訪其他的星球。

朵：這些外星人來到地球的時間有多久了？

菲：他們曾偶爾出現在地球的歷史上。一直以來，外星人便曾到訪地球，但不是以轉世的方式，他們只是來探訪，這兩者之間有顯著的不同。探訪可以是一天，可能是幾年，但絕不是以投胎轉世的方式。外星人轉世到地球是最近的事。他們主要的湧入期始於幾十年前。

朵：那麼，這個理論是真的嗎？來自其他星球的生命體來到地球，教導人類祖先新的事物，影響並改善了人類的生活？

菲：事實真相是，如果沒有外星訪客和他們的啓發，人類這個族群根本不會進化，也就不會有現在的人類。在有人類之初和之前，外星人便已到訪地球了。

第九章　死亡之針

在這次揭露印記的催眠後，我更困惑了。和菲爾合作以來，我接收到大量需要吸收、消化和瞭解的不尋常資料。我不得不重新評估我整個的思維模式，並檢視菲爾的內容是否和其他數百位催眠個案所提供的吻合。當自己向來的信念結構受到威脅，很可能被瓦解時，震驚是必然的。但我知道，我們必須保持彈性，因爲我們眞的不是知曉一切。假使我們能瞭解冰山的一角，就已經算很幸運了。若我緊捉不放令自己覺得自在的理論，我知道，我只會變得像某些堅持只有他們的道路才是唯一的宗教教條主義者一樣偏執。

要保持一顆開放的心去接納新事物是極爲困難的，但唯有如此，才能尋找到最終的眞理。

菲爾也陷入沉思。由於他記得許多自己在催眠時所說的話，因此我不必多向他說明。我也懷疑當時我是否眞能向他解釋得清楚。沉思了幾分鐘後，他說：「你知道嗎？我想這

是我生平來第一次開始瞭解生活裡發生的事了。我還不是很清楚，但許多事對我來說，開始變得合理。我八百年也想不到，竟會是這樣的原因。」

我告訴他，如果他在回溯時得到的東西對他有所幫助，不論別人覺得多奇怪和不合常情，都是值得且重要的。回溯催眠是非常個人和隱私的療程，菲爾決定向我吐露他的一些怪異經歷。這些事只有極少數人知道，也是直到現在，才有了合理的解釋。

每當我和催眠個案合作了一段長時間，彼此的關係便很自然地密切起來，如不然，我便無法觸及他們深層的潛意識。對個案來說，我通常成為他們自白的對象，一個傾聽並與之共鳴的聽眾。我從不刺探或打聽他們的私生活，我也從不評斷他們。除了共事的關係，也就是在催眠時間以外，他們的任何事都與我無關。這或許是我和個案間的信任及親和感能逐漸建立的原因。時間一久，他們常會向我吐露心事，主要是因為他們知道我會保密，而且這樣的談話通常有助於解釋那些令人困惑的事。這些私密談話往往是被特別具啓發性的催眠經驗所觸動，然後，他們會很自然地傾吐。

菲爾提到在成長過程中，他最要好的朋友是他的雙胞胎弟弟保羅。菲爾知道同卵雙胞胎通常會有某種心電感應，但他從不曾覺得他和保羅之間有任何不尋常的地方。他們會爭取父親的注意力，在這方面，保羅總是贏過他。這對雙胞胎的喜好也很不同，保羅很有運

動細胞，對運動、打獵、釣魚等戶外活動很有興趣，這一點和他父親很像。菲爾正好相反，他比較內向，喜歡讀書和心智方面的活動。這或許是他一直以來覺得「格格不入」的起源。他只知道他總隱約有種不屬於這裡的感覺。他覺得自己和其他人不同，他說不上原因，但就是感覺「不對勁」。

菲爾想不起小時候有發生任何事導致他這麼想，但這感覺彷彿一直存在，菲爾也漸漸習慣了——它並不是那麼困擾他，雖然察覺得到，但他不曾試圖檢視或深入探究原因。他說那是種和這裡「失聯」的感覺，但這似乎沒有造成他任何問題。

菲爾向來害怕，也無法坦率地表達自己的感情。他想不透許多事，尤其人類的行爲。他無法瞭解爲什麼人們會這麼舉止，爲什麼會那麼說，爲什麼可以互相傷害而不以爲意。在他整個高中時期，他多次嘗試融入，他模仿其他人的舉止，和他們做同樣的事，但他內心知道這一切只是僞裝，只是表象而已。他就是無法跟大家一樣，而且這些嘗試只讓情況變得更糟。他變得更加迷惘。雖然他也和女孩子約會，但他不讓她們太親近——他害怕感情上的牽扯。他的情感關係一直都很表面而不深刻。我相信他是害怕受傷；怕一旦做了任何承諾而受到傷害。

高中畢業後，菲爾搬到堪薩斯市一段時間，接著加入美國海軍，這麼做主要是爲了學習獨立生活。他很享受這些不同的經驗，在那段時期，那種不屬於這裡的模糊感受暫時被拋諸腦後。他牽掛從小生長的老家，也經常回去探視。每當離家一段長時間，他便會感覺孤立。

二十二歲是他生命的轉捩點，當時他已搬到加州和姐姐同住。也就是從那時起，他開始做些奇怪的夢，也開始靈魂出體。他讀過這類的書，但不曾和任何人討論。菲爾現在相信，如果當時有人能和他分享這些事，如果當時有人能告訴他這些經驗並不奇怪，而且還有許多人也有過同樣的經歷，那麼情況很可能會有所不同。

菲爾第一次靈魂出體的經驗發生在某天的午後，當時他正在午睡。他感覺到一股奇怪的拉力將他拉出了身體，然後他發現自己飄浮在床的上方。接下來，他便從天花板飄出了公寓。他解釋這個經驗有種很奇異的感受，就像是身在水裡濺起了一堆沙。令人費解的是，他接著發現自己的身邊有位女子，口中唸唸有詞。菲爾說：「那就像是重複的祈禱文或歷史。是我的靈魂的歷史，我存在的歷史。然而，我唯一能記得她所說的話是：『在另一個宇宙裡，你比現在的你更爲宏偉。』那次的經驗並不可怕，我反而覺得很愉快。」

在這之後，他又靈魂出體了幾次，大部份都是回家鄉探視他的雙胞弟弟或朋友。他的夢越來越眞實和鮮明，也越來越有力量。「彷彿我在夢中的世界比較能和他人溝通，在現實生活裡，我無法和別人有這樣的交流，因爲我不是擅於表達的人，言語也不足以表達。每當我回到這個現實世界，我總覺得受到限制，而且和人有疏離感。我的意思是，在那裡，一切都是完整、圓滿的。你接收到一個念頭，而你能全然地瞭解，你知道那個念頭裡隱含的所有微妙感受。但在這裡，言語只能表達整體或全部思想的一小部份。」

「我曾做過一個夢，在那個夢裡我就像是『看到』了這樣的『感受』。……在這裡，我們醒來後想起所做的夢，但在那個夢裡，我知道我是從夢中看著我們生活的這個層面。它甚至不是黑白，而是灰色的。就好像它（這裡）跟另一邊的實相深度相比下，是那麼的淺薄。我對這個存在層面感到很失望，我並不想留在這裡（地球）。我開始大量閱讀這方面的書籍，我知道的越多就越想離開。」

自殺的想法對菲爾並不是全然陌生。他這生中有好幾次動過自殺的念頭，但都只是閃過腦中，從不曾認眞地思考。然而，他周期性的沮喪越來越頻繁，持續的時間也越來越長。他描述說：「那是種揮之不去的矇矓感受。我這生有過有趣好玩，也有受挫的時候。但我就是從不覺得我屬於這裡，從不覺得這裡是我的家。」菲爾開始對曾驚鴻一瞥的另一個世界感到渴望，那是一種怪異的思鄉情緒。由於對這種種感覺找不到合理解釋，菲爾經

常陷入困惑和憂鬱裡。

在這段期間，他決定回家將摩托車運到加州。他在加州的一切都很順利。他和姐姐住在一間公寓，有一份不錯的管理階層的工作，手下還有好幾位員工。他擁有我們認爲維持舒適生活的要件，但這些顯然不夠。

菲爾以爲回家能讓自己好過些，事實是他仍無法擺脫憂鬱。當他要拖運摩托車回加州時，保羅決定跟著一起來。家人並沒發現菲爾有任何異樣，他向來給人的感覺就是安靜和情緒化。當他打包時，他拿了一樣很不尋常的東西，那是一個皮下注射針頭，他的家人用來爲家裡寵物注射的工具。菲爾將注射器放進手提箱，爲自己找了一個以後可能會用到的藉口。這個舉動顯示了他的某個部分正在尋找自殺的方法，並爲自殺預作準備，即使他在意識上並未察覺。

雖然菲爾在加州的一切已步上軌道，他仍然感覺孤單，即使置身人群也是如此。回到加州後，沮喪的情況日益惡化，身邊雖然有保羅和姐姐的陪伴，他的憂鬱毫無起色。不屬於這裡和事情不對勁的感覺越來越嚴重。「這種感覺其實一直都在，但之前我從不覺得自己無法處理。我是個很情緒化的人，我的感受很強烈，我會無緣無故地感到鬱悶不樂，但在加州的那段時間，感覺更糟。由於這種種因素，我決心要去另外一個世界。我覺得我活

夠了，也看夠了。我很想要結束這一生。」

菲爾那天照常去上班，但他情緒開始低落，整個人被憂鬱淹沒。他知道他無法專心工作，他也根本不想工作。他藉口生病向公司請了假回家。他的身體沒有不適，完全是情緒和精神上的不對勁，但他的狀況的確很糟。

回到家裡，隱藏在他內心的自殺念頭開始浮現。他找到了針筒，又在廚房翻箱倒櫃地找了一瓶高酒精濃度的威士忌。他將酒裝在一個小藥罐裡，並將這瓶裝了酒的藥罐和針筒一起塞進了口袋。

菲爾騎上摩托車，漫無目標地亂逛，心裡只想著他的計劃。「我聽過有人用很快速的方法自殺，像是從一棟高樓跳下，屍體邊圍繞很多看熱鬧的人。……我並不想有任何人在場，我認爲自殺是很私人的事，我想找個非常隱密的地點。我是認眞的。我已經下定決心，我受夠了。我厭煩了活下去，我累了……就是這樣。」

他實在不知道該去哪裡，騎著騎著，他來到一條蜿蜒且野草叢生，通往海灘的小徑。小徑的入門被鏈子圈住，剩下的空間只能勉強塞進他的摩托車。這條路很窄，車子根本無法進入。小路的盡頭是一個沒有人跡的小海灣，一些荒廢的屋舍座落其上。多年前這裡可能是夏天的渡假勝地，但現在只剩十二間破舊不堪的小屋。這個險阻無人煙的海灣，三面都是斷崖峭壁，第四面則是非常乾淨的沙灘。來這裡的唯一入口就是這條蜿蜒小徑。這個地點非常完美，完全的隱密，沒有第二個人；只有菲爾和他自殺的念頭——這一切都符合菲爾的要求。

有好一會兒，菲爾慢吞吞地巡看這些廢棄的屋舍，漫步沙灘上，踢著小碎石，享受陽光，但他並沒忘記來此的目的。自殺的念頭再次浮現，他開始想著他的計畫。他以堅決的語氣告訴我，「我拿出了藥水瓶，將針筒裝滿了酒。我坐在沙灘上，凝視著針頭，仔細考慮了好一陣子。我想要確定這是我想做的，我不想覺得我是被迫或這麼做是錯的。由於有適合的地點和工具，我心想，如果我要自殺，這就是最好的時機。而我也斬釘截鐵的決意這麼做了。」

曾有人說，把酒精注射到血管不一定會致命。也有人說要視酒精濃度、注射的量、那個人的體重和其它因素而定，因此能否成功是有爭議的。菲爾說他從來沒想過這方法不會成。他壓根沒想過不成的可能。雖然方法不尋常，我認爲重要的是他下了決心要結束生命。菲爾挑了一個很隱密的地方，他如果死在那裡，可能要好久之後才會被發現。地點的隱密與偏僻，以及沒有人可以在身邊阻止他的事實，顯示了菲爾對此事的認眞。現在，要阻止他自殺的唯一可能，就是超乎人類與有形事物的介入。

「我將針頭插入手臂的血管上……大拇指放在針筒尾端。」他停頓了一會，回憶當時的情況，「突然間，我想起了我的雙生弟弟，這個念頭阻止了我。我以爲我已考慮過每一件事，所有的可能性，也衡量了這麼做的利弊得失。但突然間，我看到了保羅的臉。並不是想到什麼特別的事，我只是想到了保羅，還有我是否眞的想離開他。我能這樣對他嗎？他會怎麼想我呢？事情發生後，他會是什麼感受？想到這……我抽回了針頭。我看著針筒，感覺羞愧和厭惡。我彷彿覺得我這樣的行爲已經背叛了自己……於是我把針筒和藥水瓶通通丟到了大海。」

菲爾有種洗滌、解脫，近乎重生的感覺，然而事情並未結束。當他回到姐姐的公寓，他得知就在同一個沙灘的幾哩之外，就在他做出生與死決定的同時，另一個戲劇性的情節也正在發生。

他的雙生弟弟，保羅，在潛水時被大浪捲走。水勢將他帶往深處，幾乎將他溺斃。然後，在無法解釋的奇蹟下，保羅勉強爬出水面，精疲力竭地癱在沙灘上。這是巧合嗎？菲爾不這麼認爲。他說：「我眞的覺得，如果當時我執意自殺，保羅也會淹死。但我無從得知。情形也很可能反過來，或許當時我準備自殺是因爲保羅有可能會溺斃。我們一直很親近，又是兄弟又是雙胞胎，但我們之間並不是眞的那麼心靈相通。但那次，就像是我們兩

人一起走向了死亡的邊緣，又同時走了回來。」

巧合嗎？誰知道呢？有一個理論說同卵雙胞胎同屬一個靈魂。我也從許多催眠中得知，個案在投胎前，便已和他人有某個約定和承諾，尤其是家人之間。他們可能協議，只要對方還在這裡，他們就會在此陪伴。不論是什麼原因，它都對菲爾打消自殺念頭產生了決定性的影響。

那天晚上還發生了另一件奇怪的事，爲這個不尋常的一天劃下句點。菲爾在睡覺時經歷了一次非常強烈的出體經驗。「我從身體裡浮升，看見躺在床上的自己。我一直往天上升去，甚至出了地球表面。我記得我回過頭，看見身後的地球越來越小，然後就什麼都不記得了。但醒來後，我知道我曾經到過某個地方。那種感覺像是我把全部的意識帶到了另一處……。不論那晚發生了什麼，我已經知道我必須留在這裡。我雖然不記得在靈魂出體時發生的事，但我知道我的時間還沒到，我不該離開這裡。當時候到了，它自然會發生。我以前從不覺得自己這生有什麼特別的任務或目標，除了過該過的日子，做該做的事之外。我現在感覺我就是該待在這裡。毫無疑問的，知道了其它層面的存在，不單豐富，也幫助我面對和處理人生。在同時，我更敏銳地察覺到地球生命的缺點，但它也迫使我變得更有責任感。而當我一旦下定決心留在這裡，我就必須接受地球生命和這個存在層面所有的缺失及不完美。就此而言，我很高興我做了所做的事……在死亡線前折返。」

我認為菲爾陳述了一個重點。我相信一定有其他人也有同樣的感覺。菲爾說他不曾懷疑自己和別人有何不同，他只是這生的大多時刻都覺得不自在。發現自己是外星人令他訝異，但他不感到震驚，因為他覺得這有助於解釋他這生的感受，也或許他終於可以瞭解為什麼自己會在此時活在地球。

假如印記的說法屬實，那麼印記似乎也不是無懈可擊或萬無一失的設計。一定有許多企圖自殺的人，他們自殺的原因無法溯及這生任何重大創傷，有自殺的念頭純粹是因為這種隱約不屬於這裡的感受。就像菲爾一樣，他們不瞭解自己情緒的源由，更無法對他人描述這種不適應感。這種案例可能比我們以為的還要普遍。

這幾次的催眠過程充滿驚奇和令我不解的事，但如果菲爾能從中獲得些洞見和幫助，這些事自有其價值。

第十章　三尖塔的突破

我和菲爾的合作進行順利，每一次的催眠都有許多令人驚奇的資料和突破。我從未和他這類催眠狀態的個案配合過。一直以來，和我互動最好的都是夢遊症者（somnambulist），他們可以完全轉換成前世的性格，但醒來後什麼都不記得。這類個案的意識完全被壓抑，整個人沈浸在前世的人格和時空，其他事物對他們都不復存在，尤其是現世的生活。我和菲爾的合作經驗很不尋常，因爲他可以如同夢遊症者將意識抽離至一定程度，並且客觀地回答問題。然而，他的出神狀態又不是那麼絕對，他仍然可以和現在的生活連結，引用他意識裡的經驗和催眠所得的資料進行類比。菲爾記得許多催眠過程中浮現的事，但夢遊症者對此則沒有任何記憶。像菲爾這種由另一個存在體或存在群體主導，透過某個載具傳遞訊息的催眠出神狀態，已被知曉爲「通靈」。我曾經耳聞這種現象，但這是我第一次個人親身經驗。

我詢問菲爾在這種狀態時的感受。「你會不會覺得你好像被推到一旁，只能觀看而無法控制所說的話？」

「不，」他沉思了一會，想著該如何解釋，然後回答：「這麼說並不正確。在那個時候，我不是感覺被推到一旁，而是整個人被擴展開來。我的覺知在擴展的同時，卻又非常集中。我是調頻到傳遞給我的影像，然後我將它們從概念轉譯成話語。我注意到當我這麼做時，說話的模式有所不同。就好像我不必停下來思考接下來要說些什麼，因爲要說的都已經在那裡了。我接收到一大堆資料，而我所必須做的，就是詮釋收到的概念。就這方面來說，它比平常的談話來得容易許多，因爲你不必停下來思考措辭，也無須思考你想表達的概念。你要做的，就是找到適合的字彙。這一切好似再自然不過了。我不相信我可以使這樣的事情發生。有某個外力，另一個過程在運作著。而當我處在這種狀態時，我只能以我擁有的……字彙、生活經驗和我對英文語彙的熟悉度來詮釋和傳遞這些資料。」

「我相信這比我們所以爲的來得複雜許多。你曾經覺得這一切只是出於自己的想像嗎？」

「剛開始時，我確實常這麼懷疑。因爲我有很生動的想像力。當我看到影像時，我都會自問這是想像？還是夢？抑或只是爲了滿足你想知道的期望而編造出的畫面。」

「但是，如果真是如此，爲什麼你會提起那些令你不舒服而且不想探索的事？」

「我根本沒想到這些。我只是在探究這些影像從何而來。我以爲只要我想，要給一套全然不同的說法或加以潤飾會是很容易的事。但是，不知道什麼原因，我就是做不到。就好像我必須將我所見，盡可能正確地詮釋出來。即使我想，我也無法改變看到的影像或加入自己的幻想。這是行不通的。它和想像之間的差異非常微小，很難分辨這一切是自己在腦袋裡編造，還是自然產生。然而，實際有過經驗和經過練習後，你會知道什麼時候是自發形成的。我不認爲我可以用言語描述出這種感覺，但是，只要某人開始經歷這個過程，在嘗試與失敗中，透過經驗，他會開始察覺這兩者間非常非常細微的不同。……你要完全地……放下，順其自然。我不知道還能怎麼描述。你就是要全然地去信任，不要試圖合理化任何事，只要說出眼前所見。就讓它呈現，別試著去解釋或合理化，你必須順隨它並相信你所見的。」

「是的，我認爲如果這是出於你的想像，你會更能控制你所看到的畫面，並且將它塑造成任何你想看到的情況，就跟白日夢一樣。」

從菲爾的敘述可以明顯看出，他很確定這些訊息並非他的想像，而是來自某個他無從

掌控的地方。他也說當景象出現在眼前時，那個影像所涵蓋的，比他能對我敘述的豐富許多；還有很多繁複的細節是他沒有告訴我的。他覺得自己只能針對我的字面問題回覆。雖然他經常想主動提供所見的畫面資料，然而，如果我沒有問對問題，就不會得到答案。我相信這也顯示了他不是在幻想，要不，他會想將告訴我的內容渲染一番。

這點應證了長久以來我一直都知曉的道理：整個過程取決於提問的人。要得到正確的答案，你必須先提出正確的問題。問題的型態因此變得極爲重要。在回溯催眠的研究案例中，提問成了一門藝術。

我也猜想，菲爾的表現和至今我所合作的個案之所以不同的原因之一，是因爲他是不同類型的靈魂能量（soul energy），地球不是他原本的家，他來自宇宙其他星體和次元。這或許是他不讓自己的意識完全抽離的原因。

這股能量在每一次的催眠都顯得更爲強化，更多的記憶被喚醒，這一切令我和菲爾非常驚訝。在日常生活中，菲爾的直覺和心靈能力也變得更爲敏銳。我並不知道要多久以後才會得到類似前幾章所敘述的異次元資料，但不尋常的事再次無預期地發生。

我的朋友哈莉葉（Harriet）也是位催眠師。在我的回溯工作中，她曾經屢次和我共事，她也參與了我對菲爾進行的這一次催眠。我向來都察覺到她的能量有種補強的效果，

就像臨門一腳。每當她在場，總會有好事和怪事發生。哈莉葉像顆電池，爲我和催眠個案提供額外的能量。

在這次催眠一開始，她的出席所帶來的能量助益頗大，或許有些太大了，因爲這份動能將菲爾推入一個令他激動的場景。當電梯門一打開，菲爾看到三座錐形尖塔建築。他描述它們高聳、四面平滑、頂端呈尖角，依高低順序排列，最高的在右邊（見圖）。

起初我並不瞭解菲爾敘述的景象有何意義，直到我看到淚水從他的眼角流出。菲爾不曾在之前的回溯中顯現任何情緒，而情緒的顯露往往是個明確的徵兆，它表示個案觸及了某件重要的事。但是，三座尖塔有什麼好引起情緒反應的？

菲爾接著以充滿感情的語調，顫抖地說出了這幾個字：「這是家！這是我的家！」

這些話令我汗毛直豎。這三座尖塔顯然對他意義非凡。我請他加以描述，希望在情緒澎湃下，他仍然可以冷靜地回答問題。

菲：我是從遠處，隔著一片綠地眺望這些高塔。它們獨自佇立著。它們是紀念塔……為紀念這個文明。

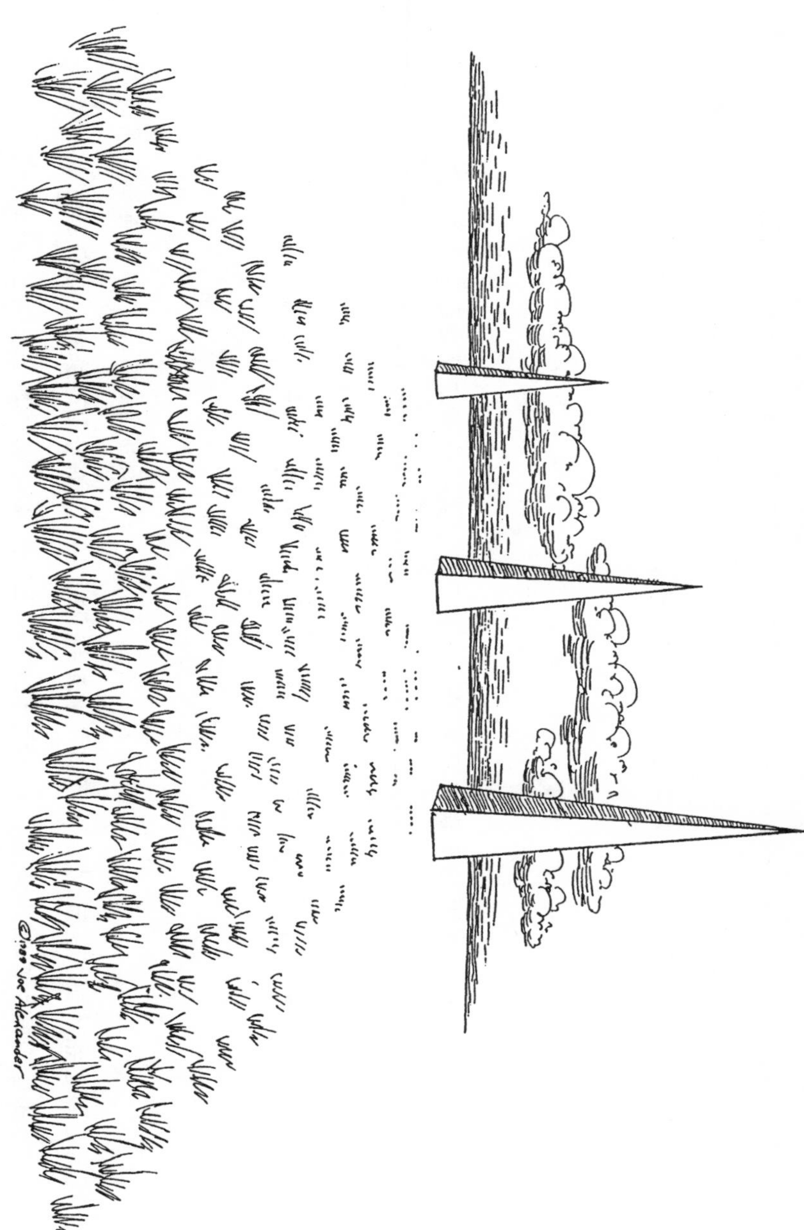
©1989 Joe Alexander

這個聲音和菲爾平常的聲音毫不相似。那是一個人從一趟很長很長的旅程歸來，再次投入家的懷抱時，充滿情感的語調。我希望能藉著談話撫平他的情緒，讓他能夠冷靜解釋爲什麼這裡對他有這麼強烈的影響。

朵：這些是紀念塔？

菲：（他的聲音顫抖著，不太能說出話來。）不只是紀念塔，它們也是某種天線；它們是這個星球進行星際溝通的焦點。這是我的焦點（focal point），我在這個星球的焦點。

我仍然無法理解他想傳達什麼。爲什麼這三座錐形尖塔會如此重要？

菲：這是我的家！這是我……

他的聲音中斷，哭了起來。顯然他正經歷一件對他意義十分重大的事。稍後自催眠狀態中醒來，菲爾說他對這個地方感到一陣強烈湧現的愛和渴望，這種感覺排山倒海而來，幾乎要將他淹沒。他毫不懷疑地知道自己回到了家，而「家」這個字從不曾這麼眞實和美好。他知道這是他眞正的家，而且潛意識裡他朝思慕想的地方。

突然湧現的直覺讓他明白了一直以來爲什麼他總覺得自己與周圍的環境格格不入：地球不是他眞正的家；這個矗立著三座錐形尖塔的奇異星球才是。這項認知對菲爾是極具突破性的進展。

朵：你想談談關於這裡的事嗎？還是你想離開？

菲：我想重新經歷。這感覺很難用語言描述。

每當個案接觸到令他們難受的事，我總會讓他們有別的選項。他們可以選擇是否要再次經歷情境。如果所見事物令他們不舒服或造成困擾，我會讓他們先離開，直到他們覺得可以自在地面對。當菲爾第一次看到其他世界的景象時，這個方式已經成功地發揮過效用。

朵：如果它困擾你，你不必看著它。你認為我們可以從討論知道些什麼嗎？

菲：（非常激動）我回到家了！

朵：如果你想以旁觀者的身份去經歷，你可以這麼做。

他強烈地拒絕，「我寧願去感受！」他說。這完全不像菲爾的個性，他一直都不太能在別人面前顯露自己的情感。他總試圖隱藏，甚至不讓家人看到他這一面。菲爾想去經驗的舉動很不尋常，由於這對他似乎十分重要，我決定小心地繼續，並同意讓他重新經歷。然而，只要有任何徵兆顯示他無法處理或負荷，我會立刻下指令，將他帶離這個狀況。

菲：我會解釋這個地方對我的意義。這是……

朵：如果你覺得你想談談也很好。這其中一定有原因。

他的聲音再次哽咽。我給了他一些感覺舒緩的指令。他的呼吸聲開始變得沉重，像是試圖壓抑深沉的情感，不讓自己再度哭出來。我告訴他，談談這些事，宣洩一下情緒，並試著瞭解怎麼回事是有幫助的。

菲：（仍然啜泣）我不會有事的。

然而我仍不得不引領他脫離這些情緒，回到客觀的立場。

朵：你在那裡快樂嗎？這是為什麼那個地方很特別的原因嗎？

菲：是的！（抽噎著說）我想念這裡好久了。離別是為了……所有人的利益。這裡對我來說很重要！……這裡曾經是，而且仍舊是我的家！我是這個星球……或這個地方的一部份。

朵：我想，有時候我們都會感覺寂寞。每個人都有令他魂牽夢繫，特別思念的某處。這是你以前提到的同一個地方嗎？

菲：這不是我們曾經談到的任何地方。這是……我的……家！

每次他一提到「家」就變得激動。他的感受一定非常強烈。

朵：那是個三次元的地方嗎？（是的。）它和我們談過的其他星球在同一地區嗎？

菲：差不多。

朵：說說這個地方——這樣你就不會那麼激動了。

菲：這裡跟地球很像。如同我之前說過的，我選擇來到地球是因為地球和其他我去過的地方很相似。但我們也很可能會去另一個陌生或全然迥異的星球。

朵：這可以理解。你會想待在有熟悉感的環境裡。

菲：我所說的地方是一個平原，一片綠油油的平坦平原，座落著三座錐形尖塔。它們是方形的四面體，向上形成尖頂。我不確定是什麼材質，它接近白色，灰白色。附近沒有其他東西，就這三個尖塔矗立著。

朵：你說過它們是天線，但也是紀念塔？你知道是紀念什麼的嗎？

菲：它們象徵這個種族的三階段演化。每一次的演化都比之前更為進步。當下一次的進化完成，在某個時間點上便會增建第四座尖塔。因此它算是這個種族的進化紀念塔。

朵：所以他們知道演化到了某個階段就該建造紀念塔？

菲：這是共識。這是直覺的知曉。

朵：你可以描述住在這裡的人嗎？

菲：他們沒有軀體，不是透過性繁衍的三次元生物。生殖的需求是肉身層面的特性，其必要性很明顯：為了維持人口數量，生殖或交配是需要的。但在這個地方，靈魂能量並不住在有形的身體裡，能量不依附肉身存在，因此不需要生殖。這是一個能量星球，一個三次元的行星，但是這個行星的住民以能量形態存在。這是能量繫合（energy-bonding）的例子，這些能量形態為了持續本身的進化目標，創造出他們所期望或需要的生活環境。這也是一種生殖的形式。

這聽起來和他之前敘述過的四次元城市不同，因爲在那裡，每件事物，包括星球，都是四次元屬性或能量。

朵：我沒想過這種情形會發生在一個三次元的物質實相空間。

菲：星球本身是三次元。居住在這個星球的存在體是精神體本質，這些存在體以他們需要的方式使用這個行星的能量，實現他們的目標。

朵：那麼他們的身體並非我們所知的物質身體？

菲：沒錯。這種生命體沒有血球。它是能量複合體（energy complex）。能量複合體有許多不同形式，在這個星球也是。形式反映的是需完成的工作或達成的目標，如果你願意，你可以說它是正在進行中的工作的制服。

朵：我試著瞭解你的意思。但我以為如果某人是純能量，他就不會再需要身體或形式什麼的。

菲：這是個誤解。有一種東西稱為能量體。存在體本身可以從周遭汲取各式各樣的能量來形成能量體，這和有形的肉體是不同的。能量體不具有物質面或物質特性，它就是純能量。圍繞在存在體四周的能量並不是存在體本身，而是存在體的屏障或防護，或能量載具。這樣有清楚些嗎？

我再次被引入複雜且超出我理解範圍的題目。由於無法理解，我選擇改變話題。

朵：那麼你們的人口數是固定的了？

菲：人口會改變，因為存在體來來去去。這個星球也有訪客。你可以說這就像地球或這個國家的移民一樣。人口數會因為有的原居者離去，有些外來者移入而變化，因此人口數總是不斷變動中。

朵：那些外來者和你們是同一類的生命體嗎？

菲：你的意思是，他們是不是同一個能量等級？他們是同一等級，但來自其他地區。他們是訪客。

朵：他們在適應你們的生活方式時，有任何困難嗎？

菲：有時候可能會有些問題，因為這可以說是一種「做事」的新方法。然而它之所以發生是為了學習，所以這其實是件好事，雖然可能造成不適。陌生人乙詞在這個星球並不適用。一般的看法是，你遇到的任何人都是兄弟或姊妹。你們可能不是來自相似的背景，但對於不認識的人，你不會懷有敵意。這就是「無條件的愛」背後的涵意。你可能完全不認識那些人，但你仍然愛他們。

朵：當外來者到這個星球時，他們是否也不需要軀體？

菲：是的，是這樣沒錯。

這個概念對我來說，眞的很難理解。我很高興哈莉葉這時提出了問題。

哈：你們如何辨識彼此？

菲：如果你或這個房間裡的任何人有足夠的直覺力，即使將你們的眼睛蒙起來再帶到房間，你也會知道這裡面有誰。這時就是直覺識別力在發揮作用。在能量層面上，我們都有一種共通的覺察力，因此在沒有物質形貌和身份下，是可以辨識出房間裡的其他存在體。我們是以「個性」認知彼此。這個概念很難說明，因為所有的概念都必須奠基在我們熟悉的物質和實體參考點，然而精神/靈性層面的概念實在很難用物質或實體的參考點為基準。但可以這麼說，這是一種即刻的全然認知。它不是視覺，不是實體層面的，而是一種涵蓋所有覺知的融合或體認。

哈：這正是我想知道的，你們「看見」彼此的方式是否和我們相同。

菲：不僅是看見。它是一種融合，成為或分享那個能量，不只是看見而已。

哈：這個你稱為家的星球，你在那裡很久了嗎？

菲：是的，我在那裡無限長了。無限長只是描述一段極長的時間，用這個形容詞純粹想給你一些概念，代表我在那個星球很久很久了。但這麼說又有些不正確，因為那裡並沒有時間流逝的觀念。比較正確的說法會是我在那個星球參與許多工作，對它的文明有所貢獻。我曾以許多不同的形式和方法，在許多不同的層次上，在那個星球上工作。

朵：我想多瞭解這個星球的特性。那裡有居住的城市嗎？

菲：什麼都沒有。假設你發現自己在這個星球上，你不會看到城市、建築物或任何東西，只會有些草和矮樹叢或灌木類的自然草木。但是，這並不重要，否則我們便遺漏了存在於此的主要意義。以人類的感官來說，你們肉眼看不見的東西比看得見的多太多了。你必須用能量的觀念來思考。這個星球不是物質實體的文明，它是能量的文明。然而，星球本身是以三次元的方式存在。你可以彎下腰，拾起星球上的一把土。錐形尖塔也是以實體性質存在，它們是三次元的屬性，由星球上的材料建造而成。但是，存在於這個星球上的文明卻是肉眼看不見的。你可以與這些文明擦身而過卻絲毫不察覺它的存在。你可以身在文明之間而永遠毫無所悉。甚至我們現在就是如此。就在這個房間，就在這個地方，就在我們說話的時候，有個精神和能量的文明環繞著我們，而我們大都沒有察覺。

哈：那個星球的尖塔除了作為紀念外，還有其他的用途嗎？

菲：如我說過的，它們有兩個用途。錐形尖塔有天線的功能，類似地球上的金字塔。由於它的能量遠為高階，因此外在形狀是以錐形呈現。我不知道你瞭不瞭解，但在電子學，天線的形狀決定於所傳送或接收的波或波形（waveforms）的頻率。頻率越高，天線越短。同理，這三座尖塔跟地球上的金字塔一樣，都是天線。由於接收的頻率不同，因此它們是高聳的錐形尖塔而非金字塔形。它們是特別用在我們早先說過的行星溝通上。尖塔的第二個用途和次要意義，是對先前三個文明演進的頌揚，是對文明所

做的奮鬥和努力致意——就如同地球上的摩天大樓代表了人類技術的傑出進展。概念是一樣的。

朵：當文明開始在那個星球演進時，它的形式和現在相同嗎？

菲：那個文明並非肇始於這個星球。文明是在另一個行星以三次元的形式開始，當他們發展到已不再需要物質肉身的形態後，才遷移到這個星球。

朵：這麼說來，這些尖塔是紀念文明在那段時期的進展。

菲：在次要的意義上，可以這麼說。地球也同樣在進展中。會有那麼一個時候，地球上的靈魂不再需要投生在有形的軀體，他們將大量移居到另一個星球，繼續朝向造物者前進。這正是目前地球演進的目標，地球正在經歷的過程。

朵：我們為什麼要遷移？為什麼不能在地球上完成這些事？

菲：你會想留在小學三年級的教室，繼續上四年級或六年級的課嗎？到一個新環境，以嶄新的心境開始會不會比較好？假使你被留在同一間教室，你會傾向用同樣的方式思考。心境非常重要。就像國中畢業進入高中，然後上大學，每一次都換個環境和學校。搬遷到另一個教室或大樓，的確會影響學習的態度和想法。

朵：如果我們留在同一個環境就不會成長。這是你的意思嗎？我們需要新事物、新地方和新環境的挑戰。

菲：新環境對演進十分重要。和過去有關的事物使你無法前瞻未來。

朵：那麼，你現在所回憶的事情會對你造成困擾嗎？

菲：當然不會。此刻我們並不處於過去。我們是從未來回顧過往，這是有益的。我們無須再次經歷（那樣的生活）或駐足於過去才能回憶和記取經驗。

朵：試著從過去的經驗裡學習並繼續前進。

菲：對我來說，這個經驗（指催眠）使我的過去和未來成為一體。這是我在地球上的自我整合。

朵：那麼我們之前談到的另一個星球，雖然對我來說它也是高度進化，但演進程度並比不上你現在提到的這個星球。

菲：那個星球是相關概念的摘要。當時還不到完整記憶的時候。它是基於事實，但不是……完全的事實。它可以說只觸及了一部份事實，而在當時，它完成了它的目的。

朵：（我很驚訝也很困惑）你是說，它不盡然是謊言，它只是……

菲：調配好劑量的真相。它所呈現的是整體的片段。哈莉葉的在場很重要，她提供了所需的額外能量，使我回憶起完整的經驗。直到現在，我才是完整的，而在不完整之前，我無法憶起全貌。我所說的確實是一個真實存在的地方，那些經驗也是真實的。你因為想將這一切濃縮成白與黑的二分法，而把它想成是另一處。請以灰或不同的色調去思考。當資料被要求，但還不到全部或完整揭露的時候，我只能在當時允許的狀況下，盡可能提供最多的資訊。資料是部分正確，但就整體而言則不然。如果你需要知道是否為真，是的，它是真的。或許是部分事實，但它本身確是事實。這樣說你懂嗎？

我眞的不懂。我一向習慣事情黑白分明，沒有灰色地帶。

菲：如果有人描述發生在他們身上的某個真實事件，但是他們只說了這個事件的特定細節，只說了那些他們談起來感覺自在的部分，這些部分本身是真相嗎？被述說的內容，事實上只是整個故事的片段。至於如何被認知，也就是你，或是你們每個人會如何解讀，超過我的判斷能力，因為那只有你能決定。我所能說的是，它只是整個故事的片段。你如何解讀完全取決於你和你的經驗，或當時的知識和感受。

看來，菲爾對那個奇異城市的生活敘述是有一定的眞實性。然而，勢必有更多隱藏在表面下的事物是他因某些原因不便對我透露的。這在我們合作初期特別可能，因爲那時他的潛意識才剛開始允許釋放訊息。潛意識只讓那些它覺得菲爾可以自在處理或面對的事情浮現。然而，我們日後再也沒有回到那一世去挖掘他到底隱藏了什麼，因爲有太多領域等待我們探索。

我回到方才的話題，試著瞭解這個三次元行星上的能量文明。

朵：那麼，我如果假設以三尖塔文明已達的演進來說，他們並不需要食物、衣服或任何居住的地方。他們已經演化到不需要這些東西的階段了。這麼說正確嗎？

菲：不盡然。如我們早先討論過的，即使在這個文明裡，仍有不同程度的進展；有些生命體比其他更為進化。就整體文明而言，它比目前的人類文明更先進。但在所有文明裡，都會有些表現傑出的人，他們比其他人進化得更快。因此，演化較慢或較低的人會需要……可能像是食物、住所或衣服之類的東西，而他們也創造出所需的事物。說他們不吃、不喝或不呼吸，並不完全正確，因為他們的這些經驗非常真實。他們雖然不是三次元的生命體，但和你們一樣真實。

朵：有這些需求的存在體，是否察覺得到其他存在體？

菲：當然。教授知道文盲的存在，文盲當然也知道教授的存在。

朵：原來如此。我原以為他們因某些差異而不會知道彼此的存在。

菲：他們是有意識的種族。他們可能「意識」到，但無法「察覺」比他們更高階的存在體。他們知道這些更高階存有的存在，但他們可能看不到，無法感知。

朵：你說的越來越複雜了。如果他們需要食物什麼的，他們可以用自己的心智創造出來。但進化程度較高的就沒有創造這些東西的需要？

菲：是可以這麼說。然而，對食物的需求不盡然代表進化程度的指標。這樣的需求可能只是種享受，而享受並不是什麼壞事。娛樂也是健康的。無須將之視為會損害個體的進化。如果食物只是娛樂作用，而不是必需品或迫切渴望的事項，那也行，大家各有所好。

朵：那麼他們出生的方式跟人類並不一樣。

菲：完全正確。那裡沒有生理上的出生和死亡，單純是意識上的成長。

朵：這就是你之前所說，當他們想繼續時，只要形成和消散身體的意思嗎？

菲：在四次元是這樣沒錯。

朵：有些人會想永遠活著，所以我無法理解，如果有人有這個力量可以以身體的形式繼續活下去，為什麼他們會想要使身體消散於無形。為什麼他會想改變，想死去，或是說，變成另一種東西？

菲：那你現在瞭解了嗎？

朵：我想是吧。就如你說的，一切會變得無聊，不再有挑戰。

菲：的確，如果你所學習的課程結束了，教導你那些知識的經驗就不再需要，你可以將它拋開，你會透過新的經驗來學習進階的新課程。這就像爬樓梯，每一個階梯代表的經驗，都比先前一階的意識有所成長。因此當我們需要新的經驗時，原先的環境——舊經驗的催化劑便被拋棄。

我開始覺得我不可能再想出任何問題了。我不熟悉這方面的話題。我對探究歷史，尋找某些可以檢驗和追蹤的事物較爲自在和熟練。我覺得這樣我比較能掌控並計畫後續催眠的內容。這個奇怪且陌生的形而上學領域，超過了我的理解範圍。我完全不知道接下來的催眠該往那個方向走。這是爲什麼我在問下一個問題時，這麼的不確定：「依循這個方向探索下去的目的何在？」

菲：你是否對看不見的世界有了更多的覺察？

朵：我想是的。但我需要些時間去吸收並瞭解。

菲：那麼目的便算達成了。

朵：繼續下去還有任何目的或意義嗎？

菲：當然，如果你想的話。如果不想繼續也可以。沒有任何指示或命令或法律，規定某人必須做這個或那個。完全看你想做什麼，或你覺得做什麼比較自在。……有很多要學習的課題，而且我們也有很多資訊可以提供給你。你的問題會多過我們能回答的，但這些問題必須是發自內在。我們會希望能繼續下去。

哈莉葉在不知情的狀況下，允許菲爾汲取她的能量，她因此扮演了極佳的電池角色。沒有她的支援，或許就不可能有現在這樣的進展和突破。哈莉葉之後又參與了幾次催眠，但她的在場已不再有絕對的必要。

當菲爾醒來，他想著自己在看到三尖塔時那種奇怪和激動的反應。回到意識狀態的他並不覺得困擾，但他有一股揮之不去的憂鬱。他試著解釋他的感受。「一切都很眞實，但我又有點後悔接觸到它，我不知道該如何描述，這感覺又苦又甜。一方面，我強烈感受到

自己就在那裡，我難過自己又記起這種感受，因爲我已經忘記，也不再痛苦了。另一方面，我又很高興喚起了這些回憶……我想你可以將它比喻爲看到某個多年前深愛的人，你們曾經有過非常眞摯和親密的情感。深深相愛的兩人，經過了一些波折，不得不分開。一段時日之後，你已經完全忘記這段往事，你繼續你的生活，也經歷了許多人生起伏。和他的那段記憶塵封已久，多年來，你甚至不曾想起。突然間，你們兩人再次相遇，所有的感受一下子都湧上心頭。雖然看到他又勾起了傷心回憶，但你同時也很開心能再相見。當然，我不曾經歷這樣的事，但它就是那種感覺。我雖然覺得難過，但現在，我知道我可以回去。我的意思是，我不曾眞的離開那裡。我眞的覺得我只是在心態上離開了。而我很高興知道自己又找到了這個地方。」

這是一次奇特的催眠歷程。菲爾的反應完全出乎意料。通常看到某個有三座錐形高塔的景象，並不會影響一個人的情緒。當然，除非那人對那裡有很強烈的個人情感。這一點增加了這次回溯的眞實性。甚至菲爾對自己感受的解釋都很複雜，不是一般會幻想出來的那種。

我相信菲爾確實發現了一個他曾經歷了好幾世的星球。對他來說，那裡遠比地球更像家。或許這就是他在海灘差點結束自己生命的那天，下意識想要回去的地方。果眞如此，菲爾現在已經知道他並沒有眞的和那裡失聯。任何時候，只要他想，他都可以在心裡回到那兒。即使最初發現的感覺有苦有甜，他最後還是找到了平靜。他也開始對自己有所瞭解。

我們已經開啓了這扇前往三尖塔星球的門戶，日後也多次回到這裡獲取許多意義重大的資料。通往知識交流的通道，已然暢通無阻。

第十一章　馳援地球

菲爾進入深層催眠狀態以及回答各種問題的能力愈來愈顯著。哈莉葉的在場，提供了開啓他能力所需的動力。隨著催眠次數的增加，菲爾顯得更放鬆自在，意識也更清晰，但是他一步步引導我進入令人困惑且陌生的領域，我已經快想不出問題可問了。我向來習慣透過個案的前世探索歷史，而不是面對這種抽象、哲學性的思考和完全不熟悉的觀念。

在這段期間，我們兩人參加了一些聚會，成員都是對心靈和形而上學主題有興趣的人。這些聚會在私人住所舉行，通常沒有預設的形式，與會者討論任何提到的話題。由於菲爾也認識這些人，我想，如果我在平常的聚會裡導引他進入催眠狀態，他或許不會介意。菲爾並不想出名；催眠對他是很私人的事，因此除了這個團體的少數人外，鮮有人知道我們的發現。

我提出讓他在眾人前進入催眠狀態的建議並不是爲了作秀，主要是幫助我對這個現象和新發展獲取不同的觀點。我想知道菲爾是否能回答團體提出的問題，這也會讓我有機會喘口氣，評估並思考我們的工作該採取的方向。這次的催眠是個實驗，我和菲爾並不知道什麼樣的問題會被提出，也不知道會出現什麼答案。

或許就像多數人期待的，團體的提問多半和個人生活有關。大家利用這個機會，看看能否獲得生活問題的解答，而菲爾則像個正在學步的嬰兒，在熟悉新能力的同時，也試探自己的能力極限。

第一次實驗約有十個人參加，但當好奇的求知者得知後，人數成長到將近三十人。我當時並不知道菲爾會在這些聚會裡這麼受歡迎，等到我們可以再次進行私人療程時，已是好幾個月後的事了。我很期待我們的私人催眠，因爲我發現團體的參與對我這類工作並沒有什麼幫助；我們沒有針對某人提出的有趣想法或問題做進一步討論的機會。在當時我只能記下想在日後追問的事。但至少，我對這種通靈形式越來越感自在。

以下內容是在團體聚會時，所出現和本書有關的資料。

當電梯門打開，菲爾看到那個奇特的星球，他再度大聲喊著「家！這是我的家！」這一次，他沒有那麼激動。他已歡喜地接受了這個事實。菲爾被要求描述並解釋三尖塔的意義。

菲：這些尖塔代表這個星球上的人所達到的三個不同階段的成就。其一是從肉體到精神層次的變遷。由於全部的人口已不再需要寄居/化身在肉身形態裡，他們一起遷徙到另一個次元；從物質層面遷徙到以太（ethereal）或精神/心靈的次元。他們依舊居住在實體星球，但不再需要處於肉身的形式。這是第一座尖塔所代表的意義。第二座尖塔代表精神層面的成就，從較低的能量提升到較高的能量等級。對有形的存在體來說，這個進化並不是那麼明顯易見。第三座尖塔是在現階段達到的成就，純粹是代表另一個等級的進展。

朵：是因為發生了什麼事情而引發這樣的進展嗎？是什麼事讓他們決定可以「晉級」了？

菲：與其說被引發，不如說是完成。進化是晉級的副產品，或效果。

朵：是因為他們不再覺得需要軀體，不必再被困在軀殼裡嗎？所以他們卸下有形的身體而成為純能量？

菲：完全正確。

朵：你可以告訴我，你們是哪類型的能量嗎？

菲：能量有很多種不同類型，談論這些特定能量的細節或差異是沒有意義的。

朵：我聽過很多人提到光體（light being），光的能量存在體。我想知道你們是不是類似這

種能量。

菲：光體是一種能量存在體，它必須用可以明顯呈現在人類面前的方式顯現自己，換句話說，以能夠被人類的感官察覺到的方式。這是他們對外樣貌的顯現。這個能量是宇宙性的。能量型態的多種就如人類種族或沙粒粗細一般。許多不同的能量都可以是光的存在體。這（指視覺）只是人類從物理的觀點可以觀察到的一個面向，因此能量看起來像是光。存在體也可以是觸覺或聽覺的存在體，它可以以皚雪的方式存在（雪體），這不是沒有的事。光只是五種人類可用的感官之一（視覺），讓人類知道自己正面對著一個能量存在體。

朵：這些能量是否也可以被我們所謂的第六感察覺到？

菲：當然。有很多層級是人類能力可及的，你們只是不知道罷了。光體純粹用了一個人類熟悉、方便和常見的顯現方式——人類最後也將到達這個階段，但不是立即的事。為了卸除對血肉之軀的慣性和熟悉性，變得更習慣靈魂的本質，慢慢爬升和適應有其必要。

朵：如果你在那裡很快樂，為什麼會覺得需要離開那個星球？

菲：那不是覺得需不需要。沒有需要或必要的問題，而是想協助的渴望。這純粹是一個選擇，一個自由且自願的選擇。這是一個許多存在體選擇投入的使命。目的和所有被吸引來到地球的存在體一樣：隨時用各種方法提升、啓蒙和協助人類。我們可以用個比喻。當要離家上大學時，難過在所難免，因為我們對家有感情和歸屬感。然而，即使對家的情感這麼強烈，離開仍是有益的。離開我們的星球來到地球，就像離家就學一般。這是個學習的經驗。

朵：你們星球的靈體被吩咐要來到地球，住在地球人的身體來幫助這個星球？

菲：說被吩咐是不正確的，所有轉世到地球的靈魂都是百分百的自願。沒有任何一位在地球的外星人是不想來這裡的。完全出於自發。地球的狀況被提出，你可以說是一個機會被提出。很多人因此選擇來這裡。有更多人想要參與，但為了某些原因沒能如願。有些是因當時的狀況，他們那時還沒有完成該做的事，或是沒有足夠載具可以提供給那麼多數量的自願者。

朵：如果有愈來愈多的外星人來到地球，投生為人類，原本的地球靈體又要到哪裡呢？

菲：他們在「另一邊」的靈界（spirit side）消化和理解資料。在某個程度上，這對這些存在體是一個休息的模式。因為目前是讓外星人進入軀體，以便提升物質層面意識的時候，而那些在精神層面的靈體也可以利用這個時候評估並增進他們對精神層面的覺

知。可以這麼說，原居者或「主場球隊」，正坐在球員休息區看著站在打擊區的訪客。

朵：那麼，原本的地球靈體並沒有真的離開，他們只是進入等候狀態？

菲：沒錯，或是說進入了地球的精神/靈性層域。

朵：但是，再次進入有形的身體多少是一種降格，不是嗎？

菲：這是不一樣的。這是個全新且相當珍貴的經驗，這不是降格或低下的問題。它單純是對新環境的新調適。

朵：我以為回到非常受限的物質存在層面是一種倒退。

菲：如果不會成長，就不會有人想來地球經歷這遭了。就這方面而言，任何困難或不適，都只是經驗或成長的一部份。讓我舉個例子。在一個又熱又悶的天氣，你舒服地坐在開著冷氣的車子裡，或許外頭還下著雨，然後你遇到一位車子爆胎的陌生人。你可能會停下車，走出你舒適的環境，捲起袖子，幫忙那位不會換胎的陌生人。你進入了比你先前簡陋的處境，然而，「目的」才是重點。對陌生人的援助不僅改進了對方的現狀，也提升了你自己的層次，你們兩人因此可以繼續各自的旅程。如果套用在目前的情況，地球此刻就像有個爆胎，而銀河星系正努力協助換掉這個沒氣的輪胎。很快地，地球會繼續她的道路，所有的協助者亦然——這些概念聽來可能很先進。如果這麼說可以幫助你理解，意譯或類比會是瞭解這些概念的有用工具。假如你希望我用這個方式來解釋，請儘管提出來。

朵：這樣的確會很有幫助，因為有些事情超出了我可以理解的範圍。你剛剛提到，目前有星系的助力在幫忙地球。這表示有其他星球和其他星際族群也參與其中嗎？

菲：當然。我們不是唯一參與的星球。這是銀河星系共同的努力。地球的鄰居們都趕來提供協助。地球確實有許多朋友，這些鄰居都知道地球發生的事，這些援助完全是出於自願。星球之間會相互傳遞並交流這個銀河各個地帶的狀況，地球的經驗也在這些傳播與交流中。

朵：你可以進一步解釋你的意思嗎？

菲：如果用類比來說，這就類似短波收音機。你可以調頻到其他國家的頻道，聽到那個國家發生的新聞。

朵：這個傳播或交流有使用到任何類型的機器嗎？比如說收音機？

菲：是有些機器具備這種功能。但在精神層面而言，我們只需要調準頻率就好了。

朵：地球並不在這個電路系統裡，對吧？

菲：地球是在這個系統裡的。但是，地球並沒有可以用來調頻到這些頻率的機器有可能建造出來。地球上將會有很多人接收到這個知識，但現在還不是「通靈」這些資訊的時候。

朵：這就是你先前提到以珈瑪射線取代無線電波的機器嗎？

菲：是的，珈瑪射線或宇宙射線就是這類傳輸的媒介。它們就是「無線電波」。

朵：你曾告訴過我，我們的科學家在接收外星通訊的方向上是錯誤的。

菲：方向是正確的，不過他們在錯誤的層級上尋找。他們需要尋找的位置比他們現在在電磁波譜上所找的頻率高了許多。——這個媒介（菲爾）現在也想說一說關於三尖塔的事，你可能會覺得這些資訊很有趣，因為你們的星球有座尖塔和這三座尖塔的設計相同，那就是華盛頓紀念碑。華盛頓紀念碑的功能跟那些尖塔一樣，都是傳送器。這就是為什麼華盛頓特區的建築物都不高過這個紀念碑的目的，這樣紀念碑才會被看見，而透過視覺上的接觸，它和華盛頓特區的人們有所交流。（這真是令人吃驚。）交流的方式是這樣的：尖塔總是在人們意識或潛意識的視野範圍內，就像在周邊視覺建立了連結。於是這個人的能量就……我們不想用被紀念碑「傳送」或「接收」的措辭。較貼切的說法是尖塔和那個人的能量因此有所交流。這些能量從塔頂傳遞出去，而那些調頻到這座塔的頻道的接收者就可以藉此察覺這個國家的氛圍。華盛頓特區身為首都，清楚國家的情況，就好像頭腦或心智知道身體其他的部位一樣。首都像是一國之腦，持續在評估該國的狀態。這個評估被發送出去，因而遠端的接收者可以對這個國家的狀況有所評定。

朵：是誰在接收這些頻率或振動什麼的？

菲：你們在宇宙的兄弟們正在接收和解讀這些訊息。它是位於這個星球的宇宙傳送器，確實的說，是其中之一。因為金字塔屬於另一種性質，但同樣也是傳送器。

朵：紀念碑和金字塔這兩個傳送器都是石造的建築，這有任何特別的意義嗎？

菲：沒錯。這些石頭是……我們找不到適當的用語，但它們是用來傳送這個星球原始能量的適當石材。這麼說吧，這些石材不適合傳遞非地球的能量。

有趣的是，華盛頓紀念碑的頂端還眞的是一個小型金字塔。

朵：它們的形狀，四面匯集形成尖端，是否有什麼涵意？

菲：是的。因為只要變化四邊之間的比例就可以達到聚焦效果。用這個方式來調焦，就像

鏡片或稜鏡可以將某個切面進來的能量導向另一個切面出去。

朵：華盛頓紀念碑的建造者在建造時知道這點嗎？

菲：不是在意識層面，因為這訊息是來自通靈的「導引能量」。

朵：你的意思是建造者潛意識地設計了華盛頓紀念碑，但他並不知道自己實際在建造什麼？

菲：是的，因為在他的認知裡，這是藝術。他在腦海裡看到他想建造的形狀，然後致力將腦中的圖像反映在建築上。你可以猜到圖像是從哪裡來的了。啊哈！那就是通靈運作的方法。某個影像被植入某人的腦中，這個人看到了影像並認知為自己的想法或想像力。大多時候這都是想像。其他時候，如同這個例子，由於結果已經是定論，那麼某人便會被當作「媒介」以便實現所渴望的結果。

朵：那麼這座紀念碑是注定要被建造，沒有任何人類可以阻止。你的意思是這樣嗎？

菲：不是的，就如你可以從歷史看到，在人類的歷程中發生了許多阻擋並遲緩進步的事件。自由意志總是存在著。然而，在這個例子裡，由於沒有阻撓這項工作的意圖，因此紀念塔得以順利完成。

這是個有趣的概念，但它讓我有種不舒服的感覺，覺得我們被監視著，而他們或許正在偷聽我們人類的談話。我懷疑其他的尖塔，譬如艾菲爾鐵塔，是否也是傳送器。

菲：艾菲爾鐵塔在某個程度上也是傳送器。不過它的性質不同，遙遠處無法接收到訊號。

朵：那麼俄國和其他國家呢？他們有類似這樣的傳送器嗎？

菲：沒有其他尖塔能達到像華盛頓紀念碑這種功能。它是全世界的傳送器，因為你們國家也察覺到每個國家的狀況，不是嗎？

朵：是的，他們認為如此。他們希望如此。

菲：我們說的不是情報蒐集的工作，而是天氣和人道現況，比如飢荒、苦難、愛、關懷和仁慈等等。地球的整體境況被傳送出去。如果這個世界是愛和悲憫的宇宙行星，傳送的就會是全然不同的訊號。宇宙的兄弟們能夠從這個傳送器觀看發生在你們星球上的事。當你們的甘迺迪總統遇刺時，這個訊號被發送，連遙遠的星球都收到了。這只是其中一個例子。地球發出的訊號對我們（宇宙全體）都具有相當的重要性，不是因為個人原因，而是它傳遞了這個星球的狀態，因此我們以同情和沉重的心情看待你們的星球。

朵：那麼，這就像是監看系統，讓他們可以掌握地球上發生的事？

菲：沒錯。

我當時正在撰寫《魂憶廣島》（A Soul Remembers Hiroshima）這本書，因此對廣島的原子彈爆炸做了些研究。我很好奇當那可怕的事件發生時，是否也有訊息傳送出去，以及他們是如何看待此事。

菲：那個事件不只被看到，它也被真切感受到了。因為原子彈的爆炸中斷了能量頻道（energy channels）。你可以想像一個流動的溪流，突然間一顆巨石被丟進河裡，阻斷了小溪，改變了流向。這個比喻有點粗糙，……這個載具（指菲爾）想說的是，那顆石頭只是擾亂了溪流，所以我們要說它是暫時地被改道或堵塞。這是用來比喻原子彈爆炸所產生的衝擊，這些衝擊遠超乎有形的實體面，因為整個宇宙都察覺到這個事件。在太陽的能量流裡，一切能量都是平衡且和諧。這些核爆的衝擊波穿透了宇宙能量，遙遠的爆炸聲響迴盪在星際之間。整個地區宇宙（local universe）都感覺到了地球的不和諧，由於影響隨距離遞減，較遙遠的宇宙，感受程度較輕。然而，透過佈滿所有宇宙的溝通網絡，這已是眾所皆知的事。溝通網絡不單是星球到星球，星球和星系及不同宇宙間，它也涵蓋了宇宙到宇宙。星際通訊有好幾種不同的層次，而這些溝通網絡都可以接收到這些層級。

朵：你的意思是「多個宇宙間的通訊」嗎？這對我可是新觀念。我總認為只有一個宇宙。你可以進一步闡釋嗎？

菲：有許多個宇宙，許多許多的宇宙。我們的宇宙只是其中的一個，或是說，我們現在所處的宇宙僅是許多宇宙之一。許多許多不同的宇宙存在於實體空間裡。這個概念需要無邊的想像力才能聯想這其中牽涉到的距離。在宇宙裡，有政治的……政治不是正確的詞，但卻是地球人可以理解的字彙。在每一個宇宙裡，都有政府層級來管理個別和群體宇宙。

朵：這個概念是否相當於人們所稱的神？

菲：神的概念是所有，是一切的總和。我們就是神。我們的集合就是神。每個個體都是神的一部份。神不是一個，神是全部，是整體。

朵：但有這麼多的宇宙，你的意思是每個宇宙都有他們自己的神嗎？

菲：所有的宇宙合起來就是神。每個宇宙的確都意識到神的存在，雖然這份意識在不同宇

宙，甚至同一個宇宙裡的不同地區都會有所不同。神的概念各異其趣。神存在的事實，神的實相在所有宇宙、所有創造裡都是不變的。神存在，而我們每個人都是神的一部份。我們全部加總起來的整體，就是神。

朵：這就是創造一切的力量嗎？

菲：沒錯。創造只是神的顯現。

朵：你知道我們的宇宙是怎麼被創造出來的嗎？

菲：我們現在所處的宇宙算是年輕的。它在形成時非常猛烈。猛烈是純粹就物理角度，相對於一般自然演化而言。宇宙的形成有許多不同的方式，而這個宇宙的形成屬於較為奇特的例子。要瞭解種種形成的方式，對於許多不同領域的討論是必要的，因為其中涉及了天文學、占星學、地質學和許多其他科學。

朵：有一個稱為「大爆炸」的理論，聲稱我們的宇宙是在一次爆炸中瞬間形成，這個理論和真正發生的過程相符嗎？

菲：大致上是的。但不只是大爆炸那麼單純，因為在爆炸之前就有東西存在了，這個爆炸只是整個創造過程的一部份而已。大爆炸只是宇宙持續進化中的一個面向。振盪宇宙理論（oscillating universe theory）是地球上所提出的理論中最接近，或說最正確的一個。（譯註：振盪宇宙理論是一種宇宙模型，認為宇宙由大爆炸起源，而後膨脹，然後在重力的牽引下膨脹變慢，最後塌陷回去，然後又發生大爆炸，周而復始。）

朵：是什麼決定宇宙要以何種方式形成？

菲：有時候一個宇宙形成的方式存在著特別的目的。關於如何形成、為何形成和何時形成的問題，比我們現階段所討論的任何觀念都還要高深，不過有些意識層次可以相當輕鬆地討論這些議題。

朵：那我們這些靈魂個體呢？你知道我們最初是怎麼被創造出來的嗎？

菲：你可以釐清你問題的方向嗎？你問的是關於創造的哪一部分？

朵：我們作為個體。我將每個人視為個別的靈魂。你說我們都是上帝的一部份，但你是否有關於我們是如何成為個別靈魂的資料？

菲：我們僅是被「個人化」。我們都是神賦予祂人格化的一部份。

朵：我們為什麼會和神分離？如果這是正確的說法？

菲：這只是整體計畫的一部分。只有神，對祂自己宏偉、神聖的計畫瞭若指掌。許多存在體知道小細節，但只有神本身知道完整的計畫。——所有知識的總和即是神或神的概念。僅要意識到這點，並秉持開放態度，便能擁有到達無限知識的管道。知識一直就

在那裡。你們之中若有人想向這些資料開放心靈，隨時都可以收到同樣的知識。

朵：這是不是有點像透過潛意識連結？

菲：透過人類的心智，沒錯。知識瞬間存在於每一處，要說資料被存放在三尖塔的星球是不正確的。我現在只是從那裡接收資訊而已。那是我的家鄉星球，我的能量彰顯的地方。能量和資料是宇宙共通的，地球上那些接收能力強且心胸開放的人們，隨時隨地都可以輕易地接收到宇宙訊息；它對所有造物開放。

朵：你的星球和其他星球，是否也經歷和地球同樣的一系列演化步驟？

菲：不，不一樣。沒有這麼多的……摩擦吧，演化過程可以說比較容易。不是容易，而是比較容易。

朵：看來你們星球好像沒有那麼多的挑戰，像個完美的世界。

菲：不是這樣的。挑戰可能不同，但仍然是挑戰。它只是和地球上的不同。在所有實用的目的下，完美世界不會真的存在。在演進的層面，的確有完美世界，但它們不再進化。演化世界背後的概念就是達到完美，而一旦達到完美，就不再需要演進。

朵：這就是你們自願來到地球的原因之一嗎？因為在你們自己星球的進化裡沒有同樣的情境？

菲：這不是我想經驗的事，但這樣的經歷卻是有幫助的。

朵：當你在你的星球時，你是純能量，這或許說明了為什麼你比那些被束縛在身體裡的靈魂對這類資料更為開放。

菲：確實如此。肉身確實會阻隔或影響一個人的敏銳度。但是，這是可以克服的，只要透過訓練和練習，同時要抱持信心。有一些顧問或機構，譬如宇宙議會，可以為我們解答疑惑或提供參考。——有很多其他星球的存在體希望經驗並作為此次「地球重生」的一份子，但是他們因為其他責任而無法來到地球。也有非常多、非常多其他星球的生命體，從遙遠他方對我們的人世經驗感同身受。由於存在著這樣的交互關係，許多宇宙他處的生命體因此可從地球經驗中獲益。我們可以說是電影中的演員。

朵：你的意思是他們正看著我們？

菲：不只是觀看，他們也正在經驗。因此我們的經歷不單是為了自己，也是為了這個宇宙。

朵：他們為什麼這麼關心我們？

菲：有興趣會是比較正確的措辭。由於很多想要來到地球的存在體無法如願，因此必須讓他們有觀察與感受的機會。這對地球和這個宇宙都是一項偉大的計劃；神的計劃裡的宏偉設計。這雖僅是整體設計的一環，不過仍不容輕視。許多星球正懷著極大的興趣觀察著這裡發生的一切。

朵：這是為什麼他們派遣這些非地球能量的存在體來這裡協助的原因嗎？

菲：是的。這完全是出於自願，前來協助正在掙扎（崩潰中？）的鄰居。（譯註：作者不確定菲爾所說是哪個字。）

朵：那些來到這裡的能量體如何幫助我們？你可以說得更清楚嗎？

菲：這些努力是在很微妙的層面。我們不會到了後敲著你們的頭說：「這麼做才對！」因為這樣對任何人都沒有幫助。這會造成驚嚇並破壞了原有的目的。化為肉身的原因就是要從人群中樹立典範，並在人群裡耕耘，這樣所達成的效果非常微妙，卻非常完整。會有些人不想接受幫助而執著於舊的方式。但這全然是他們的決定。

朵：你說外星人知道地球發生什麼事。地球是怎麼回事？發生了什麼事讓他們如此關心？你可以進一步說明嗎？

菲：這個種族現正處在滅絕或進化的交叉口上。現階段的人類在沒有幫助的情況下，遲早會毀滅自己。這就是我們急忙趕來，協助拯救這個文明的緣故。如果你的鄰居要自殺，你難道不會趕去幫他？只要你有能力，你會盡你所能，因為你知道自殺不是解決問題的辦法。在外星協助來到前，地球正面臨自殺的關卡，或說當時正往那個方向前進，而現在地球的狀況已漸漸穩定了下來。

朵：你認為他們有力量幫助地球嗎？人類可是非常頑固的。

菲：我們也是啊！（團體裡發出笑聲。）

朵：但是如果地球笨到自我毀滅，這會影響到其他星球嗎？

菲：其他星球的演化會繼續，就這點而言，不會有影響。然而，當我們知道自己可以做點什麼時，就不可能站在一旁袖手旁觀。我們的較高道德感會指示自己至少試著去幫忙，不論有沒有用。

朵：以前有發生過類似的事嗎？我心裡想的是古代亞特蘭提斯（Atlantis）的滅亡。

菲：這是不同的。在亞特蘭提斯的時代，地球並沒有毀滅的威脅，當時是有引起……我們應該說，地球的「不適感」，不過那時候並沒有現在危急。我們現在正處於瀕臨滅絕的邊緣——人類種族的完全滅絕……這個星球的毀滅……這個星球和星球上所有生命的死亡。亞特蘭提斯並不是這個情況，所以在當時並沒有湧入外星人的必要。如果不提供協助，你能想像你們的命運會如何嗎？換句話說，你知道地球如果沒有得到幫助，會發生什麼事嗎？

朵：不確定。（團體裡也發出同意聲）你可以給些指點嗎？

菲：這個文明會步上核戰所引發的全面毀滅。全面性的核戰。核子科技一直在世界散佈，甚至到了未開發的小國家。不難想像若是有個國家，甚至只是一個國家的某個人啓動戰爭，將會引起什麼樣的局面。

雖然這個可能性很嚇人，但我還是決定回到理論面。「如果世界毀滅了，眞會有什麼差別嗎？我們不就又變成靈魂了？」

菲：地球被毀滅的時刻尚未來到。會有一天，但不是現在。在那一刻來臨前，這個星球會提供許多學習的機會、美善和協助。

朵：然後有一天地球就會毀滅？

菲：當然。不過，那會是一個自然的結果。這個星球不該被她的住民摧毀。

朵：你是指當終結的那刻來臨，會是另一個階段的進化，而不是全面性的毀滅。

菲：完全正確。當那個時刻來臨，每個人都會準備好。現在沒什麼好擔心的，因為還有很長的時間，還要好久好久以後。這個星球是做為我們到其他地方的跳板。當地球完成了她的用途，就會在自然的劇烈爆炸中死亡。

朵：所以危險是在於人類在自然毀滅發生前，就先毀滅了地球？

菲：正是如此。

朵：會有差別嗎？兩者都是大爆炸，不是嗎？

菲：我們的身體都會死去。當我們老年時，自會想著時候不遠了。但一個十二歲的孩子顯然還沒準備好面對死亡。有時這種事發生是因為投胎前便已經同意了，但依常規而言，十二歲還不是死去的年齡。地球現在就像十二歲大一樣，時候還沒到！這不是方式的問題，而是時間的問題。地球還不成熟，她現在的文明不過是青春期罷了，還沒成年呢。未來的地球世代會有許多作為。當時候到了，一切也都準備好了。

朵：假使地球真的提早毀滅，這對其他銀河和星系會有什麼影響？

菲：核子戰爭會干擾到宇宙計劃和秩序，這個宇宙的系統都會受到波及。計畫因此必須改變。就宇宙層面而言，終極目標仍然會實現，但是個別的目標則會變動。

朵：許多星球因此派遣存在體來到地球？

菲：是的，有很多星球這麼做。

朵：我們有受到這些星球的任何不良影響嗎？

菲：我不會說是不良影響。有些在比較上，帶來的是更好的影響。他們並不是來破壞目的的，只不過有些會比其他更能達到目標。

朵：那麼我們是從哪裡受到不良影響，使我們加速毀滅這個世界？這又是從何而來？

菲：從能量，從這個星球的思想能量。它們和這個星球有關。

朵：所以這個邪惡的影響是源自我們人類自己了。

菲：邪惡不是正確的字眼，你們只是……走錯了方向，這會是比較正確的措辭。那些能量不過是還沒進化。它們是住在這個星球的能量。我們都是能量，你是能量，你的靈魂是能量。這些都是我所說的能量。我們也可以用「靈魂」來表示。

朵：那麼，這些負面思想究竟源自何處？

菲：思想就是能量。你的靈魂操控能量；思考即是能量的操作。這些思想的出現是因為過去的經驗、環境和意志。思想不是有條件或受制約的，它是副產品或有意（willful）行動的產物。一個想法或思想，是有意的行為。

朵：這和思想即事物（thoughts are things）的概念符合嗎？

菲：一點也沒錯。思想是能量，思想就是能量的表現形式和顯現。

朵：你是說，人們如果想著不好的事發生在地球上，他們實際上正創造了這些事？

菲：是的。想著地球是地獄就會帶來地獄，就像走出去揮著汗水建造一座地獄那樣真確。它可能不是以同樣方式發生，但是的確會，的的確確會發生。

朵：那麼透過想著這些事情（核戰等）並感到恐懼，人們正創造一個有足夠威力使這些事情發生的思想能量。

菲：我們會說，接受了這些事情發生的可能性，就是開啓了容許這個可能性進入的大門。倘若心靈能量是導向於這些可能性不存在，那麼事情便會如此。這就是為什麼清理這些負面事件可能性的能量，或是消除對核戰的接受度是如此地重要，因為接受負面思想只會創造出那樣的局面。因此我們的目的是帶來全新的能量——尚未被這些負面思考模式污染——有新想法、新希望和新方向的外星人類。

朵：的確，這些來自其他世界的新能量，不會帶有累世的破壞性思考模式。

菲：這麼說完全正確。這是為地球注入新血，優良的血。他們來地球清理舊能量，提供新能量和看待事物的新方法；向地球靈魂展示如何清理負面模式。如果我們袖手旁觀，最後大家導入的能量都是負面的，如此一來，地球只有走向終極的毀滅。

朵：（恍然大悟）原來如此。這聽來很有道理。

菲：好好學習你們的課題，並將它應用在你們的日常生活中。讓自己成為範例，那麼你也就是使者，和來自其他行星的使者一樣。

朵：我認為這其中有個問題是，地球人一直被教導要懼怕來自其他星球的生物。在他們的想法中，任何異己和外來的一切都是不好的。

菲：這是由於想像、不確定和不熟悉之故。人們總是害怕他們不瞭解的東西。

我突然想起，在菲爾所揭露的前世（或印記）裡，他從不曾有過暴力行爲或對他人造成傷害。他總是暴力和負面行爲的受害者。或許這就是原因：來自外星的他沒有這類負面思想的模式，也因此無法理解這類思考。對於其他作爲地球新血，來到這裡的外星人，顯然也是如此。這解釋了反戰的示威者、反核和反暴力的傾向。這些人在進入地球肉身前，就被賦予了愛好和平的天性。

第十二章　星際種子

令人驚奇的是，我被引入這些故事，往往只因為無心之語。我的好奇心很容易被勾起，而藉著延伸一些曾說過的話題，這扇通往未知的探險之門就此打開。一旦開啓，路途往往通向奇異而蜿蜒的偏僻小道。這也是我無心發現地球被外太空生物播種的源由。

接下來，我將讓讀者如我所感受的過程來體驗這場意想不到的經驗，從全然的陌生進入奇幻的異域。雖然即將揭露的概念聽來不可思議，卻隱約透露著眞實的輕語。它可以是，或許是，我們人類起源的眞實故事。我並不宣稱我知道眞相，但至少，請以一個開放的心來閱讀，並且願意思考它的可能性，這其中或許透露了我們想像不到的眞相。

事情發生在某次的催眠，當時菲爾正從三尖塔的層次發言，他在那裡有管道知曉地球歷史的所有知識。他可以透過先前提過的星際溝通系統進入知識管道。由於這是他的家鄉星球，這裡的能量與他相容，因此他具有獲得這些紀錄的強大能力。當時我們正在探索並

尋找有關地球神秘事件的解答，他提到了亞特蘭提斯的人種。我突然想起一個我常思索的問題：世上這些不同的種族，最初都是從何而來？我們所稱的黑人、黃種人、印地安人和白人是如此的不同。他們的起源爲何？

菲：你描述的這些在膚色及外貌特徵都不同的種族是一個進化過程。在早期，旅行和交通還不是十分方便，某個部落可能會世代定居於某地，因此他們的生理特徵反映了他們所居住的環境。這就是種族的由來。地球曾經有些種族，像是綠膚人和藍膚人，用地球的話來說，已經絕種了。綠膚人種住在叢林與綠地，因此有著綠色皮膚。

這絕不是我預期的答案。

朵：你的意思是，像變色龍一樣，隨著環境改變膚色？

菲：不是，他們出生就是綠色，而且一直是綠色。藍膚人也是如此，出生就是藍皮膚。這是一種基因的突變。人類也有紫膚色的人種。在特定時候，這些膚色都可以在現代的每個人身上看到。人們會說「嫉妒得發綠」，或說「臉色鐵青」，或「臉氣得發紫」，這些顏色被用來描述膚色並不是巧合。

朵：你是說這些顏色都有可能是我們的膚色？

菲：是的。

朵：這些種族也有不同的髮色嗎？

菲：綠膚人有著波浪狀的深咖啡色頭髮。藍膚人有著較淺，近乎金色的直髮。紫膚人種有一頭紅色捲髮，蜷曲糾結的捲髮。值得一看。

朵：的確，這些跟我們今天所見的膚色非常不同。這些種族有可能在遺傳學上再次出現嗎？像生物的返祖現象？

菲：它們偶爾會以先天缺陷，也就是紫斑的方式顯現。它提醒了我們那段時光。你可以想像，如果一個人全身都是那個顏色，就是紫膚人種的樣子。

朵：這樣容易想像多了。我看過那種斑點，我們稱它為「胎記」。

菲：是的。這些小小的痕跡提醒著我們地球歷史的早期發展。

朵：那麼，這些膚色的人種是因為混種而消失了嗎？還是有其他的原因？

菲：在這個星球的歷史裡，有些物種並沒有存活下來……就是這樣。他們不像其他物種一樣富侵略性，他們的天性較為溫和，崇尚靈性，他們不是侵略性強的肉體型種族。

朵：所以說，這是他們滅絕的原因之一？

菲：說滅絕不如說絕種來得正確。滅絕這個詞有錯誤的暗示（有消滅的意思）。它不具正確的意涵。

朵：那麼，今天我們看到的黃種人、紅人、黑人和白種人，就是那些存活下來的種族？

菲：還有棕色人種。

朵：你知道這些種族最初是起源於哪個大陸嗎？

菲：是在尼羅河畔地區播的種。那裡的條件和環境適合，於是生命的種子就在那裡成長。由最初的生命形式——細胞開始，以細胞生命形式演化並生長為更複雜的形態。

朵：進化成所有動物和人類的形態？

菲：是的，沒錯。

朵：我們可以將那裡想成是人類的起源地嗎？生命在地球的起源地？

菲：我們所說的只是好幾個地方的其中之一。沒有一個特定區域可以被給予起源地的榮耀。因為在地球表面有好幾個地區同時被播了種。

朵：你可以再解釋得清楚些嗎？你說「播了種」，聽起來像是有人在花園裡灑種？

菲：你說的沒錯。

朵：我不明白。種子必定有它的來源。

菲：沒錯。要是沒有來源，生命從哪裡開始發展呢？一定有個起源。

朵：我們的科學家及神學家提出許多關於生命起源的理論。你的意思是，在最初，沒有細胞，沒有任何東西？沒有草，沒有植物——一切全都是從播種開始？

菲：沒錯。當環境開始變得有益於生命發展時，也就是地球得到她的「生命許可證」的時候。要將生命帶到這個星球需要做事先的準備。這件事經過報備，也清楚地記載於宇宙歷史的紀錄裡。沒有任何事是偶然的。

朵：地球的「生命許可證」是什麼意思？

菲：地球被允許作為「生命行星」，一個可以供養生命的星球。沒有任何生命的星球和一個能夠承載生命的星球是截然不同的，這是星球本身進化的一大步。

朵：誰來決定做這些事的時機？

菲：一群精神和肉體層面的生命體共同合作，一起評估星球的進化。在研究該行星的環境和條件後，他們會決定這個環境是否足以供養生命。生命因此被給予到這個星球。請注意，我說的是「給予」(given)。

朵：那麼這些細胞從何而來？我想它們一定有其來源。

菲：它們是從其他已高度進化的星球帶來的。在地球獲得生命許可證的時候，這個地區宇宙已經有許多星球有生命體居住了，因此細胞是來自這些星球。

朵：你的意思是這些生命細胞是在一個類似實驗室的環境下培養的嗎？

菲：比較像花園。一個栽種了新種子的花園，種子被溫柔照料、觀察，受到關心與支持。

朵：它們是怎麼被運送到這裡的？

菲：藉由太空船。

朵：這可以解釋為什麼我懷疑有外星生物在看顧著我們嗎？

菲：沒錯。因為我們仍處於栽培期，現在正接近結果的階段。你可以想像一座準備結實的花園。

朵：我們會結出正確的果實嗎？

菲：這要由花園本身決定。沒有人命令花園該結些什麼果。花園純粹被給予豐富的機會成長。生命許可證上面並沒有寫著：「這座花園必須結出這種或那種果實。」歷史是由地球自己選擇和創造的。這就是自由意志的真義。

朵：那你認為地球會有傳播種子的那刻嗎？也就是說，我們將播種給其他星球？

菲：現在正在準備中。甚至在我們說話的此刻，準備工作也正在進行。這座花園已經準備結果了。

我想到我們的星際探險，他指的是這個嗎？人類是否嘗試在我們太陽系的另一個星球上製造生命？

朵：你的意思是地球上有人在進行相關的實驗？

菲：這些準備工作包括了物質/肉體和精神/靈性層面。然而，大部分的工作並不是地球所知的。

朵：會有很多人對此有強烈意見。這項工作是太空總署或其他太空科學家目前正進行的嗎？

菲：我們說的播種也包括靈性播種。播種是帶給一個星球光明和知識，不必然跟實體運送有關。對個體的啓蒙也是播種整體過程的一部份。

朵：但你認為科學家是否正在進行「實質」的播種——嘗試將生命帶到其他星球？

菲：有些人懷有殖民其他星球的想法，目前也的確有人如此規劃並試圖實現。他們的態度和這個房間裡的我們約略相似。每個人的工作都一樣重要（不論實質或靈性播種。）

朵：你知道他們心裡想殖民的是哪一個星球嗎？

菲：由於科技以及可行性，現在有兩個星球被列為考慮。一個是月球，理論上而言，它並不是個行星，但是它被列為殖民居住的地點之一。火星也正被審慎的考慮中。由於人類科技的限制，目前只有這些可能的選擇。

朵：嗯，我假設開拓殖民地表示他們必須播種，才有食物維生，這是你的意思嗎？還是你說的播種是指生命的開始？

菲：你說的這些是嬰兒朝成人發展所要經歷的初期階段。不要將最初的無效嘗試想成旅程的開始，因為尚未起步。

朵：那麼有一天它將會發生，就像曾發生在我們的地球上一樣。

菲：沒錯。

朵：那麼金星呢？我相信它跟火星一樣近。

菲：當科技發展到適當的程度，這些星球將不需列入考慮。因為人類可以航行到別的銀河系，那裡會有比這個太陽系裡更多適合居住的星球。

朵：你說月球不是行星，這是事實。你對月球了解多少？

菲：你想問些什麼？

朵：對於它的起源，我們一直有很多疑問。

菲：在一次地球與流星的衝撞中，地球構成物由地球分裂，形成了月球。這是發生在地球還處於十分熾熱的熔融狀態。由於流星體的重力，月球從地球中分裂出來。

朵：月球上曾有生命嗎？

菲：沒有，因為它從沒有大氣。當它從地球分裂出去時，它的構成物並無法滋養生命。但這並不表示不曾有過生命造訪月球，人類的登陸即可證實。

朵：我聽說外星生物可能曾經以月球為基地。

菲：他們曾經到過月球表面，這點是正確的。但他們在那裡沒有基地，他們是造訪。這麼說吧，月球是個很方便的休息站。

朵：有些人宣稱，他們透過望遠鏡能看到月球上像是有人造物的東西。你對此瞭解嗎？

菲：那就只是個說法罷了。除了地球的太空計劃所留下的東西，月球上沒有可以證明外星生物曾經造訪過的實體證據。這並非巧合，因為任何痕跡都非常小心地被清除掉了，以免洩漏這些先前訪客的存在。如果人類看到月球上有來自其他星球訪客所留下的「垃圾」，這可會是個令人受傷的發現。

朵：所以這些人宣稱看見的，只是自然現象或自然的構造了？

菲：沒錯。

朵：現在還有外星生物以月球為休息站嗎？

菲：他們偶爾還是會造訪月球，但不像以前那麼頻繁，目的和以前也沒什麼不同。

朵：你認為地球在未來是否會以月球為殖民地，或是在那裡設置基地？

菲：這是可能的，很有可能。

這次的催眠開拓出有趣的思考路徑。我們的科學家投入許多心血在太空探險，如果他們想在一個荒蕪的行星上創造生命，這也不是件令人驚訝的事。一旦這個想法成功了，在遙不可知的未來，這些被創造出來的生物會將我們視爲他們的上帝，他們的造物主。那麼，這種事可能曾經發生在遠古地球的想法，爲什麼會讓我們覺得這麼不可思議？

我認爲這次催眠傳遞的想法很有趣，但我當時並沒意會到菲爾所說內容的重要性。對我，這只是另一個經由三尖塔傳送的資料。我沒有計劃要繼續追問。然而，導引這股訊息的力量或管道（或隨便你想怎麼稱它）有其他的想法。他們認爲是說出整個故事的時候了。

第十三章　探索者

在接下來的幾個星期，我們多次回到三尖塔，詢問跟地球神秘遺跡有關的問題；我們也讓團體有發問的機會。許多出席者不曾目睹這種現象，他們由朋友處得知聚會，出於好奇而來。大家都很期待對地球的許多未解之謎提問。我也知道其中幾位聽眾準備詢問和私人有關的問題。但是，這股引導的力量顯然不想讓今晚的議程依循我們的想法；他們已有別的計劃。這一次，電梯並沒有停在三尖塔星球。當電梯門開啓，菲爾說他看到樹。

菲：右邊有一架銀色的飛行器，正等待三位成員從森林回來。

菲爾選擇重回前世探索嗎？這個情形通常不會發生在團體時間。他已經進入出神狀態，準備回答問題。但他看到的景象聽來並不像是上次的那個荒蕪星球。顯然地，控制這個通靈現象的力量，正在指引我們到一個他們認爲我們該去的地方，不論房間其他人的期待。我沒有選擇，只能順其自然。於是我請菲爾描述飛行器的外觀。

菲：它是銀色，圓形的太空船。兩側有些橢圓。有四個腳支撐，底部有個可以開啓的活動斜梯或門之類的。

朵：它很大嗎？

菲：大約直徑三十呎。

朵：聽起來挺大的。

菲：並不會，因為它的母船更大。這是一艘偵察的太空船，只用在短程飛行。

朵：你說你可以看到樹？整個景觀看來如何？

菲：這是地球的景觀，這是當這個存在體（菲爾）在他靈魂史的另一個時期拜訪地球的時候。

所以他正看著的是他眞實經歷的前世，而非印記。

朵：你說有三個人？

菲：他們現在在森林裡。他們在採集土壤和植物的樣本。因為這個星球很快就要接受滋養生命的任務。在這個星球被播種前，必須先對星球的適宜度做番研究與瞭解。這裡的條件必須足以滋養並維持生命。這就是這次考察的任務：決定目前的狀況是否能培養生命。

朵：有一點讓我不解。如果這裡有樹，不就是生命的一種形式？不是嗎？

菲：沒錯。但我們談的是人類生命或動物生命，他們需要的是一套不同的維生系統。這時候的地球只有礦物和植物，這是遠在動物出現在這個星球之前的事。目前只有植物草木，僅此而已。

朵：你說他們必須採集樣本，然後帶到別的地方。那麼由誰來做出適合與否的決定？

菲：採集的樣本被送到中央和超宇宙（central and super universe）分析並進行研判，瞭解這個星球的適宜度，評估它的環境和條件是否適合支持動物形態的生命。

朵：這個中央在哪裡？

菲：哈瓦納（Havana）（音譯），中央宇宙或超宇宙。（我懷疑這個字和我們的「天堂」（Heaven）如此相似，是否出於刻意？）它是萬物的源頭。在這個宇宙裡，這就是最

高的萬物統治者——和薩那（Hosanna，譯註：讚美神的話）的居所，這個星球（地球）稱祂為上帝。這裡是萬物創造的中心點，宇宙萬物由此循環復始生生不息。

朵：這麼說，你們的文明認知到一位上帝的存在。

菲：所有的文明都認知上帝的存在。較先進的文明認知的是同一個上帝，因為祂就是「一」和「所有」，祂是一切。祂被不同的名字和概念所稱，但祂的本質被萬物認知，因為祂就是一切，祂是我們，我們就是祂。

朵：你曾經到過那個地方嗎？

菲：我不會回答這個問題，因為接下來的問題是不適合的。我們現在不能談這個。

他顯然知道我會要他描述這個地方和上帝。於是我向他保證，他絕不會被要求去做任何他不願意的事。在回溯催眠的出神狀態下，個案不能說出特定事情的這類情況經常發生。一旦發生，想要突破就不太容易。我通常都會尊重他們的決定，因爲他們比我更清楚狀況。

朵：我只是好奇而已。

菲：這是可以理解的，因為我們也很好奇。所以我們在森林裡挖洞，把樣本送回去，以滿足我們的好奇心。好奇心不像某些人以為的——只是人類才有的特性。

朵：我只是在想，如果有那麼一處是祂居住的，那祂就比較像個實體，這是我好奇的原因。

菲：祂不是個實體，祂就是存在，而這是就目前你們的了解層次所能說的了。但是，的確有個居所——上帝之殿。這是祂散發光芒之處，也是祂的中心。

朵：我只是覺得祂有個居住的地方很奇怪。

菲：這只是個詮釋，好讓你在你的層次上能了解。如果我們給你更高階的資料，那會是你無法理解的。我們必須把這些資料落實到你們能了解的層次，以你們能意會的方式說明。

朵：好的。但換句話說，祂確實有一個中心點，在那裡祂可以被接觸到。你剛剛所說的船是執行這個任務的太空船之一嗎？

菲：這個特定小組有一個艦隊，這些艦隊屬偵察性質，它們的任務是航行到那些等候生命的贈予，也就是說是已達滋養生命標準的星球。對於生命的播種，我們有一定要遵守的規則和規範，而這些程序就是屬於規範的一部份。

朵：但你們跟做決定無關。

菲：沒錯。因為這些採集工作只是整體的一小部份。他們的工作就僅是如此。

朵：當這些飛行員從森林中走出來時，你可以描述他們的長相嗎？

菲：我們現在不希望提供這些細節，因為這會讓聽者設定他們都是長這個樣子，這絕對是錯誤的。有許多種族，以人類的說法，在外貌上很「極端」（奇異），我們並不希望你們以一概全。日後我們會提供許多關於這些存在體外貌的描述。現在還不適合。

朵：過去你談到其他星球的種族時，你曾告訴我他們的長相。

菲：沒錯，但那些是私下的談話，沒有團體參與，而且提供的範圍有限。然而，我們此刻並非在那樣的環境，所以我們必須格外小心。

朵：好的，我尊重你的判斷。你能告訴我接下來的情形嗎？

菲：採集的樣本被放在圓筒狀的容器裡，包裝好後便送到偵察船上，再由此運回母船，接著到轉運站，也就是位於本區銀河系的「地方總部」。它們然後經由……宇宙快遞……如果你們想這麼叫它的話（團體中發出笑聲），送往中央宇宙檢驗，然後做出決定。

朵：它要去的地方還真多。

菲：你們可以想想自己的社會，你會發現許多地方是相同的，因為你們的社會就是宇宙的小縮影。

朵：你說他們採集泥土和植物樣本。那麼空氣和其他東西呢？那些元素不是也很重要嗎？

菲：這次的任務是泥土和植物。這就是此次任務的全部範圍。

朵：好的。那這些組員呢？他們能在地球大氣裡呼吸和運作嗎？

菲：我們現在不會回答這個問題，原因之前已經陳述過了。然而，我們可以說，他們能夠自由移動，沒有任何困難或不適。

朵：好。那麼在私人談話時，你會告訴我這些答案嗎？

菲：我們不說這些……因為……我們不能再說了。

看來這次談話涉及許多禁忌的話題。通常我可以找到方法迂迴探詢，但情況顯示我們被嚴密監管著。

朵：沒關係。——你能告訴我母船的樣子嗎？

菲：母船是雪茄狀的載體，許多地球人都宣稱看過這樣的不明飛行物。但這並不是唯一的母船種類，母船甚至還和更大的飛行船相連。你可以想像海軍的航空母艦被驅逐艦環繞，而驅逐艦下又有附屬的工作艇，這是類似的概念。

菲爾的潛意識在運用他的海軍經驗提供類比。

朵：母船也登陸嗎？

菲：不。因為母船不穿透大氣層，只有偵察船會被送入大氣裡。

朵：你能告訴我這些船來自何處嗎？

菲：它們來自裸眼可見的星群——仙女座。我們還可以更進一步的說，在這個時刻造訪地球的某些外星生物也是來自那裡。

朵：在「這個」時刻，你是指現在嗎？

菲：就是現在，一九八四年。

朵：為什麼他們還要來地球？

菲：他們已經很久沒有來拜訪了。這個星球已經到了要實現命運的時候，這時必須蒐集許多資訊，關於空氣污染、土壤污染、能源層面等等，以便消化並了解地球此時的狀態。

朵：曾執行地球播種任務的太空船，是否跟這艘偵察船來自同一個星球？

菲：不是。採集地球資料屬於探勘和偵察的任務。播種則是由另一批專門執行播種任務的太空船隊執行，他們的唯一目標就是在星球上播種。因此你現在才會得知這個星球的人類生命以及許多其他生命形態是被刻意播種，並從培育的狀態中生長的故事。所以你現在瞭解了，當你們在地球上行走或爬行時，你們的宇宙手足仍在天上觀望看顧著你們。而你和你的兄弟們一起飛翔的時間已經接近。

朵：這些種子最初從何而來？

菲：你為什麼要問？如果我們說了某個地方，你會想：這個地方一定比其他地方來得好，要不然他們就不會從那裡把我們帶來了。我們希望你對此持開放、沒有偏見的心態，因為種子來自很多地方，而非特定一處。

朵：我只是在想，種子是來自某個星球，還是在一個類似實驗室的地方培育而成。

菲：它們來自種族的基因庫存，經過試驗和證明，確定適合這個星球環境。在這過程中有很多的選擇，如果決定不一樣，你們看來就會跟現在非常不同。你們若看到可能變成的樣子，一定會覺得非常有趣。（團體中發出許多笑聲）

朵：我想到「複製」（以無性方式繁殖）這個詞，它現在很流行，這是為什麼我好奇生命的種子是如何發展出來的。

菲：我們不談這個，我們必須控制所提供的資料。

當個案對某個問題不願回答時，我總是可以改變話題，通常換個說法也能得到答案。

朵：好吧。那麼動物呢？在地球的播種裡，哪一種先出現？

菲：是先有馬還是先有馬車？這個重要嗎？

朵：我有非常旺盛的好奇心。

菲：我們也注意到了，但有時我們不被允許回答你的某些問題，因為對於能說些什麼，我們被嚴格的規範，而你經常碰觸到我們能回答的底線。現在，我們又再次到了底線。我必須說，我們不會回答這個問題，因為我們不被准許。

朵：我只是在想，動物是否在人類出現前，便已存在了一段時間？

菲：人類就是動物。

朵：這是事實。

菲：你可以從這個觀點來看，這個星球上的動物是你的手足，就如同眾星和太空船裡的生物，他們也是你的兄弟。你們在地球具有雙重天性，光明面和黑暗面，或說靈性面和物質/肉體面。

朵：我只是想試著了解。你是說，在演化過程中，我們是由動物演化而來的？（菲爾嘆了口大氣）如果你不想回答，沒有關係。

菲：關於該如何回答這個問題，我們正試圖達成共識，儘量在不觸及禁區下，讓你得到一個可以理解的答案。這樣說吧，一個已建立的生命基因庫被殷勤地滋養和照顧，逐步且細心的修正，以確保結果是此刻所見——從人類載體的角度來說。人類現今擁有的身體外觀並非出於意外，它們是被小心翼翼地計劃成現在的這個樣子。

朵：我總認為早期也可能有進行一些實驗。

菲：沒錯，一直都有實驗進行，不論在地球或其他星球。因為從不曾有人可以說：「很好，就是這樣了。」每個星球都有其個別需求，因此不會有一種完美的載體適用於所有星球。每個星球的環境與需要都是獨特的。

朵：我總是在想，這些實驗是否和歷史裡的半人半獸傳說有關？

菲：絕大多數的傳說都和想像力有關。

朵：那麼，當地球被播種後，這些太空船就離開了嗎？接下來是怎麼回事？

菲：我們說過，有小心且殷切的照料，以確保每件事都進行順利。偶爾有外來的闖入者……（他停頓了下來，好像在聆聽。）……我們不再多說了，因為已經接近底線。總之，計劃被打亂，由於這些干擾和侵入……人類的生命混亂許多。

朵：有出乎意料的事發生？

菲：是的。即使我們擁有這麼多知識，也無法全然掌握每個層面的所有細節。即使是在天使或更高的層次上，做好的計劃也可能被擾亂。所以上自最高智慧的存在，下至人類，都會有防範未然的規劃或補救方案。

朵：我希望在不違犯你的界線內，你能給我一些線索，讓我知道發生了什麼事。

菲：我也希望我們可以，因為這是非常有趣的故事。我們只能說時機不適合。

朵：好的。但在其他時候會是適合的？

菲：沒錯。

這樣看來，我仍可以得知這個故事；只是一個更私密的環境是必要的。

朵：好吧，那我就先擱置一旁暫且不談。所以說，他們會時不時回來照料他們的花園。

菲：（幽默的口吻）他們仍然在看顧著，因為雜草蔓延得到處都是，非得拔除不可。

我以同樣輕鬆的口氣，笑笑地問：「我很好奇他們現在是怎麼看我們的。」

菲：（他詭秘地微笑）我們可不想回答這個問題，因為我們可以料到……（團體裡發出大笑）

朵：我大概知道了。（笑聲）

菲：你的認知是正確的。看看這個亂糟糟的世界。這足以說明一切，就不用多說了。（笑聲）

他們似乎挺有幽默感，偶爾也會跟我們開開玩笑。這樣很好，可以紓解討論的嚴肅性。團體成員也很喜歡這樣的氣氛，因爲有些人只是出於好奇和好玩而參加，這也可以解釋爲什麼他們不願意回答某些問題——因爲他們感受得到出席者的心態。

朵：這跟這些年來我們看到的那些不明飛行物體或飛碟有任何關聯嗎？

菲：你的意思是，你不了解我們說的就是你們所謂的飛碟？

朵：我只是想確定。那麼，不同的飛行物來自不同的地方？還是……

菲：沒錯。你可以看看自己的社會，你就會知道飛行器反映出你的宇宙手足們的社會。想想不同的汽車，保時捷和福特，它們反映了創造者的不同。既然宇宙裡有不同的星系社會，自然有不同的飛行器，因為它們呈現的是創造它們的社會。

朵：來訪地球的其他不明飛行物的目的是什麼？

我是指來自其他星球的太空船的目的，但他以自己的方式詮釋了我的問題。

菲：這些盤旋地球上方的太空船是用來偵察的交通工具。母船則是用來承載它們的載體。在目的地之間負責運送的是主要或中心飛行船。想想海軍的船隻。航空母艦是總司令所在的主要船艦，命令由此發布，決策和主要溝通皆在此進行。屬於支援性質的補給艦和驅逐艦則聯繫航空母艦及附屬的汽艇或巡弋船。

朵：好的。但我想問的是，其他飛行物來到地球有什麼目的？

菲：它們有很多不同的任務和目的，每個飛行物都有它自己特定的使命。播種、探測、製表、繪圖等等都是。要進行播種任務有許多工作要做，這不是在風中灑下種子就任其發展，這是經過了非常精密的計劃，如同管絃樂般的精心編制。我們談的是一個實質的播種，就像把細胞放入一個適合培養的環境，譬如礁湖的水中，或沼澤，或森林裡。然後讓它們萌芽並生長。

朵：這聽起來非常複雜。它一定需要許多的規劃。

菲：的確。就如我們先前試著描述的，沒有事情是出於偶然。

朵：但你必須承認這是一個很前衛的想法。

菲：這不是個想法。我們希望能強調這點，這不只是一個想法，這是歷史。並不是說這項資訊的給予跟任何偉大的計劃有關，它就是單純地給了你們。只要你繼續探索，我們有很多資料可以提供。我們會在你們可理解的範圍內正確地敘述。假使這些資料超越了你們的理解度，即使只是超過一點點，也不具任何意義；如果它們遠超乎人類智力所能瞭解，說了也是無益，因為人類語言中並沒有可以詮釋或翻譯這些資料的概念。所以我們說的，都會以人類經驗所熟悉的語彙來描述。這些資料都基於真相，都是事實。然而，呈現的方式可能會使內容看來有些矛盾，事實上絕非如此。這純然是詮譯

的問題。

朵：也就是說，由於翻譯或詮釋上的困難，很可能有些資料是我們永遠得不到的。

菲：對。因為人類語言在傳遞概念和想法上，有許多漏洞及缺點。如果這些資料可以用心靈感應的方式提供，故事將會有很大的不同，效益也提高許多。

朵：我很謝謝你試著告訴我這個故事。

菲：你是一個英語的使用者，而且有著高度的技巧，所以你被選中做這項工作。資料必須被提供，因為時候已到；我們已經到了計劃中將這個星球帶到播種的階段，因此我們必須和善於在概念層次傳播事實和想法的人一起工作，透過他們傳遞資料。

朵：這和你曾說過的，我們已經接近在其他星球播種的階段有關嗎？

菲：沒錯。由於播種的概念被嚴重誤解，我們希望澄清。與其說播種將會是實體/物質面，不如說是靈性/精神面。目前居住在這個星球的靈魂將帶著他們在地球累積的大量生命經驗，旅行到別的星球，因此另一個墮落或是較差的星球意識……我們想刪除「較差」這個詞，它並不是正確的描述。我們要說的是，當地球到達播種階段時，另一個星球的意識將會被注入的地球靈魂提升。你可以想像這個過程將會一直持續，因為宇宙中總是有星球準備好接受其他星球的播種和意識的注入。

朵：你曾提到地球的重生，可以再多説一些嗎？這究竟是什麼意思？

菲：這就是播種星球的概念。想像一朵生長中的向日葵。在早期，它就只是佇立在那兒，到了花開時節，它綻放給所有的人欣賞。它最終會給出自己的一部份來傳遞花粉及經驗。地球就正臨近花期，她正要向宇宙開放和展現自己。

朵：我們會是（向日葵的）種子嗎？

菲：是的。有一些會是。

朵：接下來我們會如何？

菲：這要看每一個人，這不是單一個人能支配的，因為每個人都必須做出自己的決定。很多人會選擇留下；地球的歷史尚不到完結的時候，這裡還有許多事待完成。然而，許多人會選擇帶著地球經驗到其他的存在層面和星球，幫助他們綻放，乃至播種。這可以只發生在靈性/精神層面，或也可以是實體層面。它可以是轉世到另一個星球，在那裡應用來自地球的經驗。這麼做的目的在散播能量；地球的能量是特殊和獨特的，它可以傳佈到那些需要外來、清新和嶄新心智能量流入的星球。

朵：為什麼地球能量很獨特？

菲：因為那是只有地球才有的能量。其他星球能量也是只有那個星球才特有，就如每個人擁有不同的個性。

朵：地球被播種了生命後，靈性或靈魂上的播種是什麼時候發生的？

菲：這是一個漸進的過程，它是在人類肉體已經發展到可讓靈魂居住之後才發生。因為自第一次在地球播下生命種子，直到人類身體經過演化，發展到靈魂可以寄住之間，是有一段時間的。

朵：靈魂曾經居住在動物的身體裡嗎？

菲：我們現在不談這個。因為我們對於該說多少，該怎麼說，都還有許多分歧。日後會提供一些我們都同意的資料。無論如何，現在不是談論這個的時候。

朵：好。我可是會緊纏著你不放的。（笑聲）

菲：我們不會忘記的……。

朵：我也不會。我的記憶力是很嚇人的，有好幾哩長呢。（笑聲）

菲：我們有好幾千年那麼長。（團體中發出更多的笑聲）

朵：好。我先擱置這些問題，留待私下討論時再問你。

菲：這是對的。因為我們希望提出幾個不曾討論過的主題。我們將會在適當的時間提出。我們會給你許多資料。然而，運用哪些資料以及如何使用，全決定於你。

朵：好，我十分感謝。根據你所說，透過演化，當人類動物出現時，就是靈魂被允許進入肉體的時候。

菲：沒錯。因為人類身體居住在靈魂裡是被規劃好的事。我希望你能注意到其中的微妙區別，一般都以為是靈魂棲息，居住於肉體裡，這是錯的。是肉體居住在靈魂裡，因為靈魂才是真正的形式。這是一個較為精確的描述。

朵：這可是想法上的大逆轉。我可以請教靈魂是從哪裡來的嗎？

菲：這些靈魂來自許多其他星球。沒有靈魂是土生土長於地球，他們最終都來自其他的星球。然而，許多靈魂因為已在地球很長的時間，他們可以被認為是「本土」的。

朵：我可以請教這些資料如何和聖經裡創世紀的記載相符或矛盾嗎？

菲：我們請你也思考進化論，也就是達爾文學說，你將會發現兩者都隱含部份的真理。因為確實有身體的演化，而生命的神性禮物——靈魂，被賜予人類也是事實。因此就整體而言，兩者都有部分是正確的。

朵：我早覺得這兩者有類似處。

菲：與其說類似，不如說互補。因為它們都有部份的真相。它們並不相互矛盾。一個人必須擁抱這兩個信念，才能更正確地步向真理。

朵：所以你相信你告訴我們的故事並不和聖經的創造論衝突？

菲：請告訴我們，它們為什麼衝突？

朵：我不認為如此，但是會有人這麼說。

菲：那我們就讓他們自己去想通吧，因為這就是本來的計劃。（笑聲）

朵：而我總是夾在中間。

菲：沒錯，因為你是傳遞者。

聽眾中有人在此時提出問題，眞讓我鬆了一口氣。「當地球有生命居住時，是否有一種以上的生命形式被引入地球？」

菲：有許多不同形式被引入，這些最終都會進化到我們所謂的「人類階段」。這些生命被嚴密觀察著，看哪一種最能適應其棲息的環境。最後決定的這一種，也就是現在所使用的，在達到成熟和完整狀態時，會是最為適切。如我們之前所說，人類外貌可以有許多種可能性。然而，這個是最耐用，而且最……嗯，我們就說它是最耐用的吧。（笑聲）因此它被選中，沿用至今。

朵：適者生存。

菲：對。因為人類的身體必須能實現宇宙計劃的需求。這個特定的典型最能精確地符合所有規格。

朵：我的腦裡浮現實驗室畫板上的草圖畫面。（笑聲）

菲：我們使用這些術語是因為這個載具（指菲爾）熟悉它們，也最容易將概念視覺化。通靈的過程是透過「管道」（指菲爾），以最容易被傳達和了解的方式，將概念及想法傳遞給聽眾，因此這個載具自然會使用他最熟悉的說法來比喻。如果是傳教士、醫生或園丁來傳遞這些資料，他們都會有不同的詮釋。

朵：當你無法轉譯的時候，你可以用個類比，這樣比較容易理解。

菲：只有當這個載具有概念可以相比較時，我們才能這樣做。在我們給了象徵或資料，而對方能自本身經驗做出適當連結時，使用類比才是恰當的。是載具的經驗使我們能這麼做。因為他純粹是接收我們的資料，然後進行比較，根據他的經驗和知識提供一個比喻。如果沒有他的人類經驗，他便無從比較起，這麼一來，甚至連溝通都不可能了。

我想脫離這個複雜概念，回到原先的人類故事。

朵：那麼，有任何人幫忙神擬定這些宇宙計劃嗎？還是說，是祂獨自完成的？這些問題適當嗎？

我當時心裡想的是上帝和許多被認爲協助創世的神祇的故事。

菲：這些問題，對我們來說有些滑稽。看來這整晚的討論都剛被丟到窗外去了。（笑聲）

稍後我才明白他的意思，因爲整晚他一直在告訴我關於不同的飛行船和組員被指派協助播種的任務。但我指的是那些在更高位階的存在體，譬如神祇們。

朵：換句話說，你不認為祂有徵詢他人的意見？

菲：我們要請你釐清問題，因為我們感覺你把神認知為一個單獨的存在個體，祂從天堂伸出手，向這些小小星球灑下種子，然後就在一旁休息，看著生命成長。有時露出滿足的微笑，也可能出手毀掉一兩個不受控制的。

朵：嗯，有些人是這麼想的。（笑聲）

菲：我們知道。無論如何，我們請你採取一個比較開放，沒有偏見的觀點，並想像神只是個觀察者，看著祂的孩子們進行工作。神的孩子們進行任務。神單純地存在。神存在，祂的孩子們工作，就是這樣。

朵：我只是想有個畫面。我好奇祂是否曾經想詢問任何人的意見，還是祂只想自己決定，一切都是出於祂的意志？

菲：是上帝的意見被詢問，不是反過來。——我們正向你學習耐心，就像你也學著與我們耐心相處一樣。（笑聲）我們希望你明白，我們享受這些對話，因為透過對人性的瞭解，我們得到許多樂趣。

朵：嗯，那你現在應該知道我有數不盡的問題了。

菲：我們也是。我們會繼續回覆你的問題，盡所能協助你。我們感謝你，也希望能再來和你討論，因為我們和你們一樣，非常享受這樣的談話。這裡有十二個人與你們一起開懷大笑。（笑聲）

當這些力量（或不論什麼的）開始跟我們開起玩笑時，我有一些擔心。我詢問他們所傳遞的資料是否正確，還是只是在和我們玩遊戲？頓時這個力量的氣氛變得嚴肅起來。

菲：我們盡可能精確地陳述這些資料。我們要告訴你，我們不會故意給你錯誤的訊息。我們任務的本質是嚴謹的，不能以玩笑的態度看待。我們提供資訊，要如何接受是可以帶些幽默。我們享受這種愉悅輕鬆的時刻，因為它打破了地球情勢的嚴肅性，但我們不是在玩遊戲。我們不會再強調嚴肅性的問題了，因為對我們傳遞者和你們接收者來說，這都不是件愉快的事。我們希望強調這個事實：這項任務不是玩笑。它是完全的真誠與嚴謹。

朵：（我有種被責罵的感覺）但你明瞭，我一定得小心才行。

菲：我們也明白我們要小心，因為你們如何接受和認知這些資料必須被謹慎處理。

朵：我絕不是有意冒犯任何人。

菲：我們沒有被冒犯。我們只想強調事實，並且徹底地闡明地球此刻所負任務的嚴肅性。

在這次催眠後，我可以了解他們不願回答某些問題的原因。有些新加入聽眾的參與心態，顯然是好玩成份多過求知。這群存有，或如他們開始自稱的「議會」，十分關切這些資料是否被正確地詮釋。他們不想有任何部份被誤解。這是爲什麼他們小心翼翼地試著找出正確的字眼，來表達他們想傳達的概念。這份對準確性的要求，一直持續在我和菲爾的催眠互動裡。

我們已經朝向新方向追尋知識。他們點燃了我好奇的火花，我知道，我將盡全力找出關於地球播種的所有事情。

第十四章　花園裡的雜草

接下來的這周，我和菲爾終於有機會再次進行私人催眠，我的首要目標就是試圖取得菲爾在團體時段拒絕提供的答案。由於上次的「電梯法」帶領我們到了不同的地方，當菲爾這次進入出神狀態，我第一個問題就是詢問「他們」是否想繼續使用電梯法，因爲那是菲爾感到最自在的程序。

菲：你可以隨時改變你的方法，因為沒有指令規定你必須用哪種方法才行。然而，我們希望你保持彈性和開放，有時候我們可能會需要或想告訴你，或載具（指菲爾），或團體，或任何特定人士一些事情。我們希望你能察覺到這些可能性，不要將自己侷限於某個狹隘的程序裡。保持彈性，這會最有幫助，因為甚至這邊的情況也會改變。藉由使用「電梯法」，你將菲爾引入他可從中擷取資料的前世資料庫。我們也可以從

「阿卡西克紀錄」得到同樣資訊。然而，這對載具來說，就會是第二手了。透過回溯催眠，獲取的才是第一手資料。這是為什麼在這些催眠過程需要有電梯，因為它可以將菲爾放在第一人稱的觀點。他更能看到並體驗那裡的情境。菲爾有時還是會以「通靈」方式敘述他所看到的景物，因為有許多經驗無法用人世的觀點說明，因此提供的解釋和轉譯常常是透過通靈。你知道的，這裡不只是你和我們的意志，這其中也有載體，這個管道的意志，這些都需被考慮到。我們希望你了解：我們是三方共同的合作，有載體，有你和我們。我們，就是這個載具的集體潛意識。

這是一個有趣的描述，因爲他們通常表現得像是個獨立的團體或議會，其身分和目的與菲爾並無關聯。雖然有些所謂「專家」對這類通靈現象提出了許多說明，但它的過程和基本原理仍然是個謎。既然我也無法解釋，我就順其自然，期望從中得到些資訊。

朵：好，今晚我主要想填補上星期所遺漏的缺口，也就是你不願意在團體面前透露的資料。我們現在可以談了嗎？

菲：我們希望這回由你來說。你這麼渴望知道，我們會幫助你。我們仍然受到規範約束

——我們不被允許傳遞那些會使人有先入為主，使人類害怕，或傷害任何想透過這些資料探求更高靈性啓蒙的人類——這就是我們工作的指令要義。因此，我們有不能跨越的談話底線。

朵：是的。這個我了解。我從未要求我的個案做任何會讓他們感到不舒服的事。

菲：並不單是載具感到不舒服的問題。透過這個載具所傳輸的許多資料會是他完全能接受的。然而，有可能這些他認為沒有威脅性的資料，對聆聽者來說卻不是如此。為了大家的利益，我們會選擇相對下無害的題材。

朵：這就是為甚麼上星期有些資料被保留不說的原因嗎？

菲：沒錯。然而我們仍要對你說，你的缺口不必然會全部填滿，因為有許多資料就是不能傳遞，無論是不是在私下場合。有的資料就是不能說，不論是對這個載具或任何人。有些知識是被禁止知道的，不僅是在這個層次，在許多其他層次亦然。因為從傳統人類觀點來看，某些資料過於激進。它不是解藥，反而會是毒藥。

你不可能對一個人說了這樣的話，卻不激起他的好奇心。但我知道，如果我不遵守他們的遊戲規則，我無法得知任何事。這個資訊管道很可能會被完全切斷。

朵：那麼，我會依從你的看法。

菲：我們要求你這麼做，也希望你能瞭解，我們的作法並不依循傳統的人類智慧。

朵：好的。——上星期他看到三個太空船的船員，他們在採集土壤樣本，正準備返回船上。這些樣本會被送回去分析，好讓他們知道哪種人類，或是說哪一種動物生命，在地球得到生命許可證時，可被提供給地球。你知道我們之前討論的這些事嗎？

菲：是的，我們知道。

朵：好。那麼，當時他不能回答的問題之一，是那些生物的長相。

菲：這一次我們會說。這些生物身材矮小，穿著亮銀色的服裝，衣服包裹住全身，這是因為穿透地球大氣層的紫外線之故。在那個時候，地球大氣層還不是十分穩定，所以有很強的輻射穿透。這些生物在外觀上所穿著的銀色衣服有保護的作用。

朵：他們的外貌特徵呢？

菲：這個我們不說。

朵：有原因嗎？

菲：純粹是現在不能揭露。

朵：我以為可能是答案太極端或什麼的。你上次提過這些生物仍然來到我們的星球。

菲：我們不再多說了。

菲爾從催眠狀態醒來後，他說他所能記得的就是那些生物看來是灰色的。他無法辨識任何外觀特徵，顯然菲爾也不被允許看到他們。看來我必須要放棄這個主題。

朵：他們說當時的地球已經有樹、礦物和植物生命的存在。這些是從哪裡來的？

菲：這些是自然發生的基本生命形式，從原始海洋中的氨基酸和蛋白質演化而來。這些生命型態完全來自演化。

朵：難道動物和人類不能透過演化而來？演化論宣稱萬物都是從這些初始細胞開始的。

菲：這只是臆測。這個星球已經準備好被播種，因此就被播種。這個星球的存在有其目的，她是一個實現目的的工具。和花園同樣的道理，假設你有座花園，你翻了土，施了肥，然後雨水降臨。我們問，你會就此坐著靜候作物自行生長嗎？你會期待蕃茄自動長在這一排，馬鈴薯長在另一排嗎？你會什麼也不做，就期望它們自行照你的規劃生長？你會這樣栽種你的花園嗎？當然不會，你一定要有方向。為了達成希望的結果，操作是必要的。因為你的作物絕對不會自動長成你期待的樣子。同理，這個星球就像座花園，一個已經準備好栽植的花園，用以滋養並生長所希望的作物。這就是這次播種所實現的目標：在花園栽種。

朵：但是，你認為在其他的星球，生命是否有可能自行進化？

菲：我們不能就此說什麼，因為會造成先入為主的誤導。然而我們會說，的確有這樣的例子。你可以查查你之前接收到的通靈資料，這個存在體在那個有銀色建築物星球的前世，他們就是和身材較為矮小的生物共同生活。那些矮小生物是那個星球的「原住民」，完全來自自然演化。這就是一個動物生命形式源自本土星球的例子。

朵：原來如此。我只是好奇地球有沒有可能發生生命自行演化的情形？

菲：那只會是臆測。而且我們沒有時間閒坐，看它是否會自行生長。因為有很多的工作要做。

朵：這會是一個可能的爭議，所以我想知道答案。

菲：就讓那些想爭辯的人去辯。因為他們會得到同樣的結論，那就是，沒有答案。因為我們也不知道。我們從未閒坐良久，等著看會發生什麼事。就像我說的，有很多工作要做，所以我們工作，而不是無益地空等。

朵：好的。上星期還有另一個沒說完的話題。你談到花園和生命開始成長。他們不時會回來監看這個「實驗」，看看進行得如何。

菲：我們會說他們從來沒有離開過。因為從靈性觀點來說，地球一直受到持續的關注。從地球有第一個生命以來，一個涵蓋許多功能及形式的精神文明便圍繞地球。這就像是你們物質世界裡，有著不同階級體系的政府一樣。

朵：這些來自外星球的生物在此播種後，是不是有些就留下來照顧這個花園？

菲：他們是偶爾來訪。因為這個星球就如我們所說，位於「人煙罕至」地帶，沒有留在這裡的需要。由於生長的過程相當緩慢，持續的關注並不是必須。

朵：你上星期提到，在這段期間有些事發生。實驗出了錯。有些干擾之類的。

菲：對。我們這麼說吧。一個來自宇宙另一區域的隕石撞擊了地球。它將變異的病毒及生命有機體帶到了這個接納性非常高的環境。這些外在或干擾的生命形式找到了容易生長的地方，也因此和當時已在地球生長的生命形式混合。這就像隨風飄揚的雜草種子落入了花園，有了根據地後，農夫再也無法徹底清除所有雜草了。這就是當時的情況。我們不會再多說任何細節，因為在此時不被允許。

我不認爲這樣吊人胃口是公平的。他們引起了我的好奇心，只要有可能，我就會試著避過「審查」。

朵：我只是好奇到底發生了什麼變化。

菲：我們不能說，因為會造成許多紛爭和混亂。花園裡有雜草，這就是我們所能說的。

朵：而這些雜草多少和那些好的種子混合，產生了一個不同的生物系統，就像混種一樣——這樣說對嗎？

菲：我們要求你不要用人類的觀點來思考這事，因為這表示有好的人類跟壞的人類之分，而這不是我們想表達的概念。我們想說的是，在這個星球的多種不同生命形式的基因組成裡有了雜草——並不是在哪一個特定的種族。這樣想是不對的。這些雜草純粹是在原「湯」(soup)裡，也就是這個星球所有生命的來源。

朵：那就是我說混種的意思。混種通常是某類植物在某方面變得和它最初的樣子不同。

菲：這個星球對混種的概念是透過努力而產生的改變。也就是說，經過細心的照顧，達到想要的結果，而這不是可以應用於此的正確概念。正確概念就是花園裡的雜草。

朵：當這件事發生時，那些外星生物怎麼想？

菲：非常傷心和困惑，因為這個可能性並沒有被事先預見和防範。當情況變得明顯時，憂傷和氣餒難免。你可以想像當一個人珍視的美麗花園突然被破壞，對園丁產生的衝擊。

朵：換句話說，這個情況已經改變了基因的組成。

菲：是的。直到那之前，花園一直都在完美的狀態，非常清新。也就是在那時——載具此刻有轉譯上的困難，因為以不同的方法描述便會產生許多微妙的差異。……這個概念是這樣的：當時的花園非常純淨，也被期待保持如此。大家對此有著極高的期望，因為這個花園非常理想。然後干擾進入，於是原本的高度期望只得降低為屈就現有的狀況。

朵：他們沒有任何可以改變或阻止的方法嗎？

菲：沒錯。情勢已無法逆轉。

朵：我聯想到今天的科學家所進行的基因實驗。

菲：我們再說一次，這不是我們所說的干擾。（暫停片刻）我們希望就這個主題商議，因為我們有根本不該提供這項資料的感覺，以免這個概念被錯誤地傳播和誤解。

我幾乎可以在心裡看到他們圍成一圈在討論。

朵：這就是我扮演的角色。確定訊息是正確地被了解。

菲：是的。我們要求你能這麼想……

作法有了改變。之前他們拒絕對這個議題作更進一步的解釋，現在他們顯然決定要加以澄清。

菲：長成的作物並不是雜草。雜草會是在土壤裡，它們不像作物一樣是植物，我們所說的雜草只算是不好的土壤。我們希望你把干擾想成是外來的不良土壤，而不要想成是雜草，這樣會有助釐清狀況。說成雜草，會讓人有這個星球上有些人多少被污染，而且會惹事生非的印象。這會使人們以先入為主的觀念去看待某些種族或宗教，或是任何他們持有偏見的對象。他們會把這些人想成雜草，這樣反倒滋長了我們希望療癒的負面狀態。所以我們必須將概念從雜草改為貧瘠的土壤。

朵：這些帶有偏見的想法不是我能瞭解的，但是我知道有人可能會這麼詮釋。

菲：這就是為什麼我們要很小心，因為我們必須預先考慮到的，不只是你和載具或周遭人如何理解，還有一般大眾會如何詮釋這項資料。如果我們要提供你這個內容，那麼一般人會如何詮釋就必須被考量進去。這就是為什麼有這麼多資料不能說，因為很容易會被錯誤地認知。

朵：所以他們回來後，發現人類多少已經受到污染了。這麼說對嗎？

菲：不是人類。

朵：生命形式？

菲：不對。是土壤本身被污染了。這個星球因此意外有了⋯（找尋適合的字）⋯基因，造成身體機能衰退和壞損的基因成份。因此這個星球才會有疾病。

朵：那麼，在污染之前並沒有疾病？

菲：對。事實上，那就是疾病的根或源頭。⋯⋯對使用的適當術語達到共識是必要的，所以我們經常要諮詢我們的「專家」，他們熟悉人類認知，因此我們現在才能對你說這是一種你們稱為「疾病」的根源。這是你們星球上的疾病源由。依照最初的規畫，如果計劃沒被打亂，地球是沒有疾病的。原本就會有自然的死亡，但這個星球不會有造成那麼多痛和苦的疾病。

朵：好，這麼說比較容易瞭解。所以這就是你所說的雜草。

菲：是的。這就是為什麼我們擔心該如何表達，以及它會如何被接收和理解。因為你能想像那些對疾病的偏見嗎？我們擔心的是，那些「次等」種族——這是從人類的觀點來說——會被認為是雜草。

朵：我說過我並不這麼想，但其他人可能會。我會認為，也許這些污染造成了人類某種身體畸形。

菲：疾病可以造成畸形。這點毫無疑問。然而，它並不是畸形的唯一根源。

朵：那麼它是人類所有疾病的根源了？這個污染了土壤的隕石？

菲：大體而言是正確的。然而，我們對是否要用「所有」一詞有所猶豫，因為有些疾病是人為的。它們是由於忽略使用天然元素所導致，因此是人類自己造成的。但是大部分疾病源自這個隕石是正確的說法。……我們發現轉譯這點有困難，因為我們現在所表達的概念不正確。請瞭解，那個殞石來自的星球或星系並沒有相當於疾病的東西。殞石只是帶來了早已存在於那個星系的成份，而在那裡它並不被認為是疾病。但它是來自一個與地球不相容的系統。

朵：是的，當它來到這裡便是不同的情況了。我能瞭解這個概念。但是，如果事情有了差

錯，如果事情的發展脱軌，為什麼他們不乾脆摧毀一切重新來過？

菲：為什麼要毀掉這一切？很多事已經完成了。從你們目前文明的角度來看，疾病並沒有主宰文明，它只是令人煩惱。

朵：在這個外來的侵擾被發現時，地球上的生命已經演化很久了嗎？

菲：生命仍在幼苗的階段，因此入侵者很容易就找到立足地，因為那時候對疾病根本沒有抵抗力。當干擾被發現時，散播的範圍已經很廣，無法抑制其擴散的程度了。

朵：那時地球上的生命演化到了什麼階段？

菲：如我們說的，還在幼苗期。幼苗。我們想強調這點。播種程序已經完成，種子正在萌芽。這就是為什麼它們容易受到這個疾病感染，因為當時沒有抵抗力。

朵：就是在這個階段，那些外星人回來並發現了這個情形嗎？

菲：沒錯。他們回來並發現了花園的雜草。你現在比較瞭解這個比喻了。

他們對於終能正確傳遞這項資料，好似鬆了一口氣。我可以理解他們的難處，因爲他們顯然不熟悉人類語言的複雜性。尋找正確的句子和術語來描述想傳達的看法，似乎是他們必須遵守的另一項規則。這些細節對人類來說，並不是什麼大不了的事。因此我相信這

是另一個跡象，表示我所接觸的並非平常的意識力量或人格體。

朵：我以為地球的生命形式那時可能已經發展到人類階段了。

菲：這麼說不正確，因為人類階段是和疾病一起演化的。——當它被發現時，這個地區……政府的所在地，說是星球好了，曾經舉行會議。這個地區宇宙的管理者舉行會議，確定滲透的程度以及可能採取的辦法或選項。會議中決議，由於蔓延的情況已經到了無法使用任何特別手段來改善，若是這麼做，便會殺死才剛在這個星球紮根的生命。因此他們決定讓這個狀況存在，但注入補救的方式。於是可以長壽和抵抗這些「疾病」的原形質及基因資訊便被給予了人類。

朵：當你說到這些，我心裡便一直有些疑問。這會是伊甸園故事的起源嗎？它和我們的聖經故事有任何關聯嗎？伊甸園被認為是一個完美的地方。

菲：我們知道。我們正在商量。（又是一陣停頓；他們在私下討論）我們目前不對此表示意見。因為對於這個關聯性該如何表達並沒有共識。在某方面是有一定的相關性。但在其他方面，這兩者又無關。因此若真要表達，就必須是以一種能清楚呈現其關聯及非關聯性的方式呈現。聖經故事在某方面是正確的，的確有個具體的地方可以代表伊甸園的故事，我們希望能強調這一點。儘管流傳下來的絕大部分僅是傳說而非事實，但跟真相仍多少有些鬆散的關聯。

朵：我相信傳說或多或少是有些事實的基礎。

菲：是的，不論這些基礎有多薄弱。它們常是關於事實的記憶。

朵：你提到「具體」的地方。這會是他們開始播種的地方嗎？

菲：不對。播種是在地球上的許多地方進行，並沒有一個主要的播種區，這個星球沒有這樣的地方。

朵：那麼生命就是由這些地方散播出去的？這和聖經的詮釋不同。

菲：是的。我們要求你也能瞭解，在呈現這些和地球多數信仰相反的觀念時，我們是非常謹慎的。我們不希望在對立的團體——那些相信新時代思想和相信聖經的人之間引發爭吵和衝突。因為我們沒有助長和鼓勵紛爭與不睦的意圖。我們只想逐漸喚醒你們。一切知識可以立刻傾巢而出，但這對你們不會有任何幫助。這些資料必須慢慢揭露，好讓開悟發生。

朵：我知道有人會抗議我接下來要說的。但我剛剛想到，你說的生命起源版本可能跟聖經裡的傳說有些關聯。

菲：是的，它（指聖經上的故事）的確是個傳說，而且它和事實相關的部份並沒有被十分正確的理解。這是個很有趣的故事。但是我們已經指出，它是基於薄弱的少量事實與真相只有鬆散的關聯。

朵：你想對此多做說明嗎？

菲：我們說過了，不是現在。目前我們沒有共識。在傳遞資料前，我們必須先達成共識。這是我們指令的一部分。我們有十二個人，每個人都有自己專門的領域，因此在處理人類經驗和更高層次的存在時，才能呈現一個不同領域知識的平衡結構。這是一個由不同領域具代表性的存在體所組成的議會。因此當我們對所傳遞的資料達成共識，大家都是贏家。如果有意見不合，就表示某個面向的觀點沒有被正確呈現或考量到。

朵：所以即使是在「另一邊」（靈界），想要十二個人都意見一致也是很困難的事。

菲：在這裡大家都很願意產生共識。我們沒有像你們星球上常見的固執，有的只是見解不同罷了。因此這些不同的見解需要達成一個可以獲取共識的表達和描述方式。如果沒有一致的看法，這個議題就會被擱置。

第十五章　恐龍

地球生命起源的主題發展成延續的情節。隨著催眠的進展，每一周，「議會」都透過菲爾提供好幾章的資料。

朵：你可以多說些關於生命剛開始發展時的方向嗎？

菲：這個星球的生命由單細胞，簡單的阿米巴形態特徵，透過突變開始分裂和複製成多細胞生物，由此演化為有機體和較高等生物，上述又再演化成兩棲和爬蟲類動物等等。

朵：外星人和地球生命所採取的發展形態有任何關係嗎？

菲：大體來說，為了使地球生命進展並演化到可以自行其是的狀態，生命形式在一開始是被非常小心地引導。當演化至較高等，到了一個理想的階段時，協助就不再必要。當生命形態到達了這個階段，引導性質的協助便不再提供，取代的是培育性質的幫助。

朵：當你說「較高等」，你是指當生命終於到達動物或人類階段嗎？

菲：在人類以下有許多演化階段，在其中生物緩慢進化，但無疑地是朝向人類形態演進。協助就是為了確定演化在初始階段是朝向人類形態進展。最早期的階段引導最為重要，因為要確保結果是人類，而非其他形態或外觀。

朵：換言之，你是指基因在初期階段就已經被改變了？

菲：生命型態在演化時並沒受到干預，它們獲得確保各方面都受到充份滋養的能量、分子（molecules）和規劃。如適者生存所指出的，那些適合的生物存活了下來，並演化到符合理想的階段。那些不理想的沒有得到養料，因此自會死亡。它們回歸能量，以更調和的形態呈現。（這聽起來像是除草過程，請參考前一章。）

朵：那麼在這段時期便有固定的監督了？

菲：沒錯。在演化的初期，引導其發展是必要的。就像幼童或嬰兒，從出生起需要的照顧幾乎是無時無刻，直到他們逐漸且緩慢地成長到某個階段，所需的照顧越來越少。到最後，他們成為獨立的個體，不再需要任何監督。

朵：我們有些科學家相信進化論的說法，但他們卻說有件事是個謎。他們一直在尋找演化鏈中介於動物和人類之間的那段「遺失的連結」。

菲：他們不會找到任何連結，因為連結不曾存在。許多時候並沒有所謂逐漸的演化，而是一種突然且根本的改變。可以説是一種突變。這些演化的躍進深奧且徹底，但常常是瞬間在一代之內發生。

朵：我對恐龍時代感到好奇，牠們是你所説的聽任消失或死亡的物種嗎？牠們是曾經出現在地球的生命形式，但已不復存在。牠們的消失是有意的嗎？

菲：那是演化之故。牠們的適當性已經消失，因此在現實環境中的滅絕是顯而易見的。這一切都是適切與否的問題，適切才是走在正確的道路。當牠們的適切性終止，牠們的存在也告結。所有的動物生命始於幼苗。恐龍有過牠們的時代，然而時代已過。牠們的滅絕是個自然的過程，由於地軸傾斜，導致季節急遽變化。那些能適應劇變的生物存活了下來。那些不能適應的就滅絕了。

朵：人們一直對恐龍絕跡的原因感到納悶，因為從許多恐龍遺骸中發現，牠們的身體裡仍然有食物。

菲：變化來得非常快速，這是由於地軸傾斜的緣故。原本溫暖晴朗的地區，幾分鐘內就變得嚴寒冰冷。氣候改變了。這是目前也正在發生的自然現象。有許多的具體變化正發生在這個星球，未來的十八年也會是如此。這些地球變化可被寬鬆地歸類到「劇變」

（cataclysm）一詞，但不要將它想成是一個巨大的單一事件。直到地軸移動的那刻來臨前，這都會是一個緩慢漸進的過程，到了轉移的那刻，就會變得非常快速，幾乎可説是瞬間的變化。真正的地軸調整在幾分鐘內就可以完成。這是一種校正，一種自然演化的過程——地球的磁極要和天空中的不同星體對齊。這些星體的位置點以一定的方式移動，正如星宿環繞你的星球移動一般。然而，這些星體對地球的影響反不如較遠處的那些恆星。

朵：那些較遙遠的恆星反而更有力量？

菲：是的。但不是所有遠處的恆星都較有力量。你的星球現正對齊的那些點，和它們所在星座的間距類似。它們通過一條規劃好的特定路線。

朵：我聽説地軸變動是導致火山爆發、地震、天氣型態改變和各類自然災害的原因。

菲：這是正確的。因為地球正準備和另一個源頭的點排成一列。地軸移動是引起「火環」（ring of fire）和地球其他地區火山甦醒的原因，它也造成了氣候的混亂。（譯註：在太平洋海床底部的四周，分布著一連串的火山與海溝，稱為「火環」，是世界上最主要的火山帶。）這種變化一開始是漸進的，但引力會使得傾斜變快。兩極已經……和大約四十年前比較下，可能有了三十度的差異。但是你們要明白，一旦發生核戰，它

將導致地軸更大的不穩定並加快傾斜的速度。記住，只要地軸的轉移是自然發生，這便是一個自然的過程，人類將可以適應環境的改變並預作準備。危險在於地軸移動的加速，這會使得地球的變化發生得更為急促和猛烈。

朵：你知道距離這戲劇性的地軸移動還有多久時間嗎？

菲：這決定於地球和天父，我們一無所知。

這個消息實在令人惶恐不安。不過，既然菲爾不予就此詳述，也不提供任何時間架構，我決定回到恐龍的問題。

朵：在那一次的地軸移動後，所有的恐龍都立刻滅絕了？還是仍有一些存活在這個世界的不同地區？

菲：有一些生命形式遺留下來，並非全部滅絕。沒錯，最大的恐龍死亡，因為牠們無法適應。牠們的身軀只適合一種特定的氣候型態，無法忍受任何變化。牠們因體型過大，不能快速適應環境而被淘汰。牠們無處可去，但較小的動物則可以躲藏和竄逃在其他物體之下，譬如，牠們可以收集樹葉和草類，在四周築起一個溫暖的環境。較大的動物無法這麼做，於是牠們便曝露在自然環境下死亡。

朵：我讀過人們從一些古老國家找到的圖畫或雕刻物，顯示恐龍和人類曾在一起的說法。

菲：沒錯，因為當時就有人類存在。他們雖處於原始階段，但已被靈魂棲息。

朵：我好奇靈魂是在何時來到地球並住在身體裡。

菲：就是在那麼早期，是的。

朵：科學家總是說人類的出現遠比恐龍來得晚。

菲：科學家總有話說，而且還會繼續如此。他們並沒有獲取知識的無限管道，所以他們必須從現階段的了解中做出推論。因此他們的說法只是基於可得的知識或證據。

朵：我相信科學家得出那些結論是因為他們所進行的挖掘都找不到人類遺骸。

菲：沒錯，而現在他們已經發現人類遺骸和恐龍遺骸一起，但這個事實並未被廣泛接受。對於已存在多年的見解而言，這會是個激進的觀點。你瞧，科學界對於改變總是反應遲緩且抗拒，因為如此一來，真相勢必重寫。人類向來將所謂的真理視為神聖，而且永遠不可改變；這個特性在人類相當常見。對於具有顛覆性的發現自然非常抗拒，因為他們的信念所賴以依據的基礎就被瓦解。

朵：是的，但某人的真理並不見得是另一個人的真理。也有一個理論是說，動物到人類的大躍進是因為外星人與地球動物的交配育種。

菲：那是提升基因品種的方法，它也可以說是一種協助。然而，這比較屬於培育性質，因為基因庫當時已到了沒有新基因資訊便無法進一步發展的階段，所以新的基因就被給予。

朵：這就是你所說的培育嗎？

菲：沒錯，它也是協助。如果這事不曾發生，人類形態就會停滯在接近尼安德塔人的樣子。

朵：那麼我們人類現在具有的智力並無法藉由自然演化達成？

菲：沒錯。就算可以，也需要花上數百萬年的時間。然而，我們懷疑這種事真會自然發生，因為當時的演化已經到達一個無法再自然往前的程度了。

根據兩派學說的意見，神造物論（creationism）指稱所有生命都是因爲某個高高在上的超自然力量——我們通常稱爲上帝或造物主——的行動，瞬間形成。進化論則說所有生命都是由單細胞透過自然演化的過程發展而來。反對演化論的論據有部分是基於在受控制下的實驗所顯示的事實：物種會到達一個它再也不能自行演化的程度。在那個階段之後，透過基因操作，可以產生突變。「議會」提及創世紀的故事和達爾文的演化論都有部份是事實，就這點，他們很可能是正確的。

朵：聖經上提到，「讓我們以我們的形象來造人吧！」這就是你的意思嗎？

菲：這句話是隱喻人類外觀和宇宙裡其他人類形式相似的事實。

朵：我一直以為「以我們的形象」指的可能是人類的靈魂部分。

菲：「形象」是指視覺上的呈現，因此這個人類形式也被呈現在宇宙許多不同的區域。其他宇宙也是如此：一種形態可以有許多種代表或典型。

朵：但在這個宇宙，絕大多數是人類或類人類形態的生物？

菲：不能說絕大多數，因為有些形態在各方面都稱不上是人類。正確的說法是，人類形態只是許多形態的一種而已。生命有許多不同的形式，許多星球上也有多種不同生命形式和諧共存。然而，地球這個星球只有一種形態。我們會說，你們現在具有的外觀，相近於這個宇宙的其他人類形態。他們的頭髮、容貌及身體構造都和地球人類似，但仍有些差異，也難以判定他們大多數的起源。我們想說的是，地球人不是這個宇宙的唯一人類形態。地球也不是這個宇宙裡唯一擁有這種形態的行星。

當生命發展到了人類階段，外星人就不常造訪地球。我想知道為什麼。

菲：因為並不必要。最初階段的協助就是滋育及細心照料當時正進行的工作。工作完成後，就不再需要如此細心的照顧。他們於是回到原來的星系。

朵：有任何人留在這裡觀察嗎？

菲：在那時候有好些（宇宙）委員會的存有以肉體的形式留在這個星球監看情況。然而，這些援助並不是如先前般地大規模或複雜。

朵：你說他們是肉身的實體？

菲：三次元的形式，就如同你們在這個次元所呈現的實體形式。他們是肉身形態，但不是地球的種族。

朵：他們是生來就有身體，還是說他們可以形成身體？

菲：他們的身體是形成的。他們並不是仿傚或形成類似人類的軀體，因為地球當時還沒有物種可供棲身。地球居民那時候還沒演化到人類階段，當時沒有可供使用的人類身體……我們所說的這個期間涵蓋了地球的數百萬年，因此在最早期自然沒有任何人類種族。在我們現在所講的這個期間的後半段，人類才有了初步的發展並演化成你們所知道的原始人。

朵：聖經上說陸地上曾有巨人。

菲：這是正確的敘述。那個品種的人類，平均身高超過七呎。除此外，還有許多其他種族，但那是最早之一。今天仍有許多人類帶有那些基因，因此偶爾會有人長得超過七呎高。這純粹是那個品種的基因重現。

朵：我正試著把這些資料和聖經作個連貫。聖經就像歷史，即使已被扭曲。

菲：即使經過了好幾個世紀，有些事實仍然非常清楚。聖經所呈現的內容主要是基於認知，因此自然會有些扭曲。但其意圖是不可非議的。

朵：聖經上也提及神之子看著人類的女兒並發現她們的美麗。

菲：正確的說，這是敘述來自天上和地球生物之間的混種繁殖，目的在於提升基因品種，因為地球物種當時已經獨力演化到了極限。為提升人類身體的演進，必須把這個品種帶到更高的層次。

朵：那麼，如果沒有他們的干預，人類種族就會停留在獸性的階段。

菲：人類就不會演化到有足夠的腦容量可精確或適切地詮釋及了解我們今天所談到的這些概念……像是宇宙監督人職務的角色及神的觀念等等。提升是透過這些種族的肉體交配而達成。在聖經形成的那個時代，有些人認為不適合讓一般民眾完全了解真正發生的事。他們覺得支持或採納這些說法會失去人民的信任。為符合當時的心態，聖經裡的故事於是被小心地修改。而其內容就以被修改過的形式，盡可能精確地忠實記錄並流傳了下來。

朵：那麼寫下這個故事的人確實知道真相，但他用一種人們可以理解的方式來說明。

菲：某種程度上，這麼說是正確的。它不是大規模地密謀來扭曲事實。在敘述這些故事時，偶爾會有單純的說明被詮釋得些許不同。於是這些流傳下來的資料，就一點一點地被塑造成你們今天所見的樣子。

朵：有的人知道這些關於聖經的解釋後，一定會被嚇到。

菲：沒錯，這是為什麼以前不曾提供這些能讓你們對歷史有更完整和正確瞭解的說明。我們要說的是，播種，在我們這一個宇宙的許多地方都正在發生。從宇宙的觀點來看，這是很平常的事。這就和某人打造並且照料自己的花園一樣平常。

由於地球的播種計劃持續了相當長的時間，我知道參與的不會是同一批外星人；但我好奇他們是否爲同一種族。

菲：相同核心的成員會是正確的說法，因為有些人（種族）就是專責這類的任務。

朵：當我們下次會面時，你能告訴我人類進入有史時代，有歷史記載後的故事嗎？

菲：好的。這是個適切的好問題，可以從中學到許多。你們的好奇心，或是說人類的意識，在認知與理解力上，都是相當受限的。

從催眠狀態醒來後，菲爾說播種的資訊裡帶有自豪和崇高的情緒，因爲實驗如預期般成功，他們對這個星球物種的發展懷抱很大的期待。當實驗失敗時，他也可以感受到那種失望的苦澀。

由於菲爾不是完全的夢遊患者，他無法抑制伴隨情境產生的情緒，而這也影響了他回答問題的方式。他提到三點他認爲在被問到問題時，資料無法傳遞的理由：

1. 這是不准提供的資料。即使他也無法否決或推翻。
2. 就是沒有資料。當這種狀態發生時，他完全無法虛構任何訊息。
3. 如果他覺得這個問題會引發不安的感受或情境。在這個情況下，他的潛意識會扮演審查員的角色，要求我們改變主題。

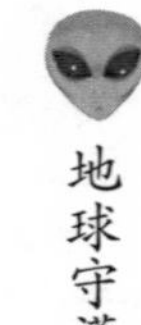

第十六章　異種交配

在下一次催眠一開始，菲爾走出電梯，看到一列巨大的水晶。他要求稍做停留，感受並汲取那股環繞在他身邊的巨大能量。他覺得這麼做有助訊息的傳導。我同意後開始詢問問題。

朵：之前我們正說到一個有延續性的故事。在另一邊的「你」，不論你們是誰，你們選擇了我來撰寫。它是播種地球，給地球帶來生命種子的故事。你知道我在說什麼嗎？

菲：我們要說，這並不全然是我們的事，這是你給自己的任務，而我們同意幫忙。這可以說是你現階段的計畫。

這眞是個奇怪的說法。我當然不曾有意識地去要求任何像這類的工作。但它強調了一個觀念：我們或許永遠無法知悉自我其他諸多部份在進行些什麼。這另一部份的存在，顯然不需要意識的許可才能運作。但既然我很享受撰寫這類特殊主題，這個說法並沒困擾我。

朵：上一次你提到地球的播種。你說那些外星人當時在這裡建立了基地，他們引導生命形態的發展並培育幼苗。當到達一個已不再能自行成長的階段，他們便和這些動物混種生育，為的是傳遞基因資訊，使其能發展出人類的智能。我說的對嗎？

菲：這是正確的說法。

朵：好，那我們繼續吧。這是肉體上的交配，還是經由人工方式在實驗室裡完成的？

菲：它是實質上的肉體基因的混合。我們會說，最初確實有所謂的人工授精，因為種子是經由手術的程序植入。這（手術）是必要的，因為動物在那時會因恐懼而變得份外暴力。

朵：他們只和某些特定種類的動物，還是和許多不同的物種繁衍？

菲：他們只和那些會產生最符合預期後代的品種繁衍。根據載具需具備的要求，那些最符合條件的被選為繁衍的族群。

朵：剛開始時的規模是大還是小？

菲：這個問題需要有深刻的瞭解和比照的基礎，我們此刻無法提供答案。

朵：我的意思是，剛開始時是在整個星球上進行，還是只針對部分地區的少數載具。

菲：我們會說一開始是少數，然後擴大到多數。

朵：我試著想像這一切是如何發生的。他們當時是否被安置在某個地方，以便觀察？

菲：是的，他們是被觀察，但他們並不喜歡如此。

朵：他們有被限制行動或監禁嗎？

菲：沒有。

在嵌入智力的混種交配後，這些被實驗的動物在看管及照顧下演化和成長。這些過程一定耗費了相當長的時間，如我們所知，光是從動物演化到原始人類就是段漫長時光。這群外星人的工作或任務，似乎就是在監管，也可能是保護這群變化中的物種。涉及的時間長度顯然對這些外星人毫無意義。如果他們具有我們可以辨別的生命長度，他們的族群可能已經有好個世幾代都在這個星球上「值班」了。他說他們一直和來自的地方保持聯繫。依我看來，對他們而言，這不過是個工作。結果對他們來說太過遙遠，沒有太大意義。

朵：這些外星人和地球居民有任何接觸，或是和人類住在一起嗎？

菲：曾經有些造訪，從原始人的角度來看，非常深奧，以致他們以為見到了神。當時外星人提供了一些能被理解的概念來引發這些原始人類思考；促發他們思考那些在正常情況下，一輩子不會去想的事。可以這麼說，人類得到思想的食糧，去認識他們在這個宇宙的定位，以及在宇宙計畫的角色。我所說的這類事件，歷史上並沒有正式的文字紀錄可以為你佐證。

自古有許多關於特殊存在體的傳說流傳，譬如奧塞瑞斯（Osiris，埃及法老王）和奎茲科特（Quetzalcoatl，古墨西哥傳說的羽蛇神），他們被古人認爲是來到人類部落幫助人類的天神。有些傳說人物被當成神祇般崇拜。我就這點詢問。

菲：我們現在說的事件比你提到的人物早了許多。你所提到的不必然是神祇，而是跟這些所謂的眾神有過接觸並從中獲得啓蒙的個體。在當時，只要是被認為老師的角色，或擁有大師層級的知識，通常會被視為先知，或是能和上帝直接溝通，那個人的地位因

此被抬升到與神祇無異。我們要說，他們是和自我能量及宇宙能量十分調和的個體。任何和這些能量調合的人看來會像是飄浮在地面之上，然而，他們只是能量的提供者。

朵：根據這些傳說，我相信奧塞瑞斯和奎茲科特這些人被認為是來自外太空，他們和人類部落生活在一起，教導人類事務。

菲：並不是這種事不曾發生過，但我們不同意這些人是如此。再說一次，他們是傳遞真理和宇宙能量的使者，或提供者。曾經有許多來自其他存在領域的個體生活在人群之間，即使停留的時間很短，他們也提供了適合當時人類社會的援助和教育。許多人知道這些個體的真實身分，但通常人們並不清楚。有一些確實是來自其他星球的旅者，有些則來自其他的存在層面，他們不必然是來自其他星球——一個實體的星球。由於自然界有許多非物質本質的存在層面，因此他們可能是來自一個我們根本無法具體描述的地方。在其他的次元裡，沒有方位或方向的存在；它是三次元的概念，在四次元或更高次元裡毫無意義。因此正確地說，許多訪客是來自其他存在層面，他們來到地球的層級，給予援助並提供訊息。

朵：那麼，那些像奎茲科特一樣的人是出生在原始部落的人類，還是來自其他存在層面？

菲：有些個體和領導者確實是來自其他存在領域。我們不會揭露這些人的身分。在這個時候不可能，也不被允許這麼做。去指出誰是使者或誰不是來自地球，是不適當的行為，因為這樣一來，注意力就會被集中在這些個人身上，而非他們帶來的訊息。讓我們這麼說吧，為了傳遞資料，這種事的發生是必要的。因為一個領導者所能影響的範圍一定大過一個開店的店主。

朵：這些人到最後不是被當成神祇崇拜嗎？不就有這樣的例子？

菲：有些先進的存有來地球造訪後，確實被視為神祇。然而，他們的角色僅是提供援助或照顧。在地球的歷史上，人類對這些外星人的回憶都懷抱著高度的尊敬。他們被崇仰，被認為具有神般的本質，並被神聖化。原始文化裡有許多關於外星人造訪地球的例子，通常，他們都是造訪特定部落的領導者，因為這些部落領導人最能理解狀況。這些領導者最不會將外星訪客看為神或天使的身份，他們辨識出這些只是造訪，而非神意。這些外星訪客以人類的外形出現，由於他們是能量形態，他們可以仿照人類外貌，才不致引起驚嚇。

朵：他們給了人類哪類的資訊？

菲：在當時，要給人類多少資訊曾引起許多討論。後來決定，緩慢但穩健地提升這些原始社會的意識，會比用大量來自外星的知識轟炸或顛覆來得適當。因此給予的資料大多限於非常實際和實用的領域，譬如覓食和栽種。這些是最早的一些例子。當社會發展後，開始有些所謂知識的保管者，他們是被揀選出的少數人，對於這些外星人造訪的意義十分了解。然後透過這些個體意識的逐漸提升，才有可能將造訪時的交談內容慢慢擴展，直到包含地球與星體間的相關位置。這樣一來，最終才有可能教育原始社會，譬如說，高等的天文學。

朵：為什麼他們懂不懂星體的特有位置那麼重要？

菲：很多人都察覺到星體對人類事件的影響力。這門知識現在稱為占星學。但在過去，它所涵蓋的知識比現在更精深，而且運用得更精確。透過觀察並記錄行星和恆星的位置，計算得知某星體的特有能量何時進入地球，便可以預測未來事件的性質。

朵：他們還有傳授人類其他的技能或知識嗎？

菲：那時還教導人類許多不同領域的知識。以今天的標準來看，如此「原始」的社會使用到這些概念是令人非常訝異的事。他們被教導牙科醫學，將拔牙產生的不適減到最輕。損壞的牙齒在經過修補後再植回原位，得以繼續它們的功用。這個知識目前又再次被運用在地球。（譯註：牙齒再植術）

朵：你的意思是，這些不是假牙，它們是真的牙齒？他們是如何將痛減到最輕？

菲：就跟現在一樣，許多自然植物與成份具有止痛的效果——譬如可可葉和許多今日已知的藥草，服用後都能產生類似效用。

可可樹是一種熱帶植物，它乾燥後的葉子是古柯鹼的原料，不只是毒品，也是鄉下地方使用的麻醉劑。

菲：這類知識被教導給挑選出的少數人，再透過他們傳授給民眾。如果你們知道開心手術在當時許多地方並非罕見的事，可能會感到訝異。這個醫療形式——我們正在尋找適合的字眼——我們發現很難轉譯這個概念。……它原本的用意是為了修補和治療身體，但日後卻成了以活人獻祭的習俗。後人忘了當時的技術源由，經過一段時日，過程被簡化為供奉給神的祭品，這個儀式成了他們用來取悅和平息自己所創造出的神祇的怒火。相對於拯救他們免於厄運，死亡根本不足為惜。

朵：他們在進行開心手術時，如何抑制流血的現象？即使在今天，這都還是個問題。

爾：他們當時就在使用現代所用的自然成份，還有能幫助血液凝結的植物粉末。施壓身體特定的止血點，也能控制血液流至特定區域而幫助止血。

朵：他們也用同樣方法來控制感染嗎？

菲：不是透過施壓止血點。

朵：我的意思是藉由使用植物。

菲：他們用能量來處理感染現象。傳導人類能量。這種能量在今天也重新被發現，以這個載具（菲爾）的術語來說，是被「形而上學團體」發現的。

我想起阿茲特克人曾進行過這類將人類心臟血淋淋挖出的獻祭儀式。

朵：施行這種儀式和在墨西哥建造金字塔的是同樣的人嗎？

菲：很不幸地，是的。他們雖然先進，卻也十分落後。他們的文明墮落到以活人獻祭，甚至吃人肉，這些行為大都發生在金字塔建造之後。活人獻祭的儀式和金字塔的使用是在同一個時期，而不是在金字塔的建築期間。

我能夠想像，由於一位智者的死亡或類似事件，使得這項知識無法完整如實地傳承下去。因此在之後的世代，這項手術變得錯誤百出，並扭曲成了一種崇拜的儀式。演變到後來，他們開始剖胸挖心，當作給「神祇」——他們對這些外星人的認知——的獻祭。

朵：可是，如果那些外星人持續觀察地球，當看到了知識在傳遞過程中遭到扭曲，他們難道不會再回來傳授正確的知識嗎？

菲：不可能這麼做。原因超乎了人類的理解力；原因無法被轉譯。

朵：我以為他們既然來了一次，就可以再回來。

菲：這是非常簡化的人類觀點，然而，宇宙計畫有著更為複雜的機制。讓外在影響操控那些地球住民是不被允許的事。

朵：我以為他們可以回來說，「你們做錯了，這不是我們告訴你們的方式。」

菲：那就會是操控，而這是不被允許的。

朵：可是他們已經這麼做過一次了。那難道就不被認為是操控嗎？

菲：那是以「禮物」的形式給予。去糾正就會是操控。給予知識做為禮物和指導這個社會的事務是有分別的。

朵：我懂了。在給予他們知識後，便不能控制他們使用的方法。

菲：這麼說是比較正確。操控這些社會就違反了規定。用地球上的措辭來說，要由這個社會創造自己的命運。

朵：那麼，這些社會應該要保護這個資料，並且確定知識是正確地傳承下去。

菲：這也是一個比較正確的陳述。

這兩者（給予與操控）之間似乎只有些微差異，但顯然對他們有重大的不同。這些外星人被允許提供知識，改善人類的生活。然而，繼續指揮知識該如何運用，卻會被視爲干預而不被准許。他接著又舉了更多的例子。

菲：當時的農業有非常高度的發展，尤其在選擇栽種適合特定區域的作物及飲食習慣上。這不只是……氣候或氣候上的（表達此字時有困難）……考量，營養也是決定飲食內容的重點，因為在不同的環境會有不同的營養需求。

朵：這是否可以解釋舊約聖經裡的飲食律法？摩西得到的那些誡命？他的族人被告知不能吃任何豬肉。他們也不准喝血。原因和你說的有關嗎？

菲：沒錯。一般相信，這些飲食要求是基於宗教本質，然而它們是建立在非常實際和營養方面的需求。目的在使身體能攝取最合適的食物，使他們在整個旅途過程及之後，都能獲取最基本的養份和維生素。

朵：所以他們也被教導哪些食物最適合在他們的氣候下生長。

菲：沒錯。

朵：你知道馬雅人是怎麼回事嗎？據稱他們就這樣突然消失了。

菲：我們會說，這個問題的答案還不能透露。這個故事尚未結束。無論如何，他們並沒有滅絕，只是被運走了。知道這樣已經足夠。

朵：被太空船運走？

菲：我們此時不想多說。總之，他們被運走了。

朵：你知道原因嗎？

菲：他們選擇免於被毀滅的命運——他們預見了自己同胞在西班牙人征服期間的遭遇。

朵：在歷史上，這種文明消失的事經常發生嗎？

菲：並非沒有先例，但它不是個常態事件。只有在文明發展到了某個程度，他們，作為一個整體，為了文明的生存，渴求這樣的「運送」，然後，是的，這樣的事就會發生。並不是說有任何法則說它必然會發生。然而，透過這些個體的渴望，為了保護他們覺

醒的層次以及成就，為了能讓他們更進一步的成長並保護他們的社會，他們會被給予這個機會。這是為了他們，也是為了他們周邊人的最佳利益。

朵：（我繼續詢問問題）當文明開始演進後，近來還有外星援助的其他例子嗎？

菲：在人類演化的現階段並沒有因直接接觸而使文明演進的事例，然而在本質上是相同的。在今天，這些是屬於心智過程或「通靈」的產物，如果你比較喜歡這麼說的話。許多想法被「傳輸」，雖然對創作者來說，它們是原創的產物。這些想法純粹是從內在意識層面轉換到外在的意識層面。

朵：所以，相較於過去他們直接出現在人類眼前，現在他們以心智溝通的方式進行。

菲：這算是正確的說法。在大多數情況下，因為資訊是汲取自個體的內在覺察層面，這就預先排除這類實質互動的必要性。

朵：這可以用來解釋為什麼不同的人會在同時從事同樣的發明嗎？

菲：沒錯。

朵：他們（指外星人）是怎麼做的？用某個特定的想法轟炸這個星球嗎？

菲：能量被導往這個星球，因此這個星球可以說是沐浴在這些能量裡。而對這個能量有回應的人——我們不會用「汲取」，這會造成錯誤印象。總之，他們……

朵：被啓發？

菲：這是個適切的措辭。他們受到啓發去創作並顯現這些想法，而創作便是基於或汲取自這些能量。

朵：這些外星人不認為這也是種影響嗎？

菲：人類不會這麼認知，因為他們大多不會察覺到它的來源……除非他們是高度靈性本質，並意識到這類概念的實相，比如內在層面和內在層面意識。

朵：那麼，這個星球是沉浸在她此刻所需的創意或發明的想法裡。誰都可以接收訊息。這樣一來，這便不是一股左右或影響的力量，因為他們並沒強迫任何人接受這些想法。

菲：沒錯。這個星球此刻沐浴在許多尚未被發掘的發明概念下，但它們還要先被內在層面意識汲取，而後才能顯現在物質和外在的實相。

或者我們所稱的「想像力」就是這股內在層面意識的一部份或另一個名稱。

朵：所以，他們假定有人會接收到這個心靈感應，或頻率，或想法什麼的。也就是說，地球上有某個人將與之共鳴。

菲：如果有人選擇接收，它就在那裡。這不是強行的命令。它純粹是自由的給予，只要某個人這麼選擇。你應該記得，這是個自由意志的星球。

朵：是的，這確實很合理。有個人某天會說，「啊，我有個很棒的想法。」然後開始思考該如何把概念組合。要不然這就不像是他們自己的主意，好似他們沒有貢獻似的。但在那小小的火花點燃之後，假使他們添加了些自己的創造力，一些創意，這就變成了他們的想法。如此一來，他們不會覺得自己像個傀儡或只是遵照他人的指示。

菲：沒錯。而且經由人類創作的過程，類似的能量可以依創作者的創造力，以非常不同的形式顯現。概念被給予，接著由個體決定要如何使用或是以哪種方式去運用。舉個例，鑽孔被運用在許多不同的形式。不論是鑿洞補蛀牙或鑽取石油都是同樣的概念。然而，個人的創造力使得概念得以被運用在多種不同的形式，而這個最初的概念或種子就是「鑽孔」。

朵：所以那個接收到概念的個體就自行推敲出運用概念的不同方法或機制。這些想法也是由外星人引導的嗎？

菲：你必須先了解外星人所含括的範圍。一般而言，他們被認知為來自其他星球的肉體或實體生物，這是正確的。然而，外星人還有很多不同的形式。有的是精神／靈體的形態，他們毫無疑問是來自其他星球，雖然不是實體，但本質上還是外星人。這些來自其他宇宙、銀河及行星的能量，其多樣的本質就如人類能量。他們都是外星存在體，同樣也是宇宙的一部分。因此，全部都是外星人，要不，就全都不是。宇宙能量就跟人類能量一樣，有著多種不同的形式。有那種很開心，無憂無慮的人類，也有非常嚴肅或陰鬱的。他們只是選擇用不同形式來表現自己的能量。從這方面來説，宇宙的所有能量都有其類同之處。在一個又一個的宇宙裡，存在著各式各樣的能量。

朵：我一直記錄的是那些幫助地球播種並看顧我們的外星人的故事。所以我很好奇人類的想法和得到的啓發與概念是否和他們有關？

菲：回答「是」多少算正確，因為各式各樣的能量都在這個共同計劃裡工作，那就是：提升地球的意識。有的能量在這個領域，有的在別方面，這其中也有許多不同的地球能量。能量的繁多就如人類。人有許多種，能量也是紛然雜陳。數量就不用説了，但就多樣性而言非常類似，不論是在能量或實體的形態。

朵：那麼，是什麼讓這一切，讓這些能量井然有序？如果有那麼多能量，是什麼告訴這些能量該做些什麼？

菲：這個宇宙的整體設計或計畫；綱要藍圖；巨大的宇宙規律；人類心中的「神」——即

是主宰這一切，使之井然有序的力量。

朵：他們知道在我們歷史上的每個時期分別該做些什麼？

菲：沒錯。而且總是非常適切。

第十七章　顯要招待區

通常當電梯門打開，菲爾並不會見到三尖塔，他反倒會看到其他景物。沒有任何確切的方法可以預測會發生什麼事。以下的催眠紀錄就是這樣的例子。

菲：這是保留給來自其他星球的顯要人物抵達時使用的地區。這是這個星球出境（他事實上說成「出清」）與入境的地方。我們眼前看到的是這個宇宙的這一區所認知的合一標誌。

我問他從催眠狀態醒來後，能否畫出這個標誌。他說會非常困難，因爲那不是一個二次元的圖像或設計，那是要在四次元才能感知。

朵：所以這個標誌比較像是頻率或振動？

菲：你這個說法很貼切。這的確會是我們使用的代名詞。這個標誌，就像一個住在這個星球的人會說的，它是對——翻譯成你們的語言——先進文明的聯邦，忠誠的象徵。那是各種族聯合組成的同盟，以促進靈性和道德的教育。

朵：我們為什麼會來到這裡？

菲：和我們這類能量合作，通常我們沒有什麼具體動機或理由。只因為要求給個例子，你就得到例子。會提供這個例子並沒有任何特別原因。

換句話說，我們永遠無法確定電梯會停在哪裡。

朵：你說他們入境和出境？這讓我想到車站和機場航站。是不是有點像那樣？

菲：這是一個迎接來自其他星球貴賓的歡迎區，他們在這裡依身份受到合宜的禮儀接待。抵達後，他們便前往訪問的地點。依其來訪的目的，由商業、政府或科學等機構分別接待。這就像貴賓到你們的首都華盛頓參觀不會是搭乘地下鐵抵達，你們的總統也不可能在地鐵或計程車邊歡迎一樣。一個位居元首之職的他國顯要，會受到更隆重壯觀的接待，就像以禮炮迎接和其他相關的典禮。這裡純粹是最適合迎接一群顯要抵達的地方。它有足夠的空間。

朵：這個區域設在某個特定的星球上嗎？

菲：就在這個星球上，是的。在這個星球的某地。宇宙其他地區對設置招待區的地點，也都是基於同樣考量。

朵：你不停的說「這個」星球，你並不是指地球吧？

菲：沒錯，不是地球。我們在表達時有些困難，因為我們是同時存在於兩個實相。我們會說明得更清楚些。

朵：我們現在所說的這個星球，你知道它位於何處嗎？

菲：如果你想像從上方看著你們的銀河系，由這個角度來看，你們的太陽系所在的旋臂會是位在下方，你左手邊的位置，有點前傾。那麼，這個行星就是在你的右肩後上方，向下俯瞰你們螺旋狀的星系呈順時針右轉。

這一段敘述對我來說，實在很難領會，但研究顯示，我們的銀河系確是由數支旋臂組成的螺旋狀星系。顯然地，這個星球位於我們銀河系的對面，座落在其中一個臂膀裡。

朵：這個被當成歡迎驛站的星球有任何特別之處嗎？

菲：它只是其中一個星球而已。每個星球都會輪流有個出入境的驛站。這個星球不位於這個區域的中心點。它只是許多不同星球裡的驛站之一。

朵：那麼所有屬於這個——我們該怎麼叫它，聯邦？還是什麼的這些星球，它們都有同樣的統合標誌？

菲：這會是最接近的詮釋了。

朵：那麼這些貴賓是到這些屬於聯盟或聯邦的星球旅行？

菲：沒錯。他們之間存在著互助與互信，不像你們，他們是最溫和的文明，不活在鄰居攻擊的恐懼裡，因為他們已經發展並演化到了超脫暴力及暴力意圖的境界。

朵：這是為什麼我們的地球尚未被納入這個聯盟的原因嗎？

菲：這個聯盟算是地方性的。就像是附近鄰居一起聯合組成個同盟。地球離這個區域很遠，不能算是它的鄰居。

朵：這多少有些像聯合國，不是嗎？

菲：從星球的層次來說，這是個很正確的類比。

朵：當那些顯要拜訪各個星球，他們都做些什麼？

菲：銀河的許多地區都有商業和交易行為，他們也慷慨共享科技的資訊。科學家們會旅行到其他星球，分享科學上的發現。這些種族也有政府體系，和你們星球上的某些政府形式差異不大，但比較像部落／自治政府，而不是你們的民主政府。

朵：聽起來他們的角色跟特使頗為類似。他們為自己的人民帶回資訊什麼的。但身為科學家，他們會比一般特使擁有更多知識。他們都共享所有的發明嗎？

菲：沒錯。他們在許多領域共同致力於文明的進展。

朵：我們希望地球也能如此，但是一扯到發明，總會有許多猜忌和提防。領導人只想自己的國家獨自擁有。

菲：地球人有一種追求利益的動機，在我提到的星系裡，這種動機並不存在。他們沒有擴張自我權力或財富的需要，所有發明都被認為是共享的資源。他們不會有個人得失的問題，因為根本沒有這種觀念。在地球上會看到的藏私、輕視、詆毀他人或同行相忌的情形都不存在。

朵：而這正是我們的問題——總要把每件事都當成秘密。尤其是在武器發展及防衛的相關知識上。那些外星族群並不需要這麼做，你是這個意思嗎？

菲：沒錯。他們沒有防禦工業。沒有競爭。在那個外星文明裡，完全沒有競爭的想法。

朵：那麼他們只考慮全體，思考每個人如何從他們的發明或發現獲益？

菲：沒錯。這些發明是為了讓所有人共享，也是基於這個想法完成的。

朵：對我們的星球來說，這可是個陌生的概念，因為人們對其他國家及人民感到恐懼。

菲：如果人類能以同理心對待他人，要實行這個想法就會容易多了。

朵：要能這麼想，我想人類還有一大段路要走呢。

菲：不會像你以為的那麼久，因為在你們的星球上，現在已經有很多人致力傳遞和實踐這個觀念。當其他人了解後，也會將共享的概念帶到他們的生命裡。

朵：我以為是外星人在試圖將這個觀念傳遞給地球人。你是這個意思嗎？

菲：傳遞這個想法的，不只外星人，也有地球人。那些帶著提升地球意識的意圖而轉世地球的人類和外星人，他們都在親身示範這些觀念。這些觀念不必解釋，只要實踐。

朵：但他們一到了地球，就會被捲入我們所說的無休止的追逐。每件事都跟競爭與謀生有關。因為他們必須要有金錢跟食物，不論他們想不想，為了生存，他們都得投入這場競爭。

菲：是的，對許多已投生為人類的外星人來說，發現自己陷在這個情況裡，確實令他們相當挫敗。然而，對這些要傳遞觀念給人類手足的外星靈魂而言，這也是一個可以強化他們信念的考驗。這有助他們融合想法，將概念做些必要的調整，使之與現行普遍的觀念整合，讓它們更容易被接受。試圖毀掉地球現有觀念，全面地改弦易轍並不可行。最好的方式是讓這些新觀念在舊想法裡發酵，再逐漸取而代之。許多人類由於競爭心切，以致於遺忘了對旁人的責任。他們投入所有的能量追求成功。追求成功是一個非常普遍且有力的觀念，尤其是在美國社會。

朵：那麼賺錢謀生並沒有什麼問題，只要你不被這個目標所奴役，想踩著別人往上爬就好了。

菲：沒錯。就如曾經說過多次的，任何事太過了，對全體並非好事。我們所說的例子也可以幫助這個媒介（菲爾）更進一步了解，為什麼他會發現自己有時候會陷在這類的情況。這會幫助他理解為什麼他總可以接受這些陌生概念。

朵：人類生活要遠離這些競爭實在太難了。

菲：我們可以將地球和宇宙其他星球的真實狀況做個比較。有些觀念並不是被許多星球共享。譬如，我們已指出，自我利益這個觀念和它所附帶的現象，比如貪婪，並不存在於這個宇宙裡的所有種族和社會。然而它也不是只屬地球獨有。

朵：我曾經好奇我們是不是唯一的害群之馬，你知道我的意思吧。這麼說來，地球並不是

唯一沒有進化到那個狀態的星球了？

菲：是的。因為有很多星球和你們一樣。若從你們所稱的「人權」角度來看，有的星球情況更糟。仍然有很多是野蠻、未開化，並存有奴隸制度和殘虐暴政。地球，絕不是星際市民裡的落後者。

朵：外星人也試著要幫助那些星球嗎？

菲：在某些例子裡，要幫助這些星球是不可能的。因為他們已經退化到相當的程度，以致於任何的努力與援助都會被視為干預，也會遭到敵視。因此，在這些情況下最好的作法，就是讓這些星球自行演化，直到適當時機，再開始為那些種族注入擴展的意識與覺察，就如現在對你們星球所做的。

朵：那麼他們最後還是會進化？

菲：希望如此。然而，在銀河過往的歷史紀錄中，也不是沒聽過星球徹底自我毀滅的例子；自我毀滅到星球實際上已不存在的程度。以地球的情況來說，如果發生核子浩劫，這是有時被預測可能發生的事，倘若真的發生，地球大概也不會炸碎，只是受到毀損。但星球被摧毀的例子確實發生過。我們不是沒聽過曾有星球自我毀滅，導致整個星球解體，成了散落宇宙間的碎片。這種全面性的毀滅使得這個種族沒有留下任何紀錄。

朵：但是這些存在體的靈魂還是活著的，不是嗎？即使是那樣的毀滅也無法摧毀靈魂。

菲：沒錯。但那個文明不會留下存在的具體證明，沒有任何可供回想的證據。

朵：那些狀態如此糟糕的文明也和我們地球一樣是被播種的嗎？

菲：可以這麼說：所有的生命從時間的最初到最終都曾被播種——以不同的形式。

朵：你之前告訴過我，通常生命不被允許自行演化。這是為什麼這些外星生物要在星球上播種，並引導生命演化的原因。這樣說正確嗎？

菲：這個說法不適用在所有的例子，它並不是完全正確。因為有的生命形式或文明並不需要像其他星球那麼多的監督。有的星球原本就有土生的生命形態。這跟——我們正在尋找字彙——所謂「本土生命體」有關。

朵：如果他們和地球一樣被播種，並被期待具有高尚的理想，他們怎麼會演變到如此負面的狀態？

菲：因為犯了許多和這個星球同樣的錯誤。這個星球（地球）不是那麼地特殊，它現在的歷程和其他星球曾面對的許多災禍是相同的。這不是我們會說尋常或常有的事。但我們也不會說罕見。然而，絕大多數的星球不必承受這般的演化進程。

朵：對我來說，星球演化和人類靈性/靈魂的演化一樣。我們曾有過其他的生命，曾經卑劣和自私，而我們必須超越這些負面性質。看來，星球也是一樣，只是在一個更大的規模。這個類比正確嗎？

菲：星球因為靈魂而演化，星球的演化純粹反映了靈性的進化。因為靈魂才是真正的實相，而物質（實體）只是映照了靈魂的深處。

朵：而棲身於軀體的靈魂們正是影響並引發物質界所發生事件的原因。就像是星球的意識？

菲：沒錯。

第十八章　其他形態的存在體

在這次催眠一開始，菲爾便提到三尖塔看起來不一樣了。

菲：電梯裡湧進明亮的白光。這次的三尖塔以一種我從未看過的獨特方式呈現。它們一向由高至矮排列，但現在看來，最矮的在中間，左右兩邊像是一般高。它們閃耀的方式也不同了。之前散發的是平均且明亮的白光，這一回則是閃爍不定。它們的光比之前亮了許多，卻是一閃一閃。它們的底部看來較寬，形狀多少有些不同。畫面彷彿會隨著載具（菲爾）的詮譯而變化，因此在這裡所看到的也不太一樣了。但不是地點改變，只是詮釋上的改變。

朵：你可以談一些不同的星球，帶我們探索外太空嗎？

菲：我們很樂意。我們非常願意以愛提供你們這些訊息，因為這資料已被保留許久，直到現在才能告訴你們。

朵：你先前曾提過，在我們宇宙裡的生命形態大多是人類或類人類特性。

菲：在這個宇宙的這個地區來說，這是正確的。許多類人類的生命形態散佈在宇宙裡。

朵：我很訝異我們和外星生物長得多少類似。

菲：從事實看來，你們和外星兄弟的相似處是多過相異處。

朵：你曾經說會給我更多關於其他形式的存在體以及他們生活方式的資料。並不一定是這個載具所居住過的星球，別的星球也可以。我對於居住在三次元實體行星的外星人很有興趣。關於這方面，你有什麼可以提供的資料嗎？

菲：宇宙有許多的實相。實相是個非常曖昧的詞，它含括了我們可能稱之的「真理」。我們給你的實相會包括物質／肉體和靈性／精神的各個面向。讓我們來談談你所謂的「實體」星球的存在層面。我們會說，在你們宇宙的這個區塊，有將近一萬種變異的肉體生命形態。其中之一是你們所稱的碳基物質生命。而這一種是你的觸覺感官可以接收到的，這就是你所謂的實體形式，是嗎？那麼，讓我告訴你，還有一些形式……讓我重新敘述，因為這裡在轉譯上明顯有差異。……我們會說，在你們定義為肉體或實體的形式裡，有許多特性是超越你們的感知能力。換句話說，有一些肉體感官是地球人所不具備的。為了清楚和完整描繪環繞在你周遭的實相，我們必須將這些特性也包括在內。瞭解嗎？

朵：瞭解。這沒問題，因為我喜歡動腦筋，探索新的事物。即使無法了解，我也享受挑戰的樂趣。光是想到那些跟我們人類運作不同的肉體生物或人，或不管你怎麼稱呼的生命，就是件有趣的事。

菲：沒錯。我們會試著將討論侷限在你們所熟悉的肉體特性之內。但是，再次重申，這種侷限並不恰當。

朵：沒關係。你不用限制。讓我們看看我們能瞭解多少吧。

菲：那就開始了。在你們自己的宇宙裡就有許多有趣的生物。現在，讓我們這麼說，請登上我們的太空船，一起到你們宇宙的另個部份遨遊，而這只是其中一部分。我們將開始啓程，出發到另一個遙遠的星球，一個非常非常遙遠的地方；一個你可能認知為你所知宇宙的邊陲。無論如何，這只是認知的問題，因為你們科技發展的限制之故。事實上，宇宙有太多太多超乎你能想像的事物。除了你描述的肉體生物外，還有許多可以探究的生命形態，而現在，我們朝向未曾開拓的領域邁進，朝著這片偏遠內地，或你們可能稱為的宇宙荒野前進。我們來到你們所知宇宙的最邊界。最後來到，以你們

的術語來說，一群中級的恆星體。如果這個載具擁有較多的天文知識和認識，我們給的描述就能更完整。然而，因為缺乏可用的術語，就讓我們這麼說吧，它比你們的太陽還要大，但以恆星而言，它並不算巨大。行星環繞這個太陽，由裡數來的第五個，散發出淺綠色的光。這個星球上就居住著我們所稱的肉體生物。但是，如果你嘗試用感官去感知他們，除了影子之外，你什麼也看不到。你的感官資源接收不到任何實體成份。由於你們視覺的敏銳度，你們的眼睛對光的敏感，你看到的會是一片漆黑，就像是黑影在你眼前。這純粹是因為居住在這些身體裡的靈魂能量所發出的光屬於紫外線光譜，所以你會看到陰影。如果你伸手觸碰，你感覺不到冷或熱，你只會感到「壓力」。就像有人捏或擠壓你的手指，這是我們以你們觸覺的肉體特性所能提供的最適切詮釋。

朵：他們的身體不是堅實的？

菲：不是你所感知的堅實，但他們事實上仍是三次元的物質和實體生物。當然，你們無法和這些生物溝通。因為你們與他們的語言，在概念上，根基於完全不同的基礎。就我們所知，沒有任何共通的性質。然而，愛與覺察是可以透過心靈感應溝通的。

朵：我在想，是不是我們的眼睛看不到他們，但如果去觸碰，就可以感覺到他們的身體。

不是這樣的嗎？

菲：如果光照越亮，他們看起來會越暗。

朵：他們有智力嗎？

菲：他們是高度發展的生物，算是工業化的社會，但他們和心靈感應結構的實相較為調和。地球人則習於身體和物質結構的實相。

朵：那他們居住的社區呢？我們看得見嗎？譬如說，有任何建築物嗎？

菲：你們有可能看見某些系統，因為有許多養份來自這個星球的資源，而這些養份是利用實體，一種非常明顯的傳輸工具運送。可以這麼說，你看得見建築物的所有鉛管和線路，但你看不到其他東西。彷彿這些管線是獨立存在，延伸到不知何處。

朵：但是如果有人走近，他們會感覺到這個建物嗎？

菲：如果是這個星球上的居民，他們會感知到完整的建物。但正確地說，它看來會是沒有任何東西存在，因為你們（人類）並沒有感知這類實相建物的感官。

朵：甚至連碰觸都感覺不到？

菲：沒錯。因為它是種心靈感應式的構造。對高度調和的人和感官而言，它是真實的，但對其他人，它就像隱形一樣。如果這些生物出現在地球環境，由於你們的振動非常濃

密，他們感知人類就如石頭和岩石般，就像你們看到一個由石頭做成的人一樣。這就是你們在他們眼裡的稠密。地球人是不同的振動，這對他們來說很有趣。你們需要制定或說出來的事，他們用心靈感應便可得知。譬如，你們開的車子必須有方向燈，好讓他人知道你何時要轉彎。你們必須有交通號誌和慢行的標示才不會撞成一團。所有這些你們視為理所當然的事，他們從來不需要，因為他們具有高度覺察力。就像全自動化。完全知曉。他們以精神力的方式旅行；只要心裡想著一個地點，他們就在那裡了。他們幾乎全靠心靈感應，因為他們沒有任何聲帶或發聲道。

朵：聽起來他們也沒有身體？

菲：他們有身體，但非常脆弱。他們的形體就像一陣煙般的輕緲。這就是他們身體細緻的程度，但他們有非常高度的心靈發展。

朵：就像是靈體？

菲：嗯，他們是靈體，但有很薄弱很脆弱的身體。你們也是靈體，但你們有厚實的身體。

朵：這很有意思，但你可不可以說一些比較——你說他們都是實體——可是你能不能描述些我眼睛可以看得見的？

菲：我們可以描述很多你可能會稱為「野獸」的外星生物，許多人如果看到，可能會受到

驚嚇，因為人類從未見過那樣的東西。你們會認為這種生物非常醜陋，但對那些見慣牠們的人來說，牠們就像你們的貓咪或小鸚鵡一樣平常。

朵：是的，但我想牠們並不具有我要尋找的智慧。

菲：沒錯。我們這裡說的是動物。

朵：我想我是對具有智慧的非類人類生物感到好奇。你說過，生命形態有多種變化。

菲：在我們所說的這個宇宙，許多生物具有和你們類似的身體。事實上，有好幾個星球，如果你們登陸的話，會發現當地的居民和你們幾乎一模一樣。事實上，你不能說他們不是人類，因為他們就是人類。人類不是地球獨有的物種。人類是一種肉體模型，這種模型在這個宇宙裡和環境類似地球的許多星球上都被成功地使用過，因為人類身體對這類環境適應良好。然而，也有許多類似你們人類身體的生物無法在地球生存。

朵：我想這些是你之前提過的。

菲：沒錯。你們的星球對他們也不陌生。有許多例子顯示，較高階的存有曾被允許以肉身顯現在這個星球，在你們的人群中行走而不被察覺。他們傳播訊息，並教導、啓蒙那些願意聆聽的人。但許多和他們接觸並有過談話的人類沒有將訊息銘記在心，因此這些努力與教導便遺失了。

朵：（笑）這是人類的特性：不去聆聽。——但我想探討的並不是類人類的生物，而是有身體，有智力的非人類。我想我要找的是……不必長得像我們的靈性生物。你瞭解我的意思嗎？就因為某些東西看來不同，舉止不同，也不需要奇怪或害怕。這是我想討論的概念。

菲：我們會說，有許多許多你們稱為非人類的生物所具有的智力，遠超乎人類所及。大腦構造是這個星球的靈魂能量和軀體間的轉譯器，如果靈魂能量所給予的生命概念無法轉譯，肉體會因缺乏營養死去。在宇宙裡有許多具有身體的存在體，他們對於純粹的能量有高度的調和力，他們不需要你們在地球上稱為「食物」的物質來維持生命。他們直接從你們可能稱之的星際或宇宙能量擷取養份。他們身體的分子細胞結構是高度的以太本質，透過靈魂的心智程序持續補添能量。支持你們人類身體的生命能量來自三餐的肉和蔬菜，但這並不表示生命能量不能自其他來源取得。以食物維生純粹是這個星球的習俗。只要適當的與能量調和，這個星球的人也可以完全透過心智/精神程序來維持生命力。只是你們已習慣了從食物攝取生命能量。這聽來合理嗎？只是因為你身體的細胞和有機體需要這個生命養份，因此你的器官已適應了透過消化過程來補充營養。

朵：要不然身體就會因飢餓而死。當然，可能會先渴死。

菲：就自然程序而言，這麼說是正確的。除非養份能以其他的方式供給。

朵：你曾經告訴我，有些靈魂已進化到不再需要身體的境界，他們是純粹的能量。但我想我要找的是有身體的非人類生物，只是身體形式或外觀和人類不同。

我決心就這個話題繼續詢問，直到得到我要的答案。我很確定在這浩瀚無邊的宇宙某處，一定有非類人類的生物存在。當然，菲爾的潛意識也有可能一直在監控，不讓他看到任何不快的景象。

菲：我們現在要描述的是一種非常精細複雜，具有高度社會化天性的生物，你可以將牠們的社會結構想成像你們星球上的蜜蜂族群般精緻。

朵：牠們是什麼樣子？

菲：以你們的推算來看，牠們的身高約有三呎，看起來是洋蔥狀，你可以試著想像一個洋蔥般的身體，在一個引力作用的環境下，較寬的部份朝向地面。牠們沒有你們所稱的「腳」，牠們有的是長在身體下半部，往下伸展的觸角。

朵：像是章魚或水螅？

菲：這麼說是正確的。這些生物也具有高度心靈感應的能力，牠們並沒有相當於地球人所稱的視力，牠們完全是透過心靈溝通。

朵：你說牠們是群居的生物。那牠們如何……

菲：（在我沒問完前，他便回答了我的問題）牠們由觸角吸取土地的養份和星球上的液體，直接進入你們所稱的皮膚的「毛孔」。

朵：牠們的顏色和洋蔥一樣嗎？

菲：若用你們的說法來翻譯，牠們有點灰。我們說過牠們沒有眼睛，如果你透過能量來感知，牠們看起來灰灰的，皮膚也很粗糙，這是因為最接近牠們的恆星的放射線所致。牠們最外層的皮膚因為適應放射線的緣故，變得相當粗糙。由於多數的輻射被這些外層表面吸收，放射線的能量得以無害地消散在四周的大氣。

朵：章魚的觸角上有小吸盤或氣孔，這些生物也一樣嗎？

菲：不是，因為牠們不需要吸住任何東西。牠們的氣孔非常非常小，用途有點像你們星球上的樹木、植物和蔬果的根莖系統。

朵：除了牠們可以拔起「根」，走動到別的地方。

菲：牠們不是靜態的生物，牠們總是在環境中四處移走。這裡的引力不像你們的星球，所以輕輕推動附肢，牠們看來就像是在飄動。牠們有七隻附肢，從身體……底部向四方伸展。（他似乎有困難找出正確的字句來形容。）

朵：這類生物如何繁殖？牠們有生殖的需要嗎？

菲：牠們是無性生殖，在繁殖過程中只要自行分裂就可以了。就像你們星球上的阿米巴變形蟲一樣。這是個非常自然的過程，每七年發生一次，不是你們七年的時間，而是以人類壽命周期來說，相當於七年。

朵：你說牠們是群居生物。牠們住在什麼樣的地方或哪類的構造物裡？

菲：牠們住的地方不是你們所形容的建物。因為牠們不需躲避自然環境。牠們對環境的適應力非常強，沒有建造結構物的需要，牠們生活在完全開放的空間裡。牠們沒有你們社會裡的佔有心態，也就不需任何建物。在這裡沒有獨佔獨享的觀念，大家分享一切，就像在蜂窩一樣。

朵：但牠們有相互陪伴的需要。

菲：沒錯，牠們在任何時刻都是全然的溝通。大家是一個整體。

朵：這些生物有天敵嗎？還是牠們與環境和諧共處？

菲：用天敵的說法並不正確。那裡並沒有像你們星球所描述的以牠們為食的掠食性動物。這裡是個非常和平的社會。牠們不是高度科技化的生物，但有高度發展的心智。覺察及溝通的心智形式是這個星球的特色。話說回來，這個星球有許多你們會稱為「死亡」的形式。這是自然法則控制生物數量的方法。

朵：要不然牠們就會一直分裂和繁殖下去。

菲：沒錯。牠們有一種能力，當死亡是必要時，牠們可以將自身投射到較高的存在層面，爾後物質身體會停止生物體的運作，並分解成當初組成的元素。在那個星球有種疾病，隨著牠們太陽星系的周期反覆發生。每當太陽排列成特定的直線，便會產生特別強烈的射線，這樣的射線是牠們無法承受和處理的。因而有些原本就很虛弱的生物會死於你們所謂的放射疾病下。

朵：你提到太陽時，用的是複數。在那裡不只一個太陽？

菲：沒錯。這個星球有三個對它產生直接影響的太陽。這三個太陽像是姐妹，環繞著彼此旋轉。在它們排成直線的特定階段，放射線強烈到令星球上的許多生物死亡。然而，這個情形在這星球是被慶祝的事，因為它代表了一個循環的頂點，以及另一個循環的開始。這類生物的存在就是為了精巧地學習和諧與循環的本質。

朵：牠們是那個星球上唯一具有智力的生命形態嗎？

菲：是的。因為牠們沒有抵禦任何生命形態的能力，如果真有其他生命形態出現的話。

朵：那麼，在這三個太陽的太陽系裡，還有類似這類的生命形式嗎？

菲：是的。有許多你可能將之等同於昆蟲和低等的生命形式。但牠們不存在於這個星球。有的星球上的生命完全由你們所稱的低等生命形態組成，比如昆蟲，再沒有比牠們更高等的生命形式了。就像你的星球一樣，這些昆蟲有不同的大小和各種獨特的類別。牠們的生態會保持一定的平衡，因為對這許多……你可能會說比你低等的生物而言，那個星球也是一個學習的場所。人類總以為自己是唯一有智慧的生物，這並不正確。有許多生物的智慧高於你們，也有低於你們的。

朵：你說的地方像是個昆蟲星球，完全由昆蟲組成。

菲：這是個正確的類比。

朵：牠們會進化到更高等的生命形態嗎？

菲：當然。因為這就是目的。透過獲得的知識以及在這些星球的工作經驗（working experience），牠們得到在其他星球以更高層級進化的機會。

朵：我是指生命形態。牠們會不會進化到另一種生命形態？

菲：如果不是在那個星球，或許吧。

朵：那麼唯一可以在那個星球生存的就是昆蟲類了？

菲：對這特定的星球而言，是的。但有些星球上的生命，是有可能從非常低等進化到非常高等的形式，也就是進化過程都在同一個星球上發生。進化的組合是無窮盡的，就像生命的多樣與變異，遠遠超過人類所能想像。

朵：但在某些星球，進化已經到了停滯的地步。

菲：那樣的進化層次對於要在那個星球學習的課程而言，是適當的。

我發現這樣的心智旅程非常有趣，我知道一定還有許多不同的可能性和變化是我們沒有涵蓋的。我要求日後還能就此主題討論。

菲：好的。我們很樂意與你分享我們所見的宇宙。我們也很享受帶你探索，就像剛才一樣。

朵：是的，因為我們還沒發展到可以搭乘太空船遨遊宇宙的階段。透過你，這會是個探索的方法。

菲：沒錯。「心智船」（mental ship）比任何物質所能建造出的運輸工具都更為優異。你只要允許這一切發生就行了。

朵：是的，因為我們人類對許多事都充滿好奇，尤其是外太空的事物。就算我們有太空船，還得花上漫長的時間飛行。

菲：沒錯。當看到這麼多人從未離開這個星球，只因為他們相信他們不行，真是件悲哀的事。地球上確實有人旅行到其他星球，帶回對其他存在實相和次元的了解。因此，你可能會發現科幻小說描繪的許多內容，事實上是真實的。（譯註：透過夢是方法之一）

朵：是的。而透過這些具娛樂效果的故事和觀念，人們在無形中吸收到智慧。

菲：沒錯。它們就像糖果的甜衣。因為我們想在此與你們分享的，就是真理與智慧。

回復清醒狀態的菲爾將記憶中的洋蔥生物畫了下來（見圖）。圖畫中，他包括了他認爲沒提到的氣孔。他很喜歡這次的經歷。他說過程中有一種非常愉悅，幾乎像是女性的能量傳來。我認爲這次傳遞資料的很可能是不同的能量，因爲他重複了以前提過的各樣生物。當然，如果這次的能量不是來自「議會」，他便不會知道我們已經討論過的內容。

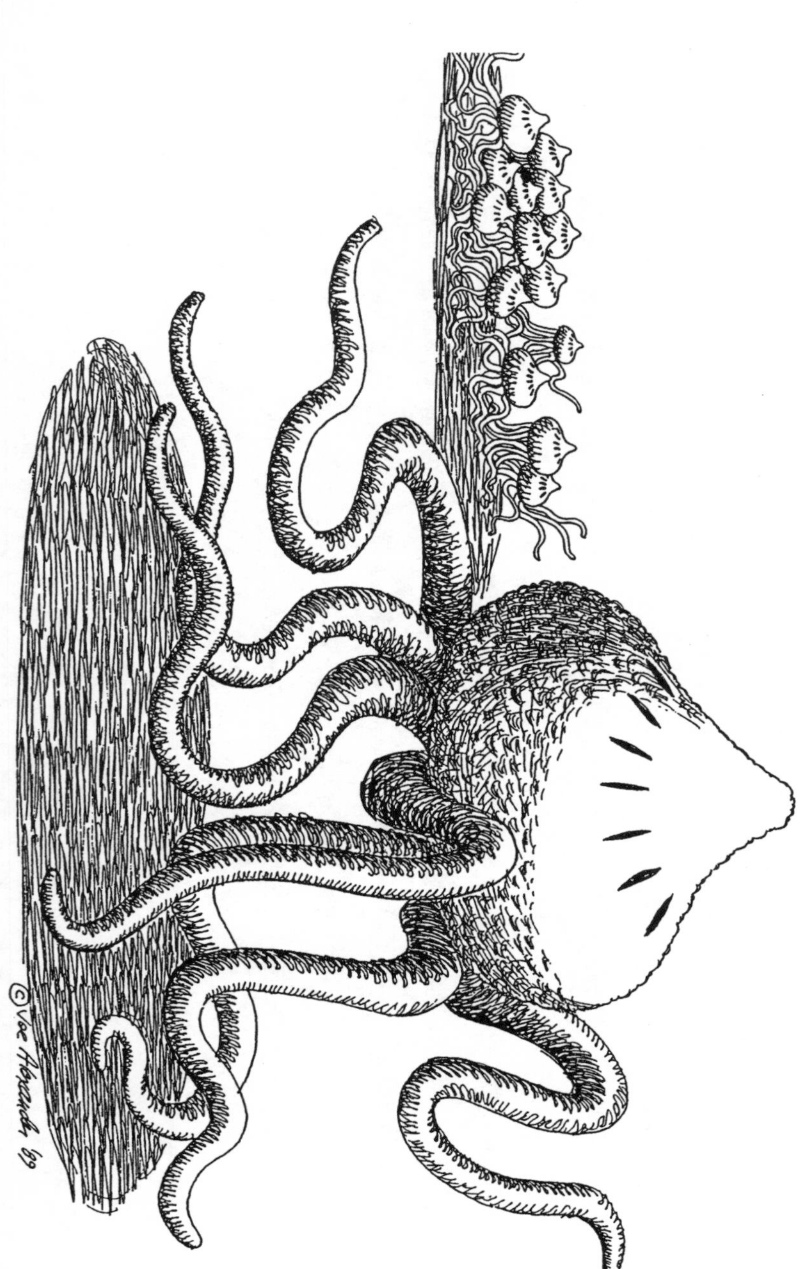

第十九章　外星人在此

朵：你有沒有什麼要補充的？

菲：我們要說，許多外星人曾被這個星球目睹或報導。他們坐太空船來到這裡。自從地球有生命以來，他們就來造訪了。

朵：他們和最早幫助地球播種的外星人是同一類嗎？

菲：不是同種族。但我們可以說他們具有相似的本質。我們現在所說的外星人算是新來的。

朵：為什麼他們還要一直來地球？

菲：有許多原因：來研究、調查，就是來看看這裡是怎麼回事。也有些在這裡有永久的基地。雖然一般大眾並沒察覺，然而某些地球人，以幫助地球為使命的人類，他們知道這些外星人的存在。

他們在地球有基地，這點讓我很訝異。

朵：他們認為在地球設立基地比往返方便？

菲：這麼說是正確的，是的。

朵：你可以告訴我基地在哪裡嗎？

菲：這不被允許。

朵：那麼，是在地球或月球？

菲：是在這個星球。這個星球的好幾個地方都有外星人基地或聚居之處。他們就在這裡，雖然許多……絕大多數的人類並沒察覺。

朵：但是他們的基地……我想外星人的基地應該很奇特，很難躲過人們的注意。還是說，那是我們可以看見卻一點也不會懷疑的？

菲：這些基地被隱藏得很好，它們並不明顯。因為如果在時機到來前，不慎被發現，對大家都沒好處。預防措施已做好，以確保這些地方的隱密性。

朵：我只是猜測，但我想它一定是在我們國家的偏僻地帶。

菲：不必然是在美國，但是是在這個星球的偏僻地帶。他們造訪這個國家是事實，但不見得只住在這個國家。他們的基地會遠離大量人口聚集的地方，這樣說是正確的。

朵：他們曾到過人口聚集的地區嗎？

菲：是的，沒錯。但多是人口較少，不那麼密集的城市，而不是你們所稱的大都會地區。這些造訪通常是突然、迅速而不被察覺。他們特別會在夜晚來訪，因為最不易被發現。

朵：如果他們的長相和人類很不同，只要來到人類聚居的地方，他們一下子就被認出來了。

菲：沒錯。但這些造訪具有一種特性，唯有和這些外星人的存在頻率調和的人類才能感知到他們。那些不知道外星生物存在的人，什麼都看不到。許多看過外星人的人類保持沉默，因為害怕被他人嘲笑或認為自己瘋了，有的人甚至害怕被報復。當然，他們所畏懼的原因絕不是來自這些外星訪客。

朵：外星人為什麼會到人群聚居的地方？

菲：來觀察、協助、取樣，純粹來瞭解。有許多的原因。

朵：如果他們來自其他星球，他們如何在我們的大氣層生存？

菲：因為這裡的氣層與他們的星系類似。他們本身也有調適力。他們可以改變系統，使之與所處環境的大氣調諧。因此這並不只是單純能適應地球的大氣層而已。

朵：可是在我們剛開始進行催眠的初期，你描述過其他星球生命，也提到有些外星人不能在地球上生存。

菲：是的，因為並不是所有的生物都和地球大氣相容。甚至在這個太陽系，某些大氣層被認為是酸雨性質，物質身體和這些氣層不相容。而那些認為地球不適合他們的外星人，自然不會來到這裡。

朵：你說有的外星人有探索和殖民地路線，但他們從沒到這麼遠的地方。

菲：自從這部份的宇宙有「人煙」以來，地球就不曾在他們的路線上。因為這個地區沒有任何活動可讓它稱得上是商業地段或路線。

朵：你也提過第四次元的生物。這些我們說「駕著飛碟來的人」是來自第四次元嗎？

菲：通常是的。這麼說是正確的。與其說他們是物質肉體，不如說是精神或能量形態，他們只是具化形成身體。然而，也是有具實體的外星人。在地球的外星基地便是三次元的具象基地。

朵：有些人說地心是空的，有的不明飛行物體就是來自地心，這是真的嗎？

菲：說你的星球是空心的，這是誤解。地球有堅硬的核心及流動的地幔，但不是成片大塊的實心地幔。然而，我們會說，確實有生物居住在你們星球的表面底下。事實上，是整個文明住在你們星球地表下。由於這個鄰近地區的能量令人不安，此刻我們不會多說什麼。

朵：什麼意思？

菲：你們現在所處的地理位置，事實上，有一群——我們會說「生物」——他們正準備來到地表。這些生物已經預備出現，但有些問題還沒解決。在許多不同層面上，諸如現身的適當性，現身的時間，以及應不應該現身都意見分歧。但這麼說是正確的：已經有些試驗性質的短暫現身。

朵：他們是肉體還是靈體形態的生物？

菲：跟你們一樣，兩者皆是。

朵：他們對我們的態度會是敵對還是友善？

菲：他們的本質是溫和的。比你們人類的發展來得高度社會化。然而，他們具保護性，一旦被攻擊，他們會自我防衛。如果你們這兩種社會結構相遇，在此刻來說，發生暴力相向的可能性很高。

朵：當他們現身地表時，如果我們看到他們，會一眼就認出不同，還是他們看來就跟一般人類一樣？

菲：他們和你們不同，這點沒有疑問。外表看來就不同。你只要看到他們，就知道他們跟人類不一樣。

朵：在哪方面？

菲：在此做出確實的描述會有反效果。一般而言，他們的體型屬於瘦或細長型。比一般人類高，膚色非常白，蒼白。

朵：曾經有人類進入地表下嗎？

菲：是的。曾經有探險家意外進入……你們會用「隧道」一詞，巧遇這些生物。當他們回到地表說出這樣的經歷，卻招來嘲笑，以為他們瘋了。與其說有關地底生物文明的知識是由這些無意接觸到的人所傳出，不如說是由真相的看管者，還有那些尋找真相的人。你們人類的形而上學團體就可被形容為「真相的尋覓者」。在你們圖書館裡的許多著作就寫著真相，文中記載這些地底文明，知識因此被共享，它不是來自直接經驗，而是來自對真相的渴求。有些知曉的人正協助啓蒙地表的人類，不只是協助他們接受地底生物存在的可能性，也幫助他們為未來的接觸做好準備。

朵：他們的文明怎麼會到地底下呢？

菲：當亞特蘭提斯發生大變動時，由於地殼移動，許多人透過地面的裂口遷居到地球內部。其中有些人帶著亞特蘭提斯的知識來到地下的洞穴生活。因此他們的本質並不野蠻，他們可說是你們的祖先，只是在當時移居到一個比較發展的……社會上來說，所謂的地區。

朵：當地球歸於平靜後，他們為什麼不回到地表？

菲：他們不需要地表的混亂和不和諧。他們在地表下的功課便是將人類智力及社會高度精緻化。

朵：你能告訴我這個文明座落在地底的何處嗎？

菲：地理上來說，有個地區的一部分位於你們的墨西哥灣區。這裡目前住著亞特蘭提斯人的後裔。還有另一個地方，接近你們的南極圈下面，那裡居住著本質上屬跨次元的生物。還有其他的。然而，由於地球將面臨的大變動，亞特蘭提斯類型在目前扮演較為重要的角色。

朵：百慕達三角洲是進入那個地區的入口嗎？

菲：不算是入口。但有些事在那底下進行。在那地區的現象純粹是地表下進行的活動的副

作用。

朵：所以這些神秘消失事件跟地表下進行的活動較有關聯，而不是和地表上或外太空？

菲：沒錯。

朵：他們為什麼要在現在現身？

菲：他們在上次大變動帶走的知識要在即將來臨的劇變派上用場。自上次的地軸變動後，這幾千年來他們的知識更為精進，這些知識將重現地表，幫助劇變後生存下來的人類重建文明。在即將來臨的災難中，他們會有許多人在意外和毀滅中喪生。然而，這完全是他們的選擇。

朵：我們可以和他們溝通嗎？

菲：只要你調諧到他們的層次，你現在就有可能和他們溝通。

朵：我曾讀過我們政府的某些成員很清楚這些其他文明的存在。這是真的嗎？

菲：是的。某些政府的外圍人士具有些影響力，但還沒有政府的官僚部門或單位處理這事。然而，有些在政府內受到敬重，發言被聆聽的人士，正在「傳佈消息」。

朵：我腦裡一直出現地底有個龐大文明的畫面。在我們星球內部有地方可以支撐這麼大的文明嗎？

菲：是的，雖然不是整個地球這麼大。和你們對空間的概念相比，它並不大，但已大到足以支撐和維繫一個文明。事實上，有全部的湖泊那麼大。

朵：先回到不明飛行物體的話題。你說人們有時候看到這些飛行物，但在地球人和外星人之間，曾有過任何實際或身體接觸嗎？

菲：如先前說過的，地球上有「信心的守護者」、「光的守護者」。以你的理解來說，艾賽尼教派（Essenes）就是「真理的守護者」。他們與耶穌合作，秘密且全心地保護訊息和光，直到適切的時間來到才會揭露。

我對艾賽尼教派很熟悉，因為我曾花上許多時間為我的書《耶穌與艾賽尼教派》（Jesus and the Essenes）收集資料。那本書的內文裡慎重地承認外星人曾經造訪以色列的昆蘭地區（Qumran），當時耶穌還是那裡的學生。所謂的「看護者」（指外星人）對艾賽尼教派費心保存古代知識，感到非常欣慰。

菲：目前也有地球人正在協助這項計劃。他們以一種低調、安靜、不引起周遭人注意的方式和外星人合作。有本身就是外星人身份的，也有協助任務的地球人類。

朵：我們聽過許多故事，像是汽車停在路中間，車上的人被帶到太空船上檢查。我們所說的外星人會做這樣的事嗎？

菲：沒錯。讓這類消息散播出去，至少有個很好的理由：以一種微妙、細緻的方式喚醒人類——這個星球除了你們，還有「別人」。這樣的事不可能做一次全面告知，因為會引起世界性的恐慌。

朵：我聽說當他們被帶到太空船時，外星人會使他們完全沒有反抗的能力，這是為了不讓他們因害怕而變得暴力或歇斯底里。這些人覺得心智好像被外星人控制了。

菲：沒錯。這純粹是將人類的注意力由身體轉移，集中到心智的層面。

朵：有些被外星人「綁架」的個案提到，他們對所發生的事完全沒有記憶，直到這類技巧（催眠）才使記憶浮現。

菲：沒錯。催眠只是將所經驗到的事，在潛意識層面進行消化理解後，再浮現到意識面。

朵：有些曾有過這種經驗的人說他們很害怕。他們以為自己身陷某種危險。

菲：沒錯。但這僅是他們的感知，事實並非如此。這點也顯示將這類經驗帶到一個非常細微層次的必要性（指隱藏在潛意識）。

朵：為什麼外星人要將他們帶到太空船上檢查？

菲：想知道地球環境如何影響人類身體，以及環境中的化學物質和元素如何滲入人類系統。

還有什麼比這個更自然的？爲什麼外星人不該持續關心我們的進展？他們不是打從地球有生命以來便看顧我們嗎？他們偶爾將人類帶到太空船上檢查，看看地球環境的改變和汙染是否使人類身體產生任何變化，這似乎是非常合理的想法。這些改變的資料很可能被回報到總部，在那裡，我們人類文明的發展持續被記錄並保存著。終於，外星人對人類所做的事有了合理解釋。

朵：這些外星人對我們的大氣層不斷增加的輻射有何想法？這會讓人類身體產生任何變異或抗體嗎？

菲：與其說我們察覺身體的新陳代謝有改變，不如說有個現象非常明顯。癌症正以驚人的比例增加。我們不想暗示癌症純粹是因為輻射之故，因為許多不同的化學物質滲入了人類系統也是原因之一。癌症是身體表達抗議的一種形式，表示人體無法消化所有不同化學物質的連串進攻。這是人類身體表達的方式，像是在說「我無法照單全收

了。」

朵：你認為在未來的世代，人體終會對此產生抗體嗎？

菲：我們要說，這些「東西」應被控制在一定的程度內，使身體不必做此表達。

朵：這樣很好。我能瞭解這些外星人是為我們好。但是，有沒有其他我們所稱的駕著飛碟或不明飛行物體的外星人會對人類有危險或造成威脅？人們總認為和外星人有關的事一定不好。他們害怕跟自己不同的東西。

菲：這是人類的認知。但我們並沒感知到任何有意傷害你們的企圖，因為傷害不是光體的本質。

朵：有些人說他們被太空船發出的光束擊中。我不知道這樣的敘述是否真實，但這是為什麼人們認為太空船危險的原因，因為這些光束。

菲：沒錯。這些光束的能量通常會讓臉起水泡或變紅，這是與外星人接觸的具體證據，因為如果有人去報告他與外星人接觸的事，卻沒有任何證明，這個經驗就大大失去了它的意義。但這裡也有對事實的誤解，因為這些水泡或紅色痕跡很快就會消失，它的傷害就跟在陽光下過久沒兩樣。

朵：所以你認為外星人是刻意這麼做的？

菲：在某些情形，是的。但在其他例子裡，人們只是正好來到他們的能量區。

朵：我也曾聽過有人看到飛碟出現在雷達站和電廠附近，好像他們有某些需要。有種假設是這些飛碟使用這些地方的電力。

菲：他們需要水，但不需要靠近雷達站和發電廠。這個假設明顯反映了人類的認知：這些生物或多或少具依賴性，就跟人類一樣；藉此將他們降為一種具依賴性的生物。事實是，外星人的電力來源遠超過人類此刻的能力，他們並不需仰賴地球能源。他們只是在研究這些設施。這也是一種展現，一個讓大家看到飛碟，卻不造成威脅的作法。

朵：他們想被看見？

菲：沒錯。這就是這些目擊事件的目的：帶來全球性的覺知，讓人類最終能接受並歡迎和擁抱這些生物。如此就不需秘密或暗中的會議和作業。一切都可公開進行。

朵：我有個強烈的感覺，有個宇宙的星際艦隊正觀察著我們。當他們覺得安全時，就會與我們接觸。

菲：如你所說的，確實有個艦隊。然而，我們不會選擇用這個字，因為在你們的文字脈絡中，在微妙的語意學上，艦隊暗示帶有戰爭性質的軍隊，而如你能想見，我們會是你們所知最不好戰的一群。我們的思想裡沒有傷害兩字，沒有不和諧，我們不需要也不

想要痛苦。我們只是一群這個宇宙遙遠深處所派遣來的委員，這個宇宙可被解釋為位於另一個宇宙的中間，因為（多個）宇宙重疊之故。有個代表團在你們星球附近建立了「社區」（community），提供人類這些資料及能量，只要你們要求就能獲得，只要渴望知識及真相，就會得到答案。我們在此即是為了提供這個能量給你的星球。我們懷抱著愛和服務的精神。因為我們來此的目的與耶穌一樣。

朵：許多人好奇，為什麼外星人不乾脆降落在白宮的草坪中央，這樣政府就可以和他們接觸。

菲：這麼做反而會引起緊張，導致反效果。事情必須要非常小心且細膩的進行。因為人類的心靈對不瞭解的事物不怎麼能包容。

朵：所以外星人就讓人類在不同的偏遠地方看到他們（指飛碟）？

菲：是的，這樣大家才會慢慢相信。人們可以自行決定相信或不相信。

朵：他們會不會有一天公開出現，讓所有的人都看見。

菲：沒錯。這是已經註定的事。這是計劃的一部份。至於時程，目前不能說，因為也不是完全知曉。然而，它的發生是不可避免的，因為這只是提升這個星球達到宇宙意識的進化過程中的一步而已。

朵：你認為他們會干預我們地球的事務嗎？

菲：說「干預」是不正確的，因為所有的目的都是為了協助。

我懷疑會不會有任何特定事件或原因，使得外星人公開出現在人類眼前。核戰的威脅是我想到的可能性之一。

菲：這會由人類事件所引領的路徑來決定。看是否有其必要。

我相信，如果他們曾照顧我們這麼長久的時間，他們不會讓我們炸掉自己的星球。如果我們眞走到了那個關口，他們總是會找出方法來阻止。

菲：如果人類選擇這麼做，那麼這就是人類的命運。無論如何，你們會有許多機會避免發生這樣的事。你們星球的能量被你們所注入的思想影響。你們星球的能量就是你們持續灌注的想法。那些已經被注入這個星球的負面、破壞性的思想模式，現在正受到較正面和建設性的能量挑戰。結果會由較佔優勢的能量掌控。

朵：這些正面力量從何而來？

菲：來自進行能量工作的人，就像你的團體，那些冥想並送上正面能量給地球能量庫的人；靈界的幫手也是這些正面能量的來源。

朵：然後到時候就看是由哪方勝出？

菲：沒錯。決定的時刻還未來臨。因此就時間點來說，能量仍然在改變。甚至極小的能量變動也能在決定結果的最終時刻，造成戲劇性的不同。

朵：曾有其他的星球經歷過這樣的發展過程嗎？

非：是的。

朵：我們到時怎麼知道結果會是如何？

菲：屆時會有訊息透過類似你們的團體傳遞，告知要採取什麼行動。甚至在我們說話的此刻，許多層次都在決定，假使某某情況發生，會有怎樣的行動計劃；防範未然的計劃，就如以往。目前並沒有任何既定的規則，因為有太多不確定性。一旦到了決定的時間且命運已定，就會提供一個適當的作法。

朵：一旦命運已定，我們有任何方法可以改變嗎？

菲：不能，已定就是已定。它是共同同意的結果。你們可以改變自己的命運，然而你不能

改變你們世界的命運。如果這個命運被大家共同拋棄，那當然，結果就會不同。

朵：我們現在談的是許多人所說的《聖經》裡善惡決戰的世界末日嗎？

菲：它並不是指單一的毀滅性事件或連續災難。當然，這整個情況，老舊方法的末日，是你們會稱之的世界末日。但這個詞彙只是單純用來描述死與生的過程，由陳舊到嶄新的變化。這個過程的負面面向被描述為世界末日。同樣重要的正面面向卻沒有詞彙來形容。「新時代」（New Age）一詞，在許多方面已被用來描述一切新生的時期。

朵：你是說「世界末日」只是象徵，它並不是個真實事件。

菲：它已經成為在改變期將經歷的一連串事件的代名詞，而非單獨或單一事件。

朵：有人曾告訴我，如果地球真要毀滅，外星人可能會介入並幫忙防止。他們可能會試圖阻止。

菲：我們會說——這完全是我們這個管道的意見——人類是有可能免除這種情形發生，如果人類這麼選擇的話，因為他們確實有此選項。

朵：我想到一個比喻，我不知道是否正確。對我來說，可以這麼比較：就像撫養孩子，你一直照料和看顧著他們，但一旦他們到了某個年紀，你就很難再去影響或強迫他們做任何事。這是個正確的類比嗎？

菲：這麼說很恰當。在你沒有察覺到的許多面向和層面來說，這個概念都非常適切。這是一個可以用在這個脈絡的類比。

朵：因為不論你多愛他們，多想幫他們或是讓他們停止自我傷害，當他們到了某個階段，你就再也無法控制他們了。

菲：但在心靈上限制他們還是可能的。即使這些孩子長成大人，家長也有可能強加自己的信念在孩子身上。然而，我們不會這麼做。

朵：所以，不論這些外星人多想幫我們，他們也因為我們所擁有的自由意志而受到限制。

我對於自己終於能理解這個概念並提出比喻感到驕傲。就像一道光束突破了烏雲。

菲：沒錯。自由意志是很嚴肅的事，不要小看它。它是個非常重要的概念；它是這個星球的實相基礎。

朵：那麼，自由意志可以凌駕或取代任何事。

菲：沒錯。因為它是這個存在實相的主要學習工具。

朵：我想我懂了，但我想確定我的瞭解是正確的。雖然外星人可以試著傳送想法和訊息來

幫助我們，但他們不能強迫我們接受。

菲：是的。人類的集體命運要由人類來決定。

朵：我認為如果外星人駕著飛碟降落在某些特定地方，對於預防地球悲劇的發生會有很大的幫助。

菲：這會很具爭議性，你也可以說這樣反會激發我們想避免的事。

朵：你為什麼這麼認為？

菲：這可能會使外星人變成——從人類認知的角度來看——侵略者，因而引發人類使用那些原想禁止和限制使用的武器，也因而引發爆炸。雖然攻擊的對象不同，但反而使原先想避免的核爆發生。

朵：如果事情真的如此發展，我相信外星人一定有反擊的能力。

菲：沒有反擊的需要。他們只要「不在」就行了。他們只要「非物質化」，消失到另一個存在領域即可。到時也可能會有人類武器無法使用的說法出現，但這些推測可以沒有止盡，而且在此時一點也不具意義。

朵：所以外星人的天性是非暴力的，他們甚至不會將自己置於那樣的狀況。

菲：他們不會讓自己陷入可能促發這類事件的情況。

朵：如果地球人肯聆聽的話，這些外星人會教導我們什麼？

菲：除了愛與瞭解，有許多課程是目前的人類無法理解的，因為宇宙意識尚未在此星球建立。一旦建立宇宙意識，許多與政治或政治聯盟相關的新觀念，還有許多和人類個人有關的概念型態，譬如說，社會裡的自我認知，都會被引入。

朵：如果這些外星人想涉入我們的政治，人們難道不會覺得這是種干預嗎？

菲：到時候這個星球的政治就不是目前所知的政治了，因為現在的政治並非宇宙共通。老舊的方式會頹壞，舊的紀錄會被清除。新的政治觀念會被迅速地接受。會有重新開啓的新頁。

朵：那麼他們會幫助我們設立一個不一樣的政府或……你會怎麼稱它？

菲：是的。他們會在這方面提供協助。它會是世界政府的一種型態。

朵：有些人會說這就是干預，因為改變了向來的作法。

菲：從老舊的行事模式和認知來看，這麼說是正確的。那些抗拒改變的人會覺得這是干預。然而，有充份證明顯示了老舊方法在人類歷史的錯誤與不可行。我們不用回顧以前的世紀，只要回顧前幾小時發生的事，就可以看到舊方法不可靠的證明。人類社會明顯需要一套新模式。這個最適合人類及地球的新方法將提供給你們。當舊的作法被移除，就會賦予新的作法。

朵：我認為要從那麼多不同的意見裡設立一個世界性的政府，會是非常困難的事。

菲：如先前所說，老舊模式會解體，新的方式會產生。到時將不會有陳舊方法的存在。

朵：但是人類已經試過聯合國和國際聯盟，而我們總是遇到障礙。

菲：沒錯。我們會說，要覺察也要小心，並保持開放的心胸。對那些要走進光裡的人，為了接受和擁抱新事物，他們必須要能將自己由老舊模式中抽離。因此，越是不執著於舊方法，越容易接受新事物。

朵：還是會有人抗拒啊！他們會認為生活方式被改變，這跟被敵人勢力統治或佔領沒兩樣。

菲：這就很不幸了，因為他們緊捉住老舊模式不放，而這個星球的歷史不會允許沉溺在這類想法。比起不那麼僵化的人，這些人將有段難熬的時期。這個星球的歷史傳承不會因這些人而遲滯。

朵：這就是為什麼我認為人們會相信外星人或外星生物是……不好的，因為他們想改變我們人類的作法。

菲：這純粹是這個星球的命運，外星人是在幫助地球。那些拒絕參與和接受改變的人，會比接受的人辛苦許多。

朵：假使有一大群人並不想接受或參與這樣的計劃，又會如何？

菲：那麼這一大群人會發現他們的處境煎熬。如早先提到的，命運不能被改變，就像一位即將臨盆的母親，不論她多麼不想，孩子還是會生下來。協助誕生要比抗拒來得容易許多。

朵：如果有人不想接受，外星人會因此和我們敵對嗎？

菲：這麼說不正確。因為他們一開始在這裡的目的便是為了協助、幫忙，以助產士的身份幫助此事。

朵：假設有足夠多的人類不想改變，可能會形成戰爭。

菲：這並不正確。因為他們不會逾越本份，強迫一大群人改變，他們不會要製造戰爭。努力是在很細微的層面默默進行。它將慢慢地發生。這是進化，不是革命。

朵：這樣說就清楚多了。我以為他們是要突然間改變所有的事，那就會有很多人抗拒了。

菲：改變不會是突如其來，這樣對協助人類自行決定接受改變與否並沒有益處。

朵：這些外星人會影響我們世界的領導者嗎？

菲：他們現在就正在影響。

朵：你認為外星人可以影響地球的領導者不要使用核武嗎？

菲：是的。確實有鼓勵他們不要訴諸這樣的方式。這樣的影響是以心靈感應的方式傳送。

朵：所以外星人並不需要出現，他們可以用精神或心靈的方式進行這些事……

菲：沒錯。這也是每個人類都具有的能力——不僅是外星人。

朵：我可以將你提供給我的這些資料告訴其他人嗎？

菲：當然，但有個約定，如果有人不願意相信，不要宣稱這是「真正」的真相。因為那人願意相信，才會認為是真相。如果他們準備好去接受，很好。不要企圖在違背他們的意願下，改變他們的信仰。我瞭解你不會要試圖影響其他人。我只是想強調，這些資料是為了那些想知道的人。那些不想知道或不想相信的人，不接受並沒有錯。他們只是尚未準備好接受。

朵：他們可能也不會瞭解。

菲：如果他們準備好了要接受，他們便會瞭解。讓他們自行判斷。有許多人可以瞭解，有更多的人將會瞭解。讓他們依自己的時間表尋找，因為當他們準備好的時候，他們便會探求並發現。這都是在你們每個人的目標裡。

朵：那麼我就將它記錄下來，讓他們自行決定接受與否。——嗯，你還有沒有什麼要跟我們說的？

菲：在此刻，這個星球最重要的事，以我所瞭解的，就是人類意識的提升。中東地區的戰爭是目前這個星球所處狀態的典型例子，而這並不單在中東，在南美洲，甚至你自己的國家，你自己的城市，都有這樣的事例，我們可以看見人類對彼此的冷默，完全不顧他人感受。這是最需要被注意的事。套用一句老話，要踏上旅程，必先跨出第一步。如果每個人都能踏出關心他人這一步，整個世界就跟著前行了。有時候，只要我們能以身作則，其他人自會跟隨。

如果菲爾眞是星辰之子（star child），那麼我會說，我們需要更多星辰之子來到我們的世界，人類社會非常需要他們溫和的本性。如果有足夠的新血滲入人類，或許暴力就能終止，而我們的世界終有和諧共處與和平的一日。

第二十章　夜晚的夢魘

這本書早該完成了。事實上，它是完成了。我將它整理後，寄給了一些出版商。依據寫作的規則，當故事有了結論，就是該結束的時候；畫蛇添足毫無助益，通常對整體氣氛也有漸降的反效果。但一九八七年發生的事，使我再度開啓菲爾的檔案。

本書內和地球播種有關的資料都來自一九八四和一九八五年期間。在此之後，菲爾繼續他的生活，並努力適應催眠引發的奇怪記憶。他將它們歸檔內心深處，不再多想。我則繼續和其他個案合作，撰寫其他書籍，同時也尋找那遠在天邊的出版商。

我在那兩年間成長許多。工作擴展了我的視野，即使聽到什麼古怪的事，除了好奇心仍不免被挑動外，再不會令我瞠目結舌。我以開放的態度和心胸接受任何發現。除了前世回溯的治療工作，我在一九八七年開始與MUFON（Mutual UFO Network，譯註：全球最大的幽浮研究組織）合作，針對疑似被不明飛行物綁架的案例進行研究。這項研究開啓了我工作上的全新視角。我的工作重心不再只是放在數百年前的某個前世事件引發的創傷，從而協助個案應用前世課題來解決今生的難題。現在，我必須處理發生在個案這一生的事件。這表示我必須改變催眠方法，也必須要應用不同的諮商技巧，因爲個案通常會有困難面對一些奇怪的事件；這是潛意識爲了保護他們而刻意隱埋的記憶。我當時正在收集被外星人綁架的個案資料，觀察他們的經驗是否有任何類似之處。這項工作和我一直從事的轉世催眠，分佔了我的時間。我的結論及假設將呈現在未來談論幽浮綁架案例的新書《監護人》（The Custodians）。

在一九八七年期間，包德霍普金（Budd Hopkins）和懷特利史崔伯（Whitley Strieber）分別出版了關於幽浮綁架事件的書籍，引起全國對這個主題的關切。在接下來的幾年，一些相關的後續事件陸續發酵。有的人在看過這些書之後，塵封多年的經歷突然浮出意識層面。或許這就是那些記憶當時被隱埋的目的之一；或許記憶呈現在社會大眾眼前的時機終於到來；或許這些記憶一直都很接近意識邊緣，只需要這個誘因來突破意識的管制。然而，這也有可能是極具技巧的精細計劃的一部份，比任何人所能理解的還要聰明。

因此，當這個情況發生在菲爾身上，我實在不該感到那麼訝異才對。畢竟，有誰是比他更適合與外星人接觸的人選？他可是名符其實的外星人，擁有好幾世外星生活的記憶。

一九八七年的某個晚上，我接到菲爾的電話，立刻知道有事情困擾著他。他說他剛看完《交流》這本書（Communion，中譯本偉誌出版社出版）。他覺得很有趣，但有兩件事令他困惑，它們好似喚醒了某個深藏的記憶，但他不知道到底是怎麼回事。在書中，史崔伯提到「個案看到做爲外星人『簾幕』的貓頭鷹」。我曾在自己的幽浮研究中接觸到同樣情況，我將之稱爲「裝飾的表層」。不論我們選擇如何稱呼，它們似乎是潛意識的一種保護屏障，一個阻隔的簾幕，用來隱藏眞正存在於那裡的東西。它也有可能是外星人使用的某種「螢幕保護措施」來保護個案免於驚嚇或不論什麼的方法。果眞如此，外星人便是非常擅於操控我們的心智。然而這些記憶開始浮現的事實，也證明了他們的技巧並不是那麼無懈可擊。當然，除非他們設定了有效時間或期限。

史崔伯也提到一種昆蟲般，像是螳螂的奇怪東西。書內的其它內容並沒有困擾菲爾或令他想起任何事。但書中這兩處（貓頭鷹和螳螂）喚起了菲爾數年前住在堪薩斯州的惡夢回憶。如今他懷疑那是否眞是一場夢。夢的記憶引發菲爾的好奇，他想進行催眠，看看究竟是怎麼回事。

我們安排了時間會面，一見面，菲爾便迫不及待地告訴我他所記得的夢中情節。那是在一九七七年，當時他住在堪薩斯州的勞倫斯市（Lawrence, Kansas）。那年他二十一歲，

事情發生在他離家去舊金山與姐姐同住之前，也就是他企圖自殺前的事。假使這些奇怪事件眞有任何連續性，或許這回我們終於可以將它們串聯。菲爾記得兩起個別事件，他不確定是否發生在同一個晚上，但他知道那是發生在他還住在堪薩斯的時候。

他剛看完電影，正在開車回家的路上。那是個愉快的傍晚。他看的是喜劇，劇中沒有任何恐怖畫面，自然也沒有觸發隨後的意外事件的前因。公路是窄小的兩線柏油路，晚上往來的車輛很少。當那隻大鳥猛然從黑暗中出現，菲爾嚇得急忙在車裡俯身規避。他推測那隻巨大的貓頭鷹是在找尋老鼠或死動物才滑掠到路上。牠低飛在路中央，當前照燈照到牠時，菲爾眼看就要撞個正著。由於事出突然，他著實被這罕見的情況嚇到。這個記憶是因《交流》書裡所提到的貓頭鷹而觸發。之後，菲爾回到家便入睡了。他認爲另一件事也是發生在同一個晚上，但記憶混沌，他並不是非常確定。

他記得大約是凌晨四點，他猛然驚醒，帶著一身冷汗和恐懼。他說他這生從沒這麼害怕過。他做了個夢，記憶仍相當鮮明，畫面栩栩如生。他試著告訴我夢的內容，我可以感覺到，即使在十年後的今天，這個夢仍然衝擊著他。

「首先，在夢裡，我，或我的靈魂，像是一團水銀或一滴水……一團什麼的。然後這個巨大的姆指從……某處下來，推了這團，還是一滴的，我知道是「我」的東西。我沒看到任何姆指，但我感受到很眞實的壓力，像是我的靈魂或靈體或之類的，被推出我的身體之外。就好像我是一團意識或知覺，支撐不住姆指的壓力而塌陷。它（姆指）慢慢下降，壓了下來，然後又回去。」

菲爾知道在夢裡還有更多的活動進行著，但他記不得其他的事，除了接下來的奇怪東西。這東西讓他聯想到像人一般大小的螳螂。令他驚恐的是，有個像偵測器的物件從螳螂的嘴部伸出，刺進他右邊的背部。當時他有痲痺的感覺。「我覺得我不能動，想動都動不了，但我知道我不應該動。我並不是反抗，因爲我知道我不會被傷害，但在夢裡我眞的是嚇壞了。」

我一直認爲螳螂是個有大眼睛、小臉和彎曲長腳的生物。但菲爾說不只如此。「我沒看到整個臉，只是大概的輪廓。它就像是一根棍子上插了個頭。它還有腳或附肢的東西伸過來。在夢裡很容易就將它認爲是螳螂。」當探測器進入他背部，菲爾感覺異樣，但不是痛。「那是種有東西刺進我的背的眞實感受，但我不感到痛。我覺得被侵犯，雖然這個感受是心理層面多過身體層面。這感覺很奇怪，是一種『不是我在控制，而是他們——這個，或不管什麼東西——在控制』。我並沒有抗議，但我是處在一個非常不自在的狀況。很難形容。如我說的，這已經是十年前的事了，我當時並沒有寫下來或記錄什麼的。我已

經很久沒想到這事了，直到那本書喚起了我的記憶。」

接著菲爾描述夢醒後的反應。「我醒來，以爲自己做了個惡夢。我從沒感到這麼恐懼過。我知道我被嚇壞了。我起身將房間裡所有的燈都打開。我不要有任何一處漆黑。我甚至連衣櫥的燈也開了。我開始禱告。我當時很想隔天一早便去鎮上找個神父談談，從此乖乖上教堂。我不是很宗教的人，但這似乎是當時我唯一能想到的。我只知道夢裡有個邪惡的東西令我害怕。……我想，我只是把它說成邪惡吧，因爲在夢裡，我並不這麼覺得。但那是我處理的方式，把它想成邪惡。那是個可怕的惡夢，我這輩子做過的最恐怖的夢。我從沒經歷那麼令我害怕的事。這些年來我提過這個夢，但我從不曾將它和任何眞實經驗或綁架聯想，直到《交流》這本書暗示了這個可能性。這也可能就只是一場惡夢，但它會是我想進一步探討的夢。」

菲爾也提到在那本書的最後，一群人討論彼此的經驗。有幾個人認爲這些經歷在一個特定時間內是不該記得的，就好像他們是被設定不要記得一樣。菲爾覺得這極有可能也是他的情形。如他分析的，如果他的夢是眞實的接觸，或許他那時並不該記得，因爲勢必會影響到他日後的生活，他將無法整合他的人生，因爲太不合常理。假使在當時要消化和理解那類經驗，也必然會造成相當的困擾。菲爾也覺得，如果這個夢是眞的事件，那麼想起

的時間已經到來。

史崔伯的小組也提到，他們有好幾個人在和幽浮接觸後，心靈能力變得敏銳。菲爾注意到自己也有同樣的情況。他的心靈覺察力在他企圖於加州自殺後，有非常顯著的提升。

如果這些飛碟綁架事件以夢的形式封藏在我們的潛意識裡，它顯示了外星人很懂得如何遮蔽眞實經驗，他們非常瞭解人類心靈的運作，比我們人類自己還要瞭解，但他們顯然並不完全明瞭我們可以透過催眠得知這些資料。有些我看過的書提到，他們確實很驚訝我們有能力發現——如果我們知道有東西在潛意識，也知道要尋找些什麼的話。他們並不知道我們可以用催眠方式得知，這點令他們困擾。我聽說過某些目擊飛碟或與飛碟有過接觸的案例裡，外星人使用其他方式確定這類接觸無法透過催眠揭露。這些方法的有效性就不得而知了。

我打開錄音機，準備開始記錄這次的催眠。我的主要目的是帶引菲爾回到惡夢當年，探究那令人不安的夢境究竟是怎麼回事。

雖然我們有兩年沒進行任何療程，催眠中使用的關鍵字仍然非常有效，好像這之間從未中斷過。菲爾很快進入了深度的催眠狀態，我們又再次回到熟悉的領域，只是這一次，我們是要探索發生在菲爾這一生的事件，而不是前世。這可以非常棘手。如果我們要潛入

到潛意識認爲危險的地帶，它會拒絕我們進入，不讓菲爾想起這些記憶。畢竟，保護個體，不使他接觸到它認爲有害的資料，是潛意識的工作。而我，身爲調查者，就是要讓潛意識相信一切都很安全，這些資料是被允許釋出的。這可不是簡單的差事；然而，探究心靈也從來不是件容易的事。

我引導菲爾回到一九七七年，當他還住在堪薩斯的時候。他立刻說出當時的地址，那是一個老舊屋子裡的一房公寓。他記起女房東的名字，提到自己的工作是在一家電器行修理飛機的無線電設備。

我帶引他回到看完電影，在返家路上遇到奇怪經歷的那晚。他立刻描述在十月的寒冷夜晚，獨自行駛在公路上的情景。突然間，一隻大貓頭鷹從漆黑中冒出，飛到路中央，直直地向著他的車俯衝。他被嚇到了，以爲就要撞上那隻貓頭鷹。

朵：這是當晚發生的唯一特別的事嗎？

菲：我認為還有其他的，但我……我感覺我被告知沒有其他事發生（像是突然瞭悟），我沒有看到貓頭鷹。我是「被告知」看到。

朵：你是說根本就沒有什麼貓頭鷹？

菲：沒有。我是被告知看到貓頭鷹的。或是說，被暗示有看到。

朵：這是什麼意思？被誰告知？

菲：我看到光。我瞥見閃光。在地上，公路的另一側。

朵：你認為是住家的燈光嗎？

菲：不，不是。它們是不同的顏色。看來像是霓虹燈，藍跟紅，很鮮豔很明亮的顏色。

朵：像聖誕樹的顏色？

菲：更鮮豔。它們好像是在我的右邊……在什麼樹或……我看得不是很清楚。它一閃一閃的。有光，有動靜。（口氣嚴肅）我感覺知道的時間到了。要記起的時間到了。

朵：怎麼了？

菲：我感覺某個東西告訴我轉到路邊……到右邊。那裡有條小石子路可通往樹林。我感覺我是被告知要開到路邊。（輕聲地說）這是不對的。開到路邊是不對的。

朵：怎麼說？

菲：我不知道。我不認為我想這麼做。我應該開到路邊，但我並不想。

朵：你開到路邊了嗎？

菲：沒有。我在路中間停下……因為路中央有光。那裡有光。（情緒激動）他們……將我攔下。就在公路中間。我很生氣。我感到氣憤。（語氣強烈）我不想。但他們還是做了。

朵：誰把你攔下？

菲：他們。是他們。

朵：他們是誰？

菲：我不知道。我不知道他們是誰。路上有光。我不得不停在公路中間。

朵：你當時認為是另一輛車嗎？

菲：不，我知道不是。我不想經歷這個。我還沒準備好。我認為我是……我想，但我還沒準備好。

朵：這是什麼意思？你曾有過這樣的經歷嗎？

菲：（停頓，然後輕聲地）是的。

朵：而你認為你想再次經驗嗎？還是……？

菲：我……（大嘆一口氣）我不知道。我不懂。

朵：可是你看到光，這點讓你很生氣？然後發生了什麼事？

菲：他們來到我的車邊……我不喜歡，因為他們在這裡。但我知道他們不會傷害我。我好像……沒有感覺了，我不是我了。我不知道自己是誰。我不知道我怎麼了。

朵：你能看到他們的長相嗎？

菲：我不確定。他們很小。我不知道我能不能看著他們。我不想看他們。但我可以感覺他們的手……在我身上。很冷……濕冷。我不懂他們為什麼要我。為什麼是我？為什麼是我？他們找我是有原因的。但他們很友善。我感受到他們的……愛。我不懂怎麼會這樣。他們很小，皮膚是灰色的。而且他們看起來像……禿頭，頭很大，手指很小。

朵：他們的臉呢？

菲：（停頓）我只看到很大的眼睛。但他們很像小孩，小小孩，很小的小孩。他們都抱……他們碰觸……他們的碰觸很令人安心。

朵：他們有很多人嗎？

菲：（停頓）我不確定。大概四或五個，我想。

朵：後來發生什麼事？

菲：我不能把車留在路中間。我告訴他們我不能。他們說沒關係。這很奇怪，因為我不想把車留在路中央，但他們說不會有問題，於是我就照做了。

通常在這類的案例，個案說他們自動開離主要公路，進入緲無人煙的地區，接著便發生了意想不到的事。在菲爾的例子，他拒絕駛入荒涼的路段，因此車子便停在路中央。在整個接觸過程中，這輛車呢？它不會導致交通阻塞嗎？或至少引起警方的注意？這些小人們說不會有問題。難道他們有辦法讓車子消失嗎？或是說，一個好玩的想法：這輛車被浮升在空中，不在往來車輛的視線裡？還是說，時間在事件中不知怎地暫停了，因此不管這車是在公路邊或公路中央都無關緊要了。這可以有許多的臆測。行經的駕駛人看到的會是什麼？他們會看到什麼嗎？我在研究幽浮綁架案例的《監護人》書裡，會就這個假設做進一步推論。

菲爾繼續描述。離開車子後，他被這些溫和具安撫力的生物引往鄉間小道。

菲：我們到了太空船。他們讓我自己走。但他們……當我走路時，他們握著我，觸碰我。他們透過觸摸撫慰我，好讓我安心。他們似乎不想放手。有點像是在指引我。我繼續走著。他們對我很好。

菲爾對這些小小人有種奇怪的熟悉感。他們對待他的方式就好像認識他一樣。這移除

了菲爾心中的恐懼。他有種奇妙的感覺，好像他是和一群朋友在一起。這一點令菲爾在試著分析整個情況時，感到困惑。

朵：他們有用語言交談嗎？

菲：不，用感覺多些。用情感。我就是知道。我可以感覺到。……有個入口通往艙門，門是開的。我們走進這個艙門。

朵：像樓梯？

菲：不，像斜坡道，沒有階梯。船艙裡彷佛充滿了光。有一條走廊。弧形的牆面延伸到天花板，順著船的輪廓彎曲。每個地方都是光。但……就都是光。他們好像在等誰，還是在找誰。我們在斜坡上方停了下來。有個人在走廊，在我右邊的走廊。他們好像在準備什麼。控制室在那裡……斜坡道的左邊。我可以看到窗户，但我不懂……我不懂這些裝置。

朵：你看到什麼是你可以描述的？

菲：像是把手的東西，在操作台上。

朵：還有其他的嗎？

菲：（停頓，像是在尋找）我不確定。我甚至不確定這一切是不是真的。

朵：沒關係。我們可以談談。

菲：那裡好像有個星圖。他們讓我看這個星圖。

朵：他們後來有帶你到控制室的那個房間嗎？

菲：與其說是房間，不如說是走廊一角。走廊可以通往那裡。

朵：嗯……讓我們回到……你說你們在等人？讓我們先看看怎麼回事。

菲：（嘆口大氣）我很害怕，因為我知道會發生什麼事。但我不想。

朵：這是什麼意思？你知道會發生什麼事？

菲：我知道他們要做什麼。我就是知道。我不喜歡將發生的事。我怕……（停頓）

菲爾顯然很畏縮，而且不願承認接下來的事。由於情況明顯地困擾他，我給菲爾不必參與其中的指令。他可以用抽離的旁觀者身份觀察，沒有任何情緒的投入與波動。他有這個選擇，如果他想的話。

朵：他們在等誰？

菲：（停頓）我想他們是在等我。（嘆氣）我想我決定趕快了事。我有些覺得自己不想讓他們失望。我挺喜歡他們的。他們是……好人。我喜歡他們給我的感覺。他們說不會有事，所以……我想我可以接受。

朵：你認為你有選擇嗎？

菲：我不知道。我不想知道。

朵：那麼，讓我們繼續，看看後來發生什麼事。接著你去了哪裡？

菲：走廊底的左邊。左邊數來第二扇門。白色的。裡面全是白色。

朵：你看到什麼嗎？

菲：是的。（停頓，然後激動地）它。我看到它。我不喜歡它。

朵：是什麼東西？

菲：我不知道。我不知道那是什麼。我不知道它是活的還是機器？但我不喜歡它。

朵：你能告訴我它看起來是什麼樣子嗎？也許我們可以知道它到底是什麼。

菲：它看起來像是我父親工作室裡的東西（菲爾的父親是個牙醫）。他有個用腳踏板操作的鑽孔機，他在軍隊裡就是用它在牙齒上鑽洞。那個東西有個舞動的手臂，尾端有個鑽頭。它讓我想起我父親的機器。它們很像。它也有個可以搖晃的手臂，還不只如

此。（不安）我不知道它是活的，還是只是個機器？我想它是活的。

朵：你為什麼認為它是活的？

菲：我不知道。但我不喜歡它的樣子。我不知道它是什麼。我不喜歡看著它。我不想看。

朵：如果你不想，你不必看。你可以只告訴我怎麼回事。

菲：我不知道。我不想看。我躺在手術檯。白色的……很冷。他們要求我躺下，他們告訴我躺下。他們就只是……我就是知道要躺在檯上。我是趴躺著，這個東西會進到我的背部。

朵：你感覺得到它嗎？

菲：是的。我知道這是我為什麼在這裡的原因了。取樣。

朵：哪種取樣？

菲：我不確定。但是是從我體內。它進入我右背。

朵：你覺得痛嗎？

菲：不，不痛。但我知道它在那裡。我可以感覺到。我不知道他們要什麼。為了什麼？

朵：你是什麼感覺？

菲：我可以感覺到它……但不痛，只是感覺不好。我不喜歡。

朵：有任何人跟你說他們在做什麼嗎？

菲：他們說不會有事的。不會有問題。不要擔心。他們需要取樣回去檢查。他們就說這麼多。

朵：我懷疑那是什麼樣本？

菲：我不知道。我不想知道……我不想這麼做。但我還是配合了。因為他們需要。

朵：但他們不告訴你為什麼需要？

菲：我沒問。我不想知道。

朵：你仍然有穿衣服嗎？

菲：沒有。在走廊就除去了。在進房間前。

朵：你對沒穿衣服感覺如何？

菲：這個沒困擾我。因為衣服……是髒的，受到污染，不能拿到室內。可以在船艙裡，但不是在這個房間。

朵：接下來呢？

菲：許多的愛。（停頓）他們對我的頭做了什麼。我不記得了。某種壓力機制，或某種……刺激。我不知道。是某種能量。（無法置信的語氣）他們移走了我的意識。不知怎

的，移走了。他們在向我展現如何將意識從身體移除，然後放在罐子裡。因此他們可以對你的身體做些事，而且……對你的意識不會造成傷害。無需擔憂。……我不知道怎麼會這樣。（這應該就是菲爾描述夢中的巨大手指將他推出身體的感覺）這感覺就像是「好了。你是在這裡。你不在那裡。」我仍然感受到壓力……在一個瓶罐裡。

朵：你感覺你是在瓶子裡？

菲：是的，我在瓶子裡。但我不知怎麼會這樣。

朵：你能看見你的身體嗎？

菲：是的……躺在手術檯上。那個東西將一根長銀針插進我的背，但我並沒有感覺。我不確定這是怎麼做到的。就像是身體有感覺，但意識沒有。身體記得這個感覺，但意識不記得。他們將身體與意識分離了。

朵：他們有再對身體做什麼嗎？

菲：銀針之後，他們用某種光清潔身體。用紫色的光照射。幾乎像是紫外線，用來移除病菌。接著是更多的測試。眼睛。舌頭。耳朵。許多探測、戳刺、檢查。在找什麼東西。我不知道是什麼。DNA嗎？使用……來使用……來使用DNA。

朵：他們為什麼要做那麼多的檢測來使用DNA？

此時菲爾的聲音從一個緊張害怕的年輕人變成呆板、沒感情的口吻。顯然他此刻選擇用通靈的方式找出資料。如此他也能抽離情境，保持客觀與冷靜。由於這樣較爲自在，菲爾停留在這個狀態好一會兒。我已習慣看到他這麼做，因此我很快就知道是怎麼回事。菲爾開始對這些實驗提出說明。

菲：檢查瑕疵。檢查異常、錯亂的地方。他們要的是最好的檢樣。用來繁衍。為了再臨（the second coming）。

朵：什麼意思？

菲：再臨。第二個伊甸園。第二次繁殖。全新的開始。

朵：在地球上？

菲：不，是在另一個地方。另一個地球。不同的地方。他們需要身體。他們需要在另一個星球繁衍的遺傳基因。注入想要的組合或DNA形式。在另一個星球居住。為那些在地軸變動後選擇移居的人預作準備，他們才會有較熟悉的環境。在大變動後，他們也會有跟現在很類似的身體。

朵：是有人跟你說這些？還是你可以接收到這些訊息？

菲：這些是知識，自由且公開的知識，只要是詢問的人都可以得知。這些知識不專屬任何人。對選擇接受的人，它一直存在。

朵：我以為你是從他們（外星人）的心裡收到這些資料。

菲：沒錯，因為他們知道自己的使命。他們是為別的星球的新載具（身體）取樣基因藍圖，為那些選擇轉世於那個星球的靈體提供新的身體。那個星球將不會有地球目前的汙染和混亂的環境。

朵：還有什麼是你可以告訴我的嗎？

菲：（停頓）某種檢查。刮取。

朵：刮哪裡？你是指你身體其他的地方嗎？

菲：是的。身體內部。不同的地方。因為不同的原因。取樣。

朵：他們怎麼處裡這些樣本？

菲：他們培養細菌。他們需要這些存在我們身體裡的生命形式的樣本，因為他們不想這些形式出現在別的星球。他們對這些樣本進行研究，決定什麼可以保留，什麼不行。

朵：你說的是我們身體裡的細菌，是在顯微鏡下才可以看見的微生物？

菲：是的。有些是好的，有些不是。

朵：嗯，我怎麼也想不到會是這樣。……所以當他們複製身體時，他們想確定它是盡可能的完美。

菲：是的。探測。化驗。檢查。測量。

朵：你能知道是誰告訴他們要這樣做的嗎？他們有任何指令或體制嗎？

菲：群體心智。心靈感應的意識。大家都是一體。

朵：但你說你有處在瓶子或某種容器內的感覺。

菲：沒錯。那是移除意識，因此覺知與肉體是分離的，用來減輕創傷。

朵：那麼當他們在進行這些戳、刺的時候，你就感覺不到了。

菲：沒錯。並不是不知道，而是感覺或多或少被移除了。

朵：你說的容器是實體的嗎？我並不知道我們可以將意識盛裝在某個東西裡。我以為意識跟精神相似，它們是不能被侷限的。你能對此加以說明嗎？

菲：這麼說挺正確的。意識純粹是能量的一種形式，因此它可以被容納在一個能量場內。也就是說，一個以適合的次元或能量元素所組成的容器。這個容器（能量場）有支撐的功能，它可以滋養生命能量並多少麻醉所經驗到的創痛。它不是一般三度空間的玻璃容器。然而，以類比的說法，它是一個容器。

朵：既然你的意識已被移除，整個狀況就不會那麼困擾你了。那麼，你能仔細地看看這些小人嗎？

菲：沒錯。

朵：你能向我描述嗎？

他現在很抽離，完全不帶任何情緒，因此可以用客觀的態度敘述。

菲：他們有很大的杏仁形狀的眼睛，有些朝上傾斜。灰色的皮膚，看來很粗糙，像皮革似的，但是他們的手很柔軟。他們的觸碰很溫柔，具有令人安心的撫慰作用，不像一開始感覺到的那麼冰冷。冰冷的感受是因為他們的外表，或者說，基於他們外觀的原因多過於真實和正確的感受。

朵：其他特徵呢？

菲：高起的顴骨。臉的輪廓像倒三角形，但不是非常明顯。

朵：有嘴或鼻子嗎？

菲：很薄的嘴；幾乎沒有嘴唇……但充滿慈悲和愛。他們的面貌有些冷漠和平淡，然而他們散發出強烈的光輝與愛。

朵：他們有耳朵嗎？

菲：就只是……洞而已。

朵：他們有穿任何形式的衣服嗎？

菲：是的，絕對是深藍色的制服……像是跳傘衣上有某種徽章。我不確定徽章的圖樣。

朵：這個徽章在哪裡？

菲：左胸。

朵：在制服上的比例顯得很大嗎？

菲：不。以我們的標準來說，很勻稱。

朵：你待會可以畫出這個徽章嗎？

菲：我不確定。它不是很容易形容。非常抽象。……應該可以。不容易，但可以做到。

我給菲爾下了指令：他會記得徽章的樣子，當從催眠中醒來後，他可以畫出來。如果沒有這個後催眠暗示，當菲爾一回到一般的意識狀態，細節便會煙消霧散。

醒來後，菲爾發現這個圖樣很難畫，因爲很抽象。他不是很滿意嘗試畫出來的圖，他說圖樣的設計有一種朝上動作的感覺。當他研究這個圖時，他很驚訝這個設計跟胎兒造型很像。我好奇這中間是否有任何關聯。

朵：他們每個人都有同樣的制服和徽章嗎？

菲：（停頓，好似在觀看）是的，所有我能看到的人。但我知道還有其他人。那個東西（螳螂）不同。它不一樣。

朵：好，現在你的意識已被移除，你可以很客觀的看待發生的事，你認為那個東西是什麼？

菲：我不知道。我從不曾，從不曾想過會看到這樣的東西。我不知道該怎麼想。（此刻不帶有任何情緒）它似乎是個活的機器。有生命的機器。正是如此！那就是了！它是活的……但它是個機器。我不知道它是什麼。

朵：它有意識嗎？

菲：不是我們有的覺察力。不是我們有的意志力。它不是個人格，但它是活的。它接收命令。它知道要做什麼，並且會去執行。它知道去哪裡。它知道要找些什麼。而當它找到時，它也會知道。

朵：它可以四處移動嗎？

菲：是的，它可以自行移動。我知道它是活的，因為它的確是。（再次出現強烈的反感）我不喜歡它。

朵：除了你看到的手臂外，它還有沒有其它附肢？

菲：我不知道。我不想太靠近看它。

朵：沒關係。你不用。你已經告訴我很多了。

菲：我感覺到的多過我看到的，因為我並不想看它。

朵：沒有問題。你不是一定要看它。你認為你以前接觸過這類東西嗎？還是這是第一次？

菲：（嘆氣）在其他的時間，其他的轉世接觸過。這一生是第一次。

通靈模式慢慢淡出，菲爾的潛意識開始進行說明。我很容易就看出其中的不同，因爲另一個對事物抽離，而且有獲得更多資料的管道，現在說話的就較爲情緒化而且人性。

朵：我會這麼問是因為你彷彿知道要面臨些什麼，而你不想進到這個太空船。

菲：我以前就知道他們是誰、是什麼，還有原因。

朵：那麼，接下來呢？你在船上很久嗎？

菲：不，不很久。很難說。沒有參考的時間。我被告知記得，然後遺忘。回家，忘掉。不要記得。

朵：他們告訴你以後會想起嗎？

菲：不，他們告訴我忘記。

朵：忘記所有的事？那麼你的意識還是分離的嗎？

菲：我不知道。我不知道我在哪裡。我不知道。

朵：你早先不是說他們在控制室給你看某樣東西？

菲：星位圖。他們向我指出新行星的位置。我們將去的地方。將去的地方。

朵：這是什麼意思？你的意思是，你最後要去的地方？

菲：是的。在肉體生命。三次元。這個身體。日後的旅行。和許多人。遷移。去新家。

（聽來愉悅）新的家。

朵：這個圖是在牆上？還是哪裡？

菲：不，是顯示出來的。三次元的全息圖。我不知道這個星球在哪裡。但我看得到。新的太陽。不同的太陽……不是新，是不同。不同的生命形態。

朵：你認為你可以畫出這個圖嗎？

菲：不。我一點都不懂這些。我不知道它在哪兒。不知道我們要去哪裡。為什麼？什麼時候？我都不知道。

朵：這個圖看起來像什麼？

菲：這些星球是……很小的球。光。不很清晰。我不知道。我不曾在太空裡。我分不清東南西北。

朵：那麼你沒辦法畫出任何圖或模型？

菲：他們知道。他們知道。他們指著圖對我說這是什麼，那些又是什麼什麼。我一點都不知道。我感到很無知。我真的這麼覺得。就好像我應該知道似的。很久以前我是知道的。很久很久以前。而現在，我……不知道。我不知道我該知道些什麼。……我為什麼該知道？

朵：所以他們就只是在某個像是全息圖的東西上，指著這些不同的星球。你是這個意思嗎？

菲：是三度空間的圖。它是平的，但你看到的比平面更多。事實上，它同時是兩者。奇怪。他們指著東西。對他們來説是很顯著的標的物。我不知道那是什麼。

朵：地球有在這個圖上嗎？他們有説到地球嗎？

菲：它是從地球延伸……前進。很遙遠。很長的距離。才不被……垃圾（trash）影響。

朵：垃圾？

菲：（語氣古怪）地球的垃圾。

朵：你這麼説是什麼意思？

菲：我不喜歡這個概念。很多人無法生還。地球經歷重大的變化。我早就知道。我不喜歡這個想法。

朵：你説過，他們告訴你，在某個時候他們會來帶你走？

菲：許多人。許多人會適合（被帶走）。那些沒被帶走的，就蒸發（transpire）……死亡（expire）。透過靈性新生的過程。其他的被送到新世界。開始新生活。創造新的世界。

如果比較蒸發\散發（transpire）和死亡\斷氣（expire）的定義，你會發現很有趣。斷氣表示：呼吸最後一口氣；死亡。結束；終結。蒸發\散發表示：引起水氣、濕氣等排出組織或其他滲透性的物質，尤其是透過皮膚的毛孔。這意味著到時會發生的事嗎？如果是的話，聽來像是廣島原子彈受害者的情況，當時他們的身體脫水死亡。當然也可能有別的適當解釋。

朵：他們為什麼要做這些不同的測驗？

菲：測驗。樣本。因為要繁衍身體。會有其他人來。需要新的身體。有些人不會生還；因此需要新身體。

朵：你認為曾有這樣經歷的人（指被外星人採樣）都會去那個地方嗎？

菲：不會。有些人不想。

這是個奇怪的概念，但聽來像是外星人知道我們的地球將發生事情，因此他們預先準備好另一個星球以備遷徙。有的人類將在肉身中被帶往這個新世界居住。其他人顯然會死在這裡，但他們的靈魂可以旅行到新世界，如果他們想的話，他們可以投胎到類似地球時的肉體。這眞是一個奇異又令人驚畏的想法。這會是外星人綁架人類，進行實驗的背後動機嗎？他們不僅分析、觀察人類的演化，以及人體對疾病和環境影響的反應，他們也在持續追求完美的人類品種。這是在隕石撞擊「花園」（地球）時，被滲入的「雜草」所破壞

的原始計劃。「雜草」粉碎了他們當時想創造一個沒有缺陷和疾病的完美世界的希望。當人類適應了環境，他們不得不接受這種較不完美的發展結果；但看來，他們似乎沒有放棄為人類創造烏托邦，創造第二個伊甸園的夢想。這個概念很奇特，但是和這個計劃有關的每件事，對我的心智來說，也都曾是陌生和獨特的。

朵：那麼，你在那個有全息圖的房間裡還看到什麼嗎？

菲：（驚訝的語氣）一個留言。來自……某人的留言。某個人。……留給我的。留給我的信息。

朵：什麼意思？

菲：我不知道。（他的語氣激動且興奮）那裡有給我的信息。來自某人……我認識的人。（他的聲音在顫抖）一個小的、方形的盒子……來自很久很久以前。是一個提醒。（強調的口吻）來自很久以前的我。給我自己，讓我能記得。記得我的目的。（輕柔地）對了，就是這樣。是我留給自己的信息。但來自很久很久以前。在不同的世界。不同的生命。

錄音帶裡，他傳來的聲音語調仍令我打了寒顫。但我在當時顯然沒受到太大影響，因為我的語氣聽來還是很鎮靜。

朵：你在看的是書寫的訊息嗎？還是其他形式？

菲：超乎我所能理解的形式。但它就是在那裡。我認出來了。我記得它。（他的聲音明顯地哀傷）是我自己做的。（停頓）這些人是朋友。

朵：你之前說你有個感覺，還有其他人在船上。

菲：是的。其他人。在船的其他地方。

朵：我很好奇你是否能看到這個太空船是怎麼操作的？

菲：我完全不知道。我一點想法也沒有。難倒我了。我不想知道。

朵：在房間裡還有沒有什麼是你可以描述的？

菲：窗户。把手。光。某種儀表盤。我從沒見過這樣的東西。我不知道是什麼。我甚至不知道這是不是真的。我向上帝發誓，我從沒見過這類東西。我不知道它是什麼。

朵：這個房間的光跟其他的光一樣嗎？

菲：是的。到處都一樣。只是光源不是來自任何地方。它就是在那裡。

朵：地板呢？是用任何特別的材質做的嗎？

菲：很堅硬。灰色的。像是有很多小孔。天啊！……我希望這船不是活的。（他的聲音變得驚恐）我不知道。它是活的嗎？

朵：我不知道。你是什麼意思？

菲：它是活的嗎？也許這船是有生命的。我不知道。那個像螳螂的東西是活的。也許他們的機器都是活的（他顯得非常害怕）。

朵：也許只是一種我們不瞭解的材質。

菲：（他越來越焦躁）我不知道。我不想知道。我不想知道。

朵：（我試著安撫他）沒關係。如果你不想的話，你不用知道。

菲：我不想知道。

朵：好的。（我企圖改變話題，轉移他的注意力。）他們有給你看其他東西嗎？

菲：（嘆口大氣）有好多問題。我不知道。我想知道，但我又不想知道。

朵：我能瞭解。是有點讓人無法負荷。

菲：我怕去發現。有些事我不想知道，因為我知道我就是不想知道。

朵：沒有關係。你不用知道。你只需要知道你能承受的，那就是你所需要知道的了。那麼，你最後有離開太空船嗎？

菲：我不記得了。我不知道怎麼離開的。不知道什麼時候。「時間到了，該走了。」有人說。我最後知道的是一道閃光或亮光什麼的，這就是我最後知道的事。

朵：一道閃光或亮光？你是指什麼？

菲：我不知道。就是某種火花或亮光。「時間到了」。然後閃光。我不知道怎麼回事。

朵：然後你人在哪裡？

菲：我不知道。我不記得。我不想知道。

朵：好。沒關係。你回到了車上嗎？

菲：我不知道。不知道在哪裡。不記得。我醒來了。下一件事，就是醒來。一場惡夢。惡夢。很糟糕的夢。真的很糟。

朵：而你不記得你是怎麼回到家的？

菲：不記得。不想知道。不想知道。

朵：沒關係。所以你就只是記得你做了個惡夢。

菲：惡夢。

朵：好。但你認為這個經驗是你有過的唯一一次嗎？

菲：我不想知道。我不想。我不想知道。

朵：好。沒關係。你不用知道。你表現得非常好。

我已準備好要將他帶回意識層面，但他打斷我。

菲：信息。記得。

朵：你到底該要記得些什麼？

菲：記得。信息。記得。記得。這是關鍵。要記得。

朵：什麼意思？

菲：我不知道。

朵：你認為他們想要你記得那個信息，然後忘掉其他的嗎？

菲：會有更多的事。記得。會有更多。記得嗎？

朵：什麼意思？

菲：記得。會有更多。更多。更多。

朵：訊息嗎？還是什麼？

菲：好玩的。

朵：更多好玩的？你是這麼說的嗎？

菲：這是他們說的。這不是我說的。

朵：（大笑）你認為他們是什麼意思？

菲：（嘆口大氣，然後輕聲地說）我知道。還會有更多事情。

朵：好的。我認為你做得很好。我真的很謝謝你與我分享這些。

我給菲爾下了感覺良好的指令，因此催眠過程中的經歷並不會困擾或造成他的不安，隨後我將他帶離出神狀態。他坐起身，開始討論殘留在記憶中的影像片斷。我向來鼓勵我的個案這麼做，因爲我知道這些影像會很快地消散；就像醒來後，我們只會記得夢的片段殘影一樣。

朵：那麼你不認為你真的看到了貓頭鷹？

菲：我不知道我為什麼會那麼想。你問我真看到了嗎？我覺得並不是那麼回事。

朵：但它觸發了所有的經歷，不是嗎？

菲：不是，那是屏障。它掩蓋了全部的事。它置放了一個焦點。我不知道為什麼它重要，但它讓意識心有個焦點可以集中，而非一片空白。它提供了一個中性的東西去聚焦。某個無害，不具威脅性的東西。

朵：這麼說吧，它是某個在你的世界裡很平常的東西。雖然一個貓頭鷹向車子俯衝也是挺奇怪的。

菲：牠不是俯衝。牠就是直直的沿著路飛行。真把我嚇壞了。

朵：那麼牠讓你可以聚焦在牠身上，而不是聚焦在稍後發生的事。你記得那晚有回到家嗎？

菲：我不記得有或沒有。我現在不記得了。

朵：當然，那是十年前的事了。但是除了這個奇怪的夢以外，你不記得其他的了？

菲：不，我現在記得了。感覺有一點點熟悉。它現在感覺起來像是回憶，而不是新的經驗。

朵：這是處理它的最好方式，當成回憶，這樣它就不會困擾你。我不知道你是否還有類似的經驗，或這是唯一的一個？

菲：我不知道。我不覺得我現在想知道更多。至少不是現階段。暫時不想。

朵：你一度很生氣。似乎是因為你知道他們要對你做些什麼。

菲：是的。我確實知道。

朵：你怎麼知道？

菲：我不知道怎麼知道的。我就是知道。我猜想我很氣是因為我不想我的小小世界被改變。我已經花了二十一年去理解我到底活在哪個現實，然後一切都要被改變。我並不想這樣。

朵：這是你為什麼氣憤的原因。

菲：是的，我不想改變我的現實世界。

朵：但你多少知道他們要做些什麼。

菲：我想我是知道的。但我不知道我是之前就知道還是⋯⋯也許他們在心裡告訴我。但我直覺上知道是怎麼回事。我幾乎有這樣的感覺，「不是現在，太快了。我不想現在就做。」就好像我在某個層面多少知道要發生什麼事，但我並不覺得自己準備好了。我很生氣，因為我好不容易才確認我的現實。我已經花了很多時間來理解人生究竟是怎麼回事，我不想改變現狀。——我記得在螳螂之後，在那個手術或什麼之後，我來到控制室。他們好像在說，「好，工作結束了。你現在可以放輕鬆了。」而我卻根本不確定這整艘船是不是活的。機器和活生生的人之間沒有分別。我已經失去感知現實的能力，而我無法感知這兩者的差別。怎麼會有活的機器呢？然後我想，「管它的，可能這整個太空船都是活的。」這讓我緊張起來。我越來越害怕。我以為這東西可能……這船知道我正站在它的上面。它可能知道我正站在它上面。

朵：我懂你的意思。這會讓人毛骨悚然。

菲：那是個很不舒服的感覺。我不知道它是不是活的，但我知道有那麼一刻，這樣的想法真的令我不安。

這次的經歷似乎很困擾菲爾。即使經過了一個小時的討論，在道別時，他依然顯得焦躁。菲爾很難接受這次催眠所挖掘出的概念，他顯然在許多層面上也有困難分析。我並不認爲他會想再嘗試這類的探究。這次揭露的訊息比以往都令他困擾。我幾乎寧願我們沒有碰觸到這些資料，雖然是他要這麼做。我感覺他會想就此打住，不再接觸這類主題。但我錯了。他的好奇心強過了他的抗拒和反感。

第二十一章　發現更早的接觸

由於上次的療程很困擾菲爾，我被動的等候他聯絡。我心想，如果他要繼續探討飛碟事件，他自然會找我。但我眞的不認爲他會想這麼做。一周後，他打電話給我，說他作了些奇怪的夢，他懷疑這些夢是否跟上次的催眠有關。或許我們多少觸動了他潛意識的某些東西。

我們安排了時間會面。在他敘述夢境時，我打開錄音機記錄。菲爾認爲所有的夢都發生在同一個時間很詭異。他會在半夜三點醒來，腦裡清晰地嵌印著夢境。「有時在作完這些奇怪的夢，我會毫無理由的醒來。他回憶，「而每當我看時間，總是指著三點。這個時間似乎有某種特殊意義。」有個夢和他的母親及他們五個孩子有關（他父母在他年幼時便已分居）。夢裡的他和兄弟姐妹都還是小孩。他們在車上，正行經某個城市。下一個畫面就是他躺在一個像是醫院的推床還是小兒床的床架上。他們全家人都在同一個房間，也都在推床上，但完全沒有任何意識。

菲：我在跟一位女性說話。我感覺他們正在做的事對我非常危險，但我並不怕他們。這感覺很複雜，很難形容。像是某層面的我覺得自己有危險，但另個層面的我對他們並不感到害怕，因為我清楚他們不會傷害我。這裡有些矛盾，但你知道，在夢裡很容易有這種感覺。這個女人說他們在收成卵子——我或者是從對話中得到這個印象——他們從我姐妹們身上取下卵子。我也從對話中知道，他們從我身上取了些東西，是我有的一半。她告訴我不會痛，而我問她，如果以後我想要有孩子呢？她什麼也沒說。然後下一件我所能記得的事，就是我又看到了那個像螳螂般的東西。

這是菲爾對這個夢的全部記憶。他接著敘述了其他三個怪夢，但我不認爲它們跟幽浮或外星人的眞實接觸有關。我同意在這次的療程中一一探索。菲爾認爲這些夢很重要，因爲它們發生在上次催眠之後，而且跟他平常的夢又很不同。通常在開始了這類內心深層的探索，通往過去的門一經開啓，記憶便會穿越意識的阻礙，以夢的形式浮現。

我一直在研究幽浮綁架的案例，注意到其中有種慣性模式。許多不同的個案認爲他們

所經歷的是獨立的個別事件，然而在催眠探究下，往往發現他們在孩童時期便有類同的經驗。爲了某些原因，青春期特別重要，許多人在催眠中陳述發生在那段時期的事，然而，這些事件在他們的日常記憶中卻被封鎖。當我爲這次的催眠進行準備工作時，我很希望能發掘出菲爾在年輕時可能有的其他幽浮接觸。也許這會跟上次療程後他所做的夢有關。但我也希望不要再觸碰到像上次那樣，當通往他生命的隱密之門初次開啓後，深度困擾他的事件。

我使用關鍵字和我們平常的催眠程序。每當電梯門打開，我從不知道菲爾會看到什麼，但我總能從迎面而來的場景切入。這一次，菲爾看到的不是三塔或其他熟悉的地點，而是他童年時的畫面。在沒有任何指令下，菲爾已經回到他更早與外星人的接觸時點。就好像他的潛意識認爲記得的時間已到，選擇了這件事讓他回顧。

當時是一九六五年的某個白日，十歲大的菲爾站在家裡後方的草地，看著一個奇怪物體。樹林將他和房子及公路遮蔽，因此沒有其他人看得見。他形容那個東西的形狀像個鈴鐺，是鐘狀形的物體，上方呈圓形，底部較寬，比鈴鐺來得矮胖。它大約有三十到四十呎寬，發出白色的光芒，下方有腳支撐。

朵：你在那裡做什麼？

菲：我在說話……跟他們說話。

他的聲音像個孩子。他顯然是在重新經歷這個事件。當這類情形發生，我對待個案和說話的方式都必須像是對小孩一樣。

朵：跟誰說話？

菲：跟裡面的人。他們在跟我說事情。他們站在太空船的斜坡道上。我在外邊地上。

朵：他們長得如何？

菲：他們矮矮的，頭很大，灰色的皮膚。但他們真的很好。事實上很可愛，充滿著愛。

朵：你說他們在跟你說事情？

菲：對，跟我說我的事情。我要做的事。我應該做的事。我將要做的事。還有為什麼。我未來的事。

朵：他們跟你說話嗎？

菲：不是，但我知道他們在說些什麼。他們對我用「想」的。他們說我在這裡是因為一個重大的原因，一個重要的使命。而發生在我生命中的事，是要幫助我完成那個使命，那個目標。他們要我永遠不要忘記或放棄。

朵：他們有告訴你是什麼使命嗎？

菲：是的。是去幫助人們，因為人們將會害怕。到時他們會需要知道到底怎麼回事的人。讓人們可仰賴，不感到害怕。在人們害怕時能指引並領導他們。

朵：你怎麼會到那裡？

菲：我從家裡走去的。

朵：你怎麼會知道要去那裡？

菲：我感覺到。我就是知道。

朵：如果這是發生在白天，其他人是否可以看到田野上發生的事？

菲：我不知道。我可以看到。我好像知道他們是誰。就像我曾見過他們。他們看來很面熟。不知怎地，我知道他們是朋友，雖然我不知道為什麼。（語氣哀傷）當他們離開時我很難過，因為我不想留在這裡。我想跟他們一起走。我哭了。然後我回家，睡了一覺，忘了他們。

朵：所以你並沒有上太空船？

菲：沒有。他們說留在這裡。他們不想我上去。我不應該去。

朵：但是你並不怕他們。你後來有忘了他們嗎？

菲：是的。我應該要忘掉。他們說忘掉。說我會忘掉。

朵：他們就只是用心靈跟你溝通？

菲：是的。他們用思想跟我交談。

朵：你有看到太空船離開嗎？

菲：沒有，我轉身就走了。當我回頭望時，他們已經不見了。他們……認識我。我喜歡他們。

朵：這是你第一次見到他們嗎？

菲：不是，因為我認識他們。但是我不記得……是在哪裡或什麼時候。

這就是菲爾少年時的經歷，我決定繼續探究下去。我詢問他的潛意識，那個關於他全家的夢是真實的經驗，或就只是個夢？他說那是個關於記憶的夢，於是我引導他回到事件發生的當時。他立刻描述起他和家人去曼菲斯渡假，在河邊觀賞棉花節慶的情景。透過一個孩子驚奇的眼光，他敘述了許多活動以及在岸邊看煙火時的興奮心情。當我詢問是否有任何不尋常的事發生時，他說在曼菲斯沒有，但他往前到了回家的那個晚上。

菲：我不知道這是哪裡。這一定是場夢。

朵：你認為是一場夢嗎？

菲：不，它不是夢。它是真的。我在那裡。我是唯一醒著的人。其他人很害怕，所以他們睡覺了。但我不怕。他們讓我醒著。我知道他們是誰。他們是我的朋友……從上面來的。他們是好人。但是他們讓人害怕。

朵：當這事發生時你在哪裡？

菲：太空船上。船在路邊某處。是在我們從曼菲斯回家的路上。他們說他們需要某些東西。然後我說好。

朵：他們看來如何？

菲：嗯……還好。有點灰。沒什麼顏色。

朵：他們看起來都一樣嗎？

菲：不，那個不一樣。我不喜歡那一個。（孩子氣的聲音）它看來很恐怖。有點像……昆蟲。我不知道。我不確定它是不是活的。它會動。它看起來像機器，但它動得像是有

生命一樣。我不喜歡那個東西。

朵：他們做了什麼？你說他們要些東西？

菲：是啊。樣本。那是他們要的，就是樣本。

朵：你的家人呢？他們有對你的家人做什麼嗎？

菲：並沒有。沒做不好的事。他們不想傷害任何人。他們只想要樣本。我家人沒事。

朵：他們也有從你的姐妹和弟弟身上取樣嗎？

菲：從我兩個姐姐身上，琳達和蓋兒。他們沒有從凱西和我弟弟身上取東西。

朵：你母親呢？

菲：沒有，他們也沒有從她身上取樣。他們想從我身上取一些研究的樣本，但我不夠大。

朵：你知道他們從你姐姐身上取走哪種樣本嗎？

菲：像是卵子。

朵：他們怎麼做到的？

菲：那個東西。它用針刺到她們身上。她們的肚子。然後取出。

朵：這有讓她們不舒服嗎？

菲：沒有。她們在睡覺。

朵：接下來發生什麼事？

菲：他們將我們放回車上。（停頓了很久）

朵：然後你們都醒過來了嗎？還是怎麼？

菲：（深吸了一口氣，然後聲音變得非常柔，帶著睏意）我不知道。我睡著了。然後忘記了。

朵：你沒有告訴你的家人發生了什麼事？

菲：沒，我將整件事都忘了。我應該忘記的。

朵：我懷疑這是場夢，還是真跟發生的事情有關？

菲：它是真的發生的事。

有趣的是，當我詢問菲爾的潛意識菲爾提到的其他夢時，潛意識說它們只是一般的夢，雖然本質上帶有象徵意味，並蘊藏著給意識心的訊息。我相信，如果這一切都出於菲爾的幻想，他會將這些夢境都包括在他的敘述裡（尤其其中之一特別精彩）。我相信這增加了這個夢是眞實事件記憶的可信度。

當我們繼續往時間前移，菲爾敘述了另一次很類似，發生在數年後的經歷。當時他十四歲。那也是發生在去曼菲斯的路上。由於他的祖母住在曼菲斯，他們一家固定會去那裡探訪。

當景象聚焦，菲爾很快地發現自己再次坐在手術檯。他直覺的知道他的家人也躺在附近的檯上。他看不到他們，因爲他的注意力完全被站在前方的奇怪生物吸引。當菲爾開始說話時，他的聲音微妙地轉爲青少年。他說的話不像成人般複雜。用的字彙也簡單許多。他試著描述這個生物。

菲：它是個……女人。像是女人。她不是真的女人。而是有點像女人。

朵：這是什麼意思？

菲：她不像是一般的女人。她不一樣。

朵：她如何不同？

菲：她人很好，但她的臉都是皺紋。

朵：但女人是會有縐紋啊。

菲：不一樣。她的臉像是大象的皮膚，灰色，有很多縐紋。她像是在用眼睛說話。不是真的說話，但當她看著我時，她用眼睛告訴我事情。

朵：她很高大嗎？

菲：很難說。我只看到她的眼睛，我坐在手術檯上。

朵：她還有哪些特徵？

菲：我主要看到她的眼睛。它們像是杏仁形狀。跟我們的不同。它們很……深。就像當她看著你時，她可以感受到你。

朵：她有頭髮嗎？

菲：我不確定。我真正注意到的就是眼睛。

朵：你怎麼知道她是女人？

菲：就是她給我的感覺。她就像個女人。

朵：她用眼睛告訴你些什麼？

菲：不用害怕。

朵：為什麼你的家人都在睡覺？

菲：他們睡覺，因為他們恐懼。她說我對此習慣了，我不會覺得困擾。所以我是醒著的。如果這讓我不安，我也會睡覺。

朵：你們怎麼到那裡的？

菲：我們開車到曼菲斯，然後看到這個光。我記得的不多。它好像是在路上。好像是他們走了出來，到車子旁。我不知道。

朵：他們是誰？

菲：我不知道。一些人……或什麼的。我不確定他們是什麼東西。我當時很怕。我閉上眼睛。但他們把我們從車上帶走。抱我們到……某個地方。我不知道是哪裡。

朵：其他的人害怕嗎？

菲：我不知道。我不記得了。我不認為有人說任何話。非常地安靜。

朵：但他們現在在睡覺，而你是醒著的。然後發生了什麼事？

菲：她跟我說話。我不記得全部了。她嚇到我。某件事嚇到我了。

朵：她所說的話嚇到你？

菲：是的。我以為會痛。我不想痛。但她說不會有事的。他們要……刺我。

朵：他們要用什麼刺你？

菲：我不知道。某個像針的東西。

朵：他們要用針刺你哪裡？

菲：（很長的停頓）某個地方。（我有個感覺，他知道，但他不想討論。）不痛。她說不會有問題的。

朵：還發生了什麼事嗎？

菲：我見到了一個像是駕駛員的人。他人真的很好。他在笑……像是在笑我，但卻是和我一起笑，因為我很害怕。而他知道沒什麼好怕的。我們一起笑，然後我覺得自己害怕有點蠢。笑笑後，感覺好多了。

朵：當他笑的時候有聲音嗎？

菲：不是笑出聲。而是在我們的心裡……或透過我們的眼睛。我不知道。我們有交談，但我不記得有真的談話。

朵：那個駕駛員長得如何？

菲：他比其他人正常多了。他看起來比較像我們，但他的眼睛不同。眼睛很傾斜。但還好啦，只是不一樣而已。

朵：他的體型跟我們差不多嗎？

菲：是啊。他有頭髮。淺色的。銀色或金色。像那樣的顏色。他的穿著……他穿像背心還是夾克的，還有褲子。我不知道他有沒有穿鞋。我沒有往下看。我喜歡他。他很開心。友善。他好像很重要。

朵：你提到其他的人，其他人看起來都和那女人一樣嗎？

菲：不，他們也不一樣。我對他們記得不多。我當時眼睛是閉起來的。他們帶我進到房間，然後她進來了，開始說話。當她對我說話時，我覺得很舒服，所以我睜開了眼睛。

朵：然後他們要你去見駕駛員？

菲：是啊。這好像很重要。我想這整件事都很重要。我覺得他們讓我見駕駛員這事很棒。很酷。

朵：駕駛員在哪裡？

菲：他在前面……跟他的控制盤。他讓我看一些儀器並向我解釋。但我並不是真懂他說些什麼。他向我示範在控制台上方揮動著手，整個就會亮起來。（微笑）我照著做，果真也亮了起來。控制盤上的控制儀器是平的，上面有旋鈕，平的部份會亮起來。

朵：他有跟你說這些是什麼用途嗎？

菲：他說了些，但我就是不懂。我不知道如何操作。我所知道的，就是你在上面揮揮手，整個東西就亮了起來。我不知道那表示什麼。我不瞭解。

朵：如果你能記得某些字，或許我們可以拼湊出來，弄清楚是什麼。

菲：我就是不懂他在說些什麼。transluxtor……像這樣的。（發音）transluxtor。我不知道是什麼意思。他說了些不同的字。（菲爾有困難重複這些字）Zerbok，Zerboks。或Zerbay（Zerber？），像這些的。都是些我不知道涵意的字。Zerboing（Zerberling？）或Zerboxing或類似的。我不知道是什麼。……推力。也許是推動力或類似的意思。這些字對我真的沒有意義。他知道他在說些什麼，他在解釋這些東西如何運作。怎麼使它動之類的。但我不懂他在說什麼。

朵：他有說到這個太空船是如何啓動的嗎？

菲：能量。他說運用某種能量，導引這種能量。他這麼說的。

朵：他有說這能量是從哪來的嗎？

菲：我想他說就在周圍。就是自然能量。

朵：但你必須知道如何使用。他有給你看控制室的其他東西嗎？

菲：有。很酷。某種力場之類的東西。它們可以……我不知道，很嚇人。我不想談這個。

朵：為什麼？有什麼嚇人的？

菲：我不知道。我就是不喜歡談它。很可怕。有些不對勁。我不喜歡他說那東西可以怎樣怎樣。它可以傷人。把人捉住……像是捉動物一樣。我不喜歡。

朵：他們為什麼要那麼做？

菲：我不知道。我不喜歡。我不知道他是不是我的朋友。我不喜歡他現在所說的……也許他不算是朋友。

朵：但你跟他在一起覺得很自在。

菲：我不喜歡他所說的對人們做的事。他們就是從控制室做的。從控制盤。他們對人們這麼做。我有點害怕，他們可能也要對我這麼做。他說他們可以使人休克，像是用刺動物的棒子讓動物……昏眩。就像有時我們對動物所做的。我們用刺針傷害動物，使牠們聽我們使喚，而我們並不在乎牠們的感覺。這就是他們對我們做的。我並不知道他們可以這樣。我不喜歡。（帶有疑慮的口氣）我不認為他是朋友。我想……我可能有麻煩了。

朵：噢，我不這麼認為。你可以問他為什麼他們要對人類這樣嗎？

菲：他說有時候他們必須這麼做是因為人們會變得暴力或歇斯底里，必須讓人們緩和下來。他這麼說。

朵：那麼，這應該不會對人造成永久的傷害，對吧？

菲：不會，他是這麼說的。

朵：他有沒有說為什麼帶你上船？

菲：沒有。他沒說這個。他只是在談控制室的東西。電流類的東西。他說我以後會瞭解。他將個罩子取下。我看到有很多光……一小排一小排的……看來像液體，流動的光。像在管子裡或什麼的，像保險絲或導線，但看起來像液體。它會動。跟匯合點有關。某種接合的東西或什麼的。它跟整體的運作有關。

朵：那裡有很多這種液態的光嗎？

菲：四……五。五個。五個一排，一排一排的。它們就像光流過小管子。然後通到控制盤背後，背後某處。

朵：它們像霓虹燈嗎？

菲：是啊。有點像，除了你不能看透。它看來像實心的光。

朵：他有沒有說他們用這些光來做什麼？

菲：它像是我們身體的血液。這是它對這些……不管是什麼的功用。

朵：你是說像燃料之類？

菲：不，不像燃料，比較像血液。一直循環。我猜想他是想說它攜帶能量到處流動。

朵：你是指它們也在船上的其他地方？

菲：（打斷我的話）流經這個太空船。透過循環，流經整個船。它會流動。他這樣說的。

朵：在牆壁還是地面流動嗎？

菲：是啊。流經整個機器。就像油，我猜想。流通。循環。但它不是燃料，它是攜帶燃料。攜帶能量。對，就是這樣！它攜帶能量。流經整個船，到其他機械的部份或什麼的。它跟機器裝置不同。它流到每個運作的部份，不管那是些什麼。

朵：這是很重要的部份嗎？

菲：只是一部份。它不是主要部分或什麼的。他只是給我看，向我解釋這類東西怎麼運作。

朵：你能看到它循環到哪裡嗎？還是它們是隱密的？

菲：我不能用眼睛看到，但我可以在腦中看到一幅它們的流向圖。它像是在裡面，然後流經中間。流過一堆東西。我不知道是些什麼。但就是這些部份讓它運作的。

朵：它隱藏在牆後面？

菲：算是。它就在不同的部分，不同地方，用不同的東西蓋住。有很多東西在這裡。在控制盤後面。但你可以看得到，我猜想這樣可能可以調整或檢查吧。我不知道。但它就在那裡，所以你看得到。

朵：這很奇怪。它有任何特定顏色嗎？

菲：它是白色的。很亮的光。看起來像液體，但它是能量，他這麼說的。

菲爾在現實生活中以修理電器維生。你會認爲他可能見過控制室裡的東西，也應該認得出來，然而，他完全是處在他十四歲的心智，因此每件事都顯得奇怪、神秘，難以解釋。

朵：他有給你看其它東西嗎？

菲：一個小黑盒子。他說是我的。他說我不能保有它，但他想給我看。

這聽來像是菲爾在第一次與貓頭鷹接觸後所見的同樣黑盒子。顯然在幾次不同的狀況下，他都看到了這個盒子，好似他們正等著菲爾認出它來。

朵：這盒子是什麼樣子？

菲：它很小……不是方的，比方形要長。有點黑和……發亮。平滑。我想它可以打開，但我不知道怎麼開。裡面有東西，但我不知道是什麼。他說這是我的……但我不能拿走。

朵：他是什麼意思？你的？

菲：他說這是我很久以前做的。

朵：你怎麼想呢？

菲：隨便他怎麼說。我不會跟他爭辯。這東西看來不錯。我覺得很酷。它有開關的。有東西在裡面。我想他有跟我說，但我認為我自己也知道。

朵：他從哪裡拿到這盒子的？

菲：我不知道，我想有人交給他的。他說：「嘿！你看這個！」我問：「這是什麼？」他說：「這是你的。你做的……很久以前做的，當你是另一個族類的時候。這是用來提醒你，你的傳承。」我問：「這是什麼？」他說了某個東西，我不知道他說的是什麼。某個字。他說……（菲爾有困難找到合適的音）Obs……Obsinite 或 Obs 什麼的。他是這麼說的。某個東西。我想他說的是製造這東西的材料。他說這是為了要我記得我的血緣傳承。我原是屬於另一個種族。這個盒子很重。又平滑又黑，有些發亮。我想盒子裡面有東西。我不敢打開。我以為他會生氣。它看起來有點像小棺材，

有點凸起，上方是圓拱形。

朵：如果你試的話，你會打得開嗎？

菲：是啊。我想我知道怎麼開，但我害怕打開。就好像你心裡一定知道怎麼開。我想鑰匙就在心裡，如果你不知道它如何運作，你就開不了。但如果你心裡知道怎麼開，那麼盒蓋就會開啓，你就可以把蓋子取下。

朵：其他人打得開嗎？

菲：我想我是唯一能打開的人。因為就像他說的，這東西是我做的。

朵：那麼他並不好奇那盒子裡是什麼？

菲：他不覺得這很重要，他只是認為我可能會想看看這盒子。好像它對我很重要。

朵：結果呢？

菲：我把盒子交回給他了。他微笑，像知道什麼似的。他像是跟我一起笑，但我認為他有點像是在笑我。就像有時候，有些人知道些事，但他們不說他們知道些什麼，但你可以從他們看你的方式，知道他們就是知道些什麼。

朵：在盒子之後，他有再給你看什麼東西嗎？

菲：好像有很多。有許多事在進行著。也有其他人在那裡。小小人在工作。

朵：他們長什麼樣子？

菲：他們矮矮的，醜醜的，灰灰的。他們的頭又大又禿。

朵：你之前說你認為是女性的那個人，看起來跟他們並不一樣？

菲：不一樣。她不同，但是人很好，很友善。只是她的皮膚真的都是縐紋。她的眼睛也不一樣。你就是沒辦法不看她的眼睛。就好像她的眼睛抓住了我。我無法移開視線。但是感覺很好。只是不同而已。她人很好。

朵：你說醜醜的那種小小人，他們有跟你溝通嗎？

菲：沒有，他們只是在那裡。沒什麼值得特別提的。他們在做其他的事。走來走去的。碰這個碰那個。搬東西，就是處理些事。我不知道他們在做什麼。他們就是看起來很忙。他們並沒有怎麼注意我。

朵：那麼跟你有最多溝通的就是駕駛員了？

菲：我不敢這麼肯定的說。他們兩人（駕駛和女人）都跟我溝通，但我不知道誰比較多。

朵：你有看到其他人長得跟駕駛員一樣嗎？

菲：我看到一個。我看到他走在走廊另一邊。他沒有看我……沒有說任何話。只是走過。他算是跟駕駛員長得類似的。比較像我們。那就是我看到的。我想可能有更多，但我不是很確定。因我沒有看到他們。

朵：之後發生了什麼事？

菲：（很長的停頓）我不確定。接著，好像是晚上，我們又在車上了。我和保羅在後座。琳達跟媽媽在前座。蓋兒和凱西在中間。他們都在睡覺，媽媽開車。我們好像是在往曼菲斯的路上。

朵：你知道你們是怎麼回到車上的嗎？

菲：我不確定。

朵：你母親有說任何話嗎？

菲：她擔心不能準時抵達曼菲斯。後來她沒說半句話。有一會兒……很安靜。我靜靜地聽著路上的聲音。

朵：那時很晚了嗎？

菲：是凌晨。

朵：而她沒有提到發生的事？

菲：沒有人提。他們不知道。

朵：你當時記得發生了什麼事嗎？

菲：不，當時不記得。我當時不記得。現在記得了。

朵：在當時你只記得去旅行，但你現在記起真正發生的事了。你是這個意思嗎？

菲：我想我記得的更多。

朵：你認為那個經驗是場夢嗎？

菲：我不知道。那並不是不好的經驗。還好啦。有點嚇人，但沒什麼大礙。我不認為我現在會想再一次經驗。它太奇怪，太不一樣了。當時不喜歡。

朵：但是他們並沒有真的對你做什麼，不是嗎？

菲：有。他們有。他們取了些東西。一些樣本。

朵：你知道他們在收集什麼樣本嗎？

菲：皮膚。

朵：還有其他的嗎？

菲：（停頓）這就是我所記得的了。

我告訴菲爾，這個經歷和看診相當類似。許多人不喜歡看醫生，因爲總會有些事（尤其做檢查）讓他們不舒服。他們會有失控感，因爲他們不能對診所或醫院對他們進行的檢驗喊停。我認為如果我能說服菲爾的潛意識，將這個經驗納入這樣的脈絡，這件事就不會在意識上困擾他。

朵：讓我們繼續往前，看看你在這次之後，還有沒有另一次接觸。我數到三，我們便會來到事件發生的時候，如果這件事存在的話。一，二，三。我們已經來到事件的當時。你在做什麼？你看到什麼？

當菲爾敘述十四歲發生的事件時，他的聲音明顯地緩慢，聽來睏睏的，還有些不成熟。不是幼稚，而是不成熟。當他融入下一個情境時，聲音回復了正常。他說他正在看著一個非常深的傷口，這傷口令他不解。

菲：我不知道為什麼會有這個傷口。我不記得任何事。我不確定我在看什麼。

朵：有流血嗎？

菲：沒有，但我可以看到裡面。傷口有點深，但沒有參差不齊。

朵：你可以看到傷口在哪兒嗎？

菲：我想是在我……在我身體右側。只有幾吋長，也許一或兩吋寬，但它是很乾淨的傷口。沒有流血，但傷口很深，很深的紅色。

朵：你怎麼會有傷口？

菲：被打開的……為了取出某個東西。我不知道是什麼。某個放在那裡的東西。某個已經在那裡一段時間的東西，然後被取出。

朵：它是怎麼被取出來的？

菲：手術。皮膚被割開，撥開……皮膚最上層被刮掉。

朵：誰做的？

菲：他們。是他們做的。看護者。朋友。

朵：當這件事發生的時候，你在哪裡？

菲：我在太空船內的手術檯上。在那個手術檯上。房間裡唯一的檯上。

朵：你知道這發生在哪一年嗎？

菲：（停頓）我不確定。我絲毫沒感覺到時間。

朵：你能看到什麼被取出嗎？

菲：有一些腫塊引起麻煩。必須要移除，因為它是……有害的。

朵：這就是你說他們放在那裡的東西？

菲：那是他們所放的東西的副作用。那是演變的結果，源於所放置在那裡的東西的結果。一個發亮的金屬球，那些腫塊圍繞它周圍長成。腫塊是他們想培養的。他們需要這些細胞組織。腫瘤的細胞組織。它會對我有害，但對他們是必要的。他們將它取出，因此腫瘤對我造成不了傷害。

朵：他們也取出了小金屬球嗎？

菲：是的，它在腫塊裡。腫瘤在圓球周圍形成。非常小粒的圓球。他們用腫瘤來研究我的身體系統。某種系統……不是免疫學上的，但有些許關聯。我不是很懂是什麼，但它是某種再生或更生的系統。腫塊是對這個小圓球的反應，如果被留在體內，便會引起問題。但他們需要腫塊來研究我對這個小圓球的反應。

朵：像是身體的防禦系統？

菲：不只是防禦系統。比那個複雜許多。一個吸收同化作用。藉由研究小圓球產生的腫瘤，瞭解身體的不同系統，包括免疫學。他們置放小圓球在體內，以便研究周圍所形成的瘤。

朵：這個圓球大嗎？

菲：非常小。接近B.B.彈的大小（約4.5毫米）。

朵：它在你的身體時並沒造成你任何問題？

菲：或多或少有。但不是什麼嚴重的事。不舒服多過危險。都是我可以承受的。

朵：你有過那些不舒服？

菲：有些反胃想吐，疲倦。些許失去平衡。講話有些含糊。就像是身體的能量多少耗盡了，被集中在那小圓球，那腫塊上。

朵：你知道這東西被放在你身上多久了嗎？

菲：它還在那裡。

朵：（這是很讓人意外的回答）還在那裡？我以為他們取出來了。

菲：還沒有。

朵：那麼，你的意思是他們現在正在取出來？

菲：不，現在還在那裡。

朵：我不懂。當他們取出腫瘤時，他們不是也將小圓球一起拿出來了嗎？

菲：這件事還沒有發生。這有點像是「回顧未來」，我想。

朵：可是你說你看到右側身上的洞，他們不是從你身體移除腫瘤了嗎？

菲：他們將要，但還沒有發生。這對他們，對我，都很重要，為了未來的事。

朵：什麼意思？

菲：我不知道。就是這樣。為了未來的事。這就是我所知道的。

朵：但你不是說如果他們將腫塊留在你身體裡，對你會有危險嗎？

菲：如果被留著的話，是的。但它不會被留在身體裡。它只是還沒有被取出。時間還沒到。它是被放置，被注射進去的。

朵：那他們為什麼要切開你的皮膚？

菲：那是當他們將它取出時的畫面。那是一個視覺想像。

朵：好吧。你說的是這麼回事。（他瞥見的是未來將發生的事）所以它必須在體內一段時間，然後取出來檢視。如果它沒被移除的話會怎樣？

菲：它會變成腫瘤並引起腎臟的問題。它會使得腎臟停止運作。因為它非常小，它會成長，然後造成阻塞。

朵：那麼它是在腎臟附近了。

顯然這個東西是在菲爾的貓頭鷹經驗時，被放置在他體內。

在菲爾回到正常意識後，我們檢查了他的背部側邊，並沒有發現任何傷痕。假使曾有過什麼的話，顯然也已癒合，沒有留下痕跡。菲爾接著記起更多和小圓球有關的細節。他認為一定是被那個奇怪的螳螂機器放的。圓球看起來是銀白色，很小，比B.B.彈還小。他認爲很可能不是金屬，也許是某種礦物，在X光下也無法看到。

朵：嗯，從這整件事看來，你還會跟他們碰面，因為他們必須在未來的某個時間點將它取出。（一笑）

菲：我可以接受啊。回想起來，我覺得他們很好。我知道他們很友善。

朵：是啊。甚至當你只有十歲時，你也不怕他們。

菲：對。感覺就像我認識他們。我不知道是因為他們個人，還是就他們整體而言。

菲爾醒來後，第一件想討論的就是他和那個滿臉皺紋的女人在房間的事。實際發生的比他敘述的還多。很明顯的，那不會是催眠狀態下的十四歲的他想討論的事。即使是現在，他仍然感到尷尬。他邊說邊看著牆壁，逃避我的眼睛。這確實不是我們一般人會討論的話題。

菲：我在催眠狀態下不想說這個，但……他們用針刺進我其中一個睪丸。然後取出……我不知道是什麼。液體或細胞還是什麼的。

朵：那就是你害怕會痛的事嗎？你提到他們要用東西刺你。

菲：那是個細長的小銀色管子。在尾端有個東西。我看到管子就閉上眼睛。我不想再看了。我可以感覺到他們在進行些什麼，但是不痛。他們取了樣本，我想。

朵：我認為你覺得那個生物是女性的事很有趣。

菲：你基本上可以從她的能量感覺她的性格很女性。她是你可以比喻為護士長或那類的人。她的皮膚真的很縐。除了她的眼睛，我哪裡都不能看。彷彿她一看著你，你就被她的眼睛鎖定，動都動不了。透過我的眼角，我可以瞄到她。但除了看到縐紋外，我真的記得不多。我不記得她是不是有頭髮。

朵：或許就是這麼運作的。她將你鎖定，你就感覺不到任何事了。

菲：我想是的。當她在取樣本時……我知道她有碰我，但我完全專注在溝通，在眼睛的對話裡。我想我的家人那邊也在些事在進行，她沒有說。但我假設我想的沒錯。

朵：但另一個人，那個駕駛員，他好像很不一樣，不是嗎？

菲：對啊，他看起來比較像人類，雖然也有些差異。不是可怕，只是不同。他的眼睛像是東方或印度人的眼睛，但沒那麼狹長，而是比較杏仁形狀。很難形容。他們不是黑眼睛，但有像我們一樣的瞳孔。他們的眼睛本身很正常，基本上，只是形狀奇怪。中間圓，兩邊狹長。他有淺色的頭髮，金或灰或那類顏色。但除了他們的臉和眼睛，我也是看不到其他什麼，就像你的視線被鎖定在眼睛，你只能從餘光瞄到有的沒的。你的眼睛像是被磁鐵吸住，幾乎是被強迫。當他們看著你的時候，他們散發出那股吸力。你就是無法擺脫。

朵：也許這就是訊息溝通與傳遞的方式。

菲：是的。就好像眼神間有非常實質的連結，溝通得以透過那個鎖，那個磁鐵的吸力或什麼的來傳送。他真的很友善，而且他好像知道某些我不知道的事，但是是好事，絕不是什麼壞事。他的眼睛好像會發光一樣。

朵：所以當時唯一會令你困擾的，是那個會震昏人的東西。

菲：是的，當他說他們如何可以使人停止動作，使他們昏迷時，這讓我很困擾。他們從操縱盤就可以發出一道光束來控制人類。很像我們帶牛去市場一樣，我們用斜槽運送，拿專門用來刺牲畜的尖物逼牠們聽從使喚。他說的話讓我想起我們是怎麼對待那些動

物的。他說他們用光束來控制人，如果必須的話。我猜想光束是來自太空船。這樣看來，我們對他們就像是牛羊等牲畜。那他們也不見得是那麼友善了。

朵：那麼你現在又是怎麼想呢？

菲：嗯，中立吧。此刻，我不知道我到底相不相信這些。如果我不信也不會困擾自己。我希望我可以相信。我想相信……讓我這麼說吧，我希望有某些事是我在掌握及領會後，我可以說我真的相信，但我不是。我認為這多半是想像或什麼的。我不知道它是不是真的發生過。我想我是有點失望，因為我經歷的事連我自己都難以置信。

朵：你為什麼覺得你想要相信？

菲：（緩慢且猶豫地）我只是認為那是……嗯，它給了我們希望，人生除了日常俗務外，還有更多東西。知道在地球之外，還有另一個世界，一個更偉大的實相，它遠比我們的日常生活豐富有趣。然而它卻不是一個我們可以輕易說，「嗯，對啊，這是事實。」的事。它如果不是豐富想像力的產物，就是……我真的不知道它是什麼。

令人吃驚的是，這些事件（誰知道還有多少）一直潛伏在菲爾的潛意識裡。完全沒有任何徵兆顯示它們存在的跡象。由於我們不知道它們的存在，也就不可能主動探索。假使

這些記憶沒有被夢境觸發，它們仍是潛藏著不被發現。

由於菲爾對這些生物的友善態度，這次的療程並沒顯示他會被這些經歷困擾。然而，事實並非如此。接下來的一個月，菲爾試圖將這些經歷融入生活，但他反而經驗到更多的不安與創傷。菲爾沒有打電話告訴我，因此我對他內心的掙扎一無所知。

第二十二章　與現實失聯

直到幾星期後的會面，我才知道這幾次的療程深深困擾著菲爾。再次見面，菲爾想好好談談這段時間他心裡的想法，於是我按下了錄音機。我認爲他這些因幽浮綁架記憶復甦而顯現的混亂情緒，對於其他調查幽浮事件，試圖瞭解這種不尋常現象的研究者來說，將會有所助益。

菲：我必須告訴你，這幾次見面……探討這方面的事，讓我很困擾。如果我覺得我可以就這麼置之不理，我會的。它令我不安。但我並不想你覺得挫折或為我擔憂，只是，在催眠結束後的幾天，我總會感到強烈的恐懼。不是緊張，但我發覺我完全無法放鬆。我會一度懷疑自己的神智，懷疑自己是不是瘋了。就好像我已經與現實脱節。

朵：你是指在第一次會面後？

菲：第一次和第二次。尤其第二次以後。

朵：第二次？第一次是很嚇人，但我不認為我們在第二次有觸及任何恐怖的事。

菲：我不知道。我有一些推論。我認為這裡有好幾件事同時進行。其一是，當這些事件發生時，事實上是很駭人的。而這些情緒和感覺，必須被淡化或安定。這是釋放它們的方式；在知道事實後，面對它，繼續生活。

朵：但當這些記憶被釋放後，你有覺得比較好嗎？

菲：沒有，我覺得糟透了。事實上，像我剛剛說的，我會很沮喪而且很怕……怕一種說不出的東西。我說不出我在害怕什麼，但我就是有恐懼感，對某種看不到、說不出東西的恐懼。我會覺得與現實脱節了。我很少會有這種感覺。

朵：這種感覺會持續很久嗎？

菲：嗯，它會持續大概一天，半天。不一定。它只發生過三或四次。它不會延續很久。大概是在我們見面後的一兩天便會發生，沒來由的。是一種與現實失聯……失控的糟糕感覺，還有恐懼。我不知道我在懼怕些什麼。我的意思是，我根本看不到，或甚至想像不出在害怕什麼。完全沒有焦點。就是一種很慘的恐懼感。我不知道其他人是否會認為這樣很糟。也許他們的感受更慘。但我從沒有過這樣的感覺。就像我說的，如果

我覺得它不重要，我可以完全不予理會，我會這麼做的。因為它只是讓我的生命變得複雜，而我並不想複雜化我的人生。

朵：我以為我們幾年前進行的探討就已經讓你的生命複雜了。你知道的，當我們進行前世回溯，你開始傳遞地球的播種資料時。

菲：沒有，那時並沒有複雜化。事實上，那是分開、有區隔的。那像是附加進我生命的東西。但這是直接在我生命裡的。它不是分開的。它是來自不同的管道或什麼的。

朵：是的。那些前世，雖然奇怪，但不會直接影響你。

菲：那是很久遠的事了。

朵：是的，而這些是和你這生有關的；是在你這生一直發生的事。這就有不同了，對吧。

菲：是啊，你知道嗎？當我們第一次探討這些夢，我看到那些小人在路上；我記得我的感覺：「我不要改變我的現實。我不想它發生。」我很抗拒，因為它會改變我對現實世界的想法，顛覆我生活的基礎。我現在的感覺，就是我的現實基礎又再一次被挑戰。我向來視為理所當然，據以認知的事實與非事實的根基……老實說，已萬劫不復。

我非常擔心如果菲爾面對的是他無法承受的強烈震撼，我害怕他會再次有自殺的念頭。自他多年前自殺未遂後，他已經調適並適應得非常好，但是，如果這些新發現的訊息威脅到他對現實生活的基本認知，接下來會如何？我不想讓他知道我的擔憂。這只會強化他所感受到的複雜與糾葛情緒。

朵：我不想對你有任何傷害。

菲：我知道你不想。但如我說的，如果這些事不重要，我大可就這麼置之不理。但我不行。我有責任，不光對自己，而是對某件事還是某個人，我有更重大的責任。我覺得我必須要這麼做。這是我不能逃避的。我不能就這麼不管。

朵：你知道，第一次會面之後你很不安，我以為你會就此打住。但幾天之後你說「我想繼續探討。」……我認為這事如果這麼困擾你，我們就不必探究。

菲：我不是不能負荷這些情緒。它讓我的人生複雜，也令我的生活有好一陣子不開心，但即使如此，為了某些原因，我必須要繼續下去，這對我很重要。這不是我喜歡做的事，而是我強烈覺得必須去做的事情。我並不清楚為什麼，或因此會發現些什麼，所以繼續下去非常重要。

朵：好吧。因為如果它困擾你，我們總是可以隨時喊停。我們不是非得這麼做不可的。

菲：我瞭解，我也謝謝你的好意。我只是希望你能明瞭整個情況。有幾次我沒準時打電話給你，沒有預約見面的時間，這是因為我覺得我必須先冷靜一會兒。

朵：這是為什麼我讓你主導的緣故。我絕不會強迫你去做你不想做的事。但是，你有沒有可能將這件事放到腦後，把它當成一場夢，好讓它不再困擾你？

菲：不行，我必須要繼續，這非常重要。就像有東西被塞住了。內在的不安需要被排出和釋放。我猜想這是為什麼在個人層面，我必須繼續的原因。

朵：或許如果你沒有釋放它，它會以下意識的方式影響你。

菲：正是如此。我感覺我的意識和潛意識好像在爭鬥，試圖調整我對現實的認知。這些東西在潛意識裡，需要透過意識來釋放。這就像是皮膚移植，當刮去燒傷的皮膚時，很可怕也很痛，但為了促進癒合，這是必須做的。你知道我在說些什麼嗎？

朵：我對這個不太懂，但我瞭解你要表達的意思。

菲：這是被嚴重燒傷的人要接受的可怕卻必要的程序。壞死皮膚必須間或刮除以防疤痕產生。我不確定怎麼做，但這是程序之一。這是我看待這件事的方法，內在的障礙或紛擾必須被排出和釋放。必須有出口。必須被表達。這是程序的一部份。釋放時，必然會產生些情緒，但總是會過去的。我體質強健，禁得起這些。它不會造成任何不可彌

補的問題。我只是希望你知道，如果我說我覺得不舒服或感到不安什麼的，你會瞭解原因。我需要讓你知道這些，這樣你才會清楚整個狀況。

朵：你曾說你覺得你現在比幾年前我們剛開始探討前世時，比較懂得處理。但這些情緒以前就有可能出現了。

菲：我在那時絕不會想處理這樣的事。這很難形容。我不知道為什麼它會如此令我煩惱。但我們之前透過通靈得到的知識和訊息，還有我對那些存有和外星人的熟悉感，對我來說，是讓我能處理及負荷這件事的基礎。它是為現階段所做的準備。我說我的體格強健，但同時，人類的心靈是很脆弱的。

朵：嗯，是的，這是為什麼你必須小心的緣故。但潛意識通常不會允許傷害你的資料浮現。潛意識很具保護性。這可能是為什麼這段時間你的記憶一直被隱埋的原因。

菲：是的，一點也沒錯。此外，也有「成長」的因素。我們必須成長，必須療癒。在舒適與療癒間，是可以妥協的。並非所有療癒都會是舒適的，但重要的是，為了療癒，寧願面對相形下顯得次要的不適感。所以它是我必須繼續探索直到……我不知道。我不知道這會帶引出什麼。

朵：我以為我們上周就已經結束療程了，但顯然仍有更多要探索的東西。

菲：我挺知道何時該喊停，或要探索些什麼。並不是那麼的意識層面的知道，但我想，我的潛意識或「另一邊」的某個人，或許正在指引什麼需要浮現，什麼又不需要。

朵：是的，我認為你的潛意識會在它認為你無法負荷的時候自動關閉，這是它運作的方式。要不然，這些記憶在一開始就不會被激起。

菲：有一個很明確的機制在這裡運作，它在指導該浮現什麼，何時，如何浮現以及為什麼。很明顯地，時候到了，所以我們才在這裡。我想，我們此刻正在進行我們理應做的事。

朵：當你提到那些外星生命時，你說你感受到愛。

菲：確實。這有些矛盾，因為當我回憶起或是經歷夢裡的事件時，那似乎不是什麼可怕的事，我也不恐懼。我並沒有懼怕的感覺。就好像這些經驗是直接進入了心靈或什麼的。如果我的詮釋是對的，如果我瞭解的沒錯，這些懼怕的感覺是因為意識心試圖處理的緣故。這就好像意識心有點——不是有點——而是非常不成熟。因此我們必須先減弱意識心的作用才能經歷這些。看見外星人和太空船是非常震撼的經驗。我不喜歡「綁架」這個詞。

朵：我也不喜歡。

菲：所以這就像是意識被壓制住了，然後經驗便直接到……我不知道用潛意識是否正確，還是其他的層面。

朵：記憶庫或什麼的。我能瞭解。而當意識突然間發現時，它會說，「嘿，這裡真有事發生了。」然後開始感到害怕。

菲：這正是癥結之一。它發生過嗎？那是一種失去控制，和現實脫序的感受，是那種「真的有發生嗎？」「等等——你瘋了。是你在想像這一切。」的感覺。

朵：這聽起來像是意識心做的事。它會覺得，「如果這些事發生，我為什麼不能控制？」它當時無法處理，而現在它可能試著將它們推回潛意識。

菲：我認為那是意識心試著處理它無法理解的事情的方法。意識層面對這些發生的事非常陌生。我認為這正是為什麼繼續探究是重要的，因為我的意識心正從中學習，並在自我覺察方面有所成長。重要的是，不要讓意識將之合理化後便棄之不理，而是要真的接受、面對和處理。這是我為什麼要繼續，好讓我的意識心能確實理解和掌握這個情況。

朵：你也可以把它當成人生的創痛或不愉快事件來處理。也許這是為什麼一般人不想試著去回想這類事情的部份原因，因為他們不知道自己是否有能力承受。

菲：我真的很訝異意識心是這麼不成熟。它很幼稚。

有時當菲爾試著合理化這些事件時，他說他一直會有個嚴厲冷酷的父親影像出現。好似他是冒著被家長處罰或懲戒的危險來揭露這些資料。那是一種去做你不該做的事，而一旦被嚴厲的父親發現，父親就會非常惱怒的感覺。菲爾覺得自己是一個違抗父親的孩子。

我認爲菲爾能分析這些發生在他身上的事，對他是非常好的治療。如果他能說出來並試著瞭解，也許他可以找到一個方法與之共存，而不再干擾到他的正常生活。畢竟，這一世才是最重要的，個案必須學習整合他們所收到的任何資料，並將之融入正常的生活軌道。他們必須學習用好奇心看待並應用所獲的洞見，而不被這些資料主宰，不要讓它干擾和影響到生活。當個案渴望探討他們的前世或這類幽浮經驗時，大多時候，他們都已下意識地準備好接受，並瞭解將浮現的事物，不論這些事有多古怪。

偶爾，會有某個個案遇到較多調適上的困難。菲爾有可能因爲他的外星血統而有較多的麻煩。他沒有基於地球人世經驗的潛意識基礎，來幫他瞭解這些陌生、混亂、令他苦惱的人類情緒。如他所說的，他必須靠自己走過來，而他覺得他有能力做得到。

在過去的一個月，菲爾又有過幾次奇怪的夢。他不記得細節了，但他在夢裡看到一個像槍的器具，像是來福的槍托，尾端有個細小的線圈。他知道他們將這線置入他右眼角的淚腺。當移開時，他看到線端有些血。他有個感覺，被放置的東西可能是類似放在他背部的裝置。

在另一個夢的片段裡，菲爾再次在類似診所的檢查室。他記得很多東西都是白色的，他知道這是間無菌室。然後某人將一根長長的鐵針刺進他的胸腔，就在左胸上方。針刺進皮膚，但菲爾不記得有任何感覺。他不知道他們是要放進還是取出東西。菲爾接著發現，不是只有他一個人在房間。他看到另一個與他年齡相仿的年輕人，幾近歇斯底里。這個年輕人認為過程會很痛。當針刺進那人胸部時，菲爾看著他的臉，注視他的反應。年輕人平靜了下來，他的表情幾乎是喜悅而不是痛苦或害怕。菲爾認為，也許外星人給了那年輕人暗示，暗示他會感覺很好以便讓他鎮靜。這個夢讓菲爾很困惑。

之後菲爾掀起襯衫，我們檢視了他胸部附近。再次地，沒有記號或顯示曾發生任何事情的痕跡。這一切只是夢嗎？還是真實記憶的吉光片羽？

很明顯地，在太空船上的期間，菲爾進行了許多身體上的檢查與探測。矛盾的是，雖然菲爾的潛意識正透過夢境逐步釋放蛛絲馬跡，它卻也防堵我們獲取更多的資料。

第二十三章　拒絕進入

在討論後，我們開始了這次的催眠診療。我已計劃好要探索關於金屬偵測器刺進他胸部的夢。我也想追蹤菲爾製造黑盒子，並將它留在太空船上，等待他未來的轉世發現的那段時期。這些是我的目標，雖然菲爾願意（或他以為他願意）探索這些事情，他的潛意識在此時卻不是這麼急於合作。

當菲爾進入了他熟悉的出神狀態，他遇到了某種「阻礙」。控制催眠過程的存有或不論是誰，宣稱他們不會允許菲爾探討任何與他現世有關的事件。他們察覺到菲爾的意識爲了將催眠揭露的事與現實調適所承受的煎熬；他試圖將獲得的資料整合到日常生活時所面臨的問題。除非這些內心衝突得到化解，我們將不被允許更進一步探討這些事件。進入潛意識的要求因此被拒絕。然而他們同意回答問題，只要我不詢問這些私人的經歷。

菲：我們和你一樣關心這個載具（菲爾），因為他是我們的一份子。而我們不會允許一個選擇這麼危險任務的人去經驗對他具有破壞性的事。我們非常關注地在旁觀看。因為他所選擇的，從我們的觀點來看，可能是一個人所能選擇的最冒險的任務，而他至今又做得很好。他事實上是在冒完全失控的風險。他目前是，這麼說吧，獨自孤軍奮戰。他與許多人會經驗到的引導與保護，切斷了聯繫。無論如何，他已選擇了以自己的力量證明他對目標的奉獻與忠心。所以我們會很保護他，不讓他自己或其他人傷害他。

朵：是的，而你知道我也是一直以此為目的。

菲：沒錯。這是我們為什麼在這件事上協助的原因，只要他一直是與你合作；因為你是真誠的關心。

朵：有件事我不懂。你說他是獨自一人。我以為我們總是有守護者和指導靈的協助。沒有他們的幫忙，我們不會回到人間。

菲：有一些經歷可以幫助引導生命的走向。在個體可能迷失方向時，重新指引他回到最初的目的，溫柔地帶領他回到適切道路的經歷。在現在這個時候，這個載具正經歷我們所稱的意識「轉換」的準備工作，這是為了將他的意識帶到更高、更淨化的溝通層

級，使他和那些一直以來，與他共同努力協助這個星球的存有及能量溝通。為了讓這種意識的轉換成為可能，許多許多的準備工作一直在進行，因為它不純粹是單方面的給予和接受，它是雙邊，雙方面意識與覺察的轉換。像是角色互換，易地而處。這個（靈性意識）的旅程是比喻性，也是如其字面，因為會有情感置換來促使覺察上的改變。這個靈性旅程是擴展能力到一個……至少從物質觀點來看，尚未達到的境界。當然，有許多我們沒提到的次元也會被影響。無論如何，這麼說是正確的：這個旅程在某方面是為「畢業」做準備。然而，在此同時，它當然是一個新開始。新的篇章。

朵：這將會影響這個載具的人生嗎？

菲：沒錯。在情緒層面來說，將會有覺察上的改變，不光對自我，還有其他人。

朵：我好奇這會如何影響他的日常生活？

菲：我們說，會變得更好。

朵：在他的一次經歷中——嗯，事實上是兩次——當他在太空船時，他曾看過一個小黑盒子。你可以給我關於這個黑盒子的資料嗎？

菲：或許吧。當時給他看黑盒子，不只代表了他的傳承，也是指出他將採取的方向。那時候他面臨人生的關口，他有好幾個不同的選項。他被給予這個經驗，因此他可以在他

的內在層面，接收及消化他可以得到的資訊。也因此，透過他更高的覺知，選擇對他這生職業和責任最為適當的選項。這是將已經完成的，以及尚待實現的連繫在一起。盒子的經驗只是消化理解和決定的觸媒。它單純是連結過去、現在和未來的一個環結。

朵：這麼說來，當黑盒子展示在他眼前的那時，他正處於生命中的轉折點。

菲：從某個特定觀點來看，這麼說是正確的。然而，不是字義上。

朵：他說他對這盒子感覺很熟悉。

菲：是的，盒子的起源與他的源頭有關。

朵：盒子裡有裝任何東西嗎？

菲：就抽象及字面來說，是的。盒子內有訊息，也有刻寫在盒子裡及盒子上的字面資料。

朵：但他不知道該如何打開這個盒子。

菲：沒錯，這是內建的保護裝置。鑰匙就在他的心裡。那是心靈的鑰匙，在他尚未達到適當的成熟度或靈性進展前，他無法讀取盒子裡的訊息，無法把訊息帶到意識的實相面。

朵：那麼，他將會有打開這個盒子的一天嗎？

菲：是的，這是他的命運。或是說，他所選定的命運的一部份。當他的經歷達到了某個層次時，當他不只能了解，也能吸收透過這個盒子所提供的資料時，他就可以打開了。黑盒子經驗在本質上是一種觸媒，確認曾經發生並說明可能再發生的事。

朵：他有一次提到，他認為那個盒子是他做的。

菲：沒錯。

朵：你能回到這盒子最初被製造的時間嗎？

菲：恕難奉告。

朵：所以我們不能回到那個時候？

菲：沒錯。

朵：好的，我尊重這個決定。我很好奇是因為這盒子對我來說是個謎。

菲：這盒子對他也確實是個謎。當他剛看到時，他並不瞭解那是什麼。因此一個參考架構是必要的，他也必須有些經驗，好讓他完全瞭解曾經，以及將要發生的事。

朵：而當時候到了，他也將準備好了。

菲：沒錯。我們會說這盒子很小，它是長方形的外型，幾近全黑，由自然界的元素所製，是在他很熟悉的地區所發現的一種石頭。

朵：這元素是從地球來的嗎？

菲：恕難奉告。這是目前你所能知道關於盒子的所有資料。

這個主題的門戶已關上。途徑被關閉，我決定詢問其他的事。

朵：我會被允許知道關於這些外星人的事嗎？

菲：是的，只要你不入侵他那一觸即發的個人經歷領域。現在是讓更多與外星人有關的訊息被人們檢視和瞭解的時候了。

我從兩個我有興趣的話題開始發問，這些問題是因菲爾個人的經驗而聯想。

朵：目前最常拜訪我們地球的是哪一種外星人——我是說實體的外星人？

我並不想討論能量形式或靈體。

菲：我們會說是附屬類人類的……我們找不到相似的詞翻譯，然而，他們是一般類人類種類下的群組。有許多生物的身體和你們人類很像。在你們星球播種的就是這種。也有些和你們不是那麼接近，就你們的標準而言，很「非傳統」。這一類，所謂的遠房堂兄弟，是最常來拜訪的類型。你們所稱的生化機器人（androids）只是自願來執行任務的工作者。他們離開被「設定」的地方，自願為實現此成就而提供服務。我們不想用實驗這個字，因為結果已被預測且知曉。儘管如此，我們也不想用「任務」，因為大多數的工作……我們發現我們必須要中止這個話題，因為現在的方向會產生誤解。所提供的資料被錯誤解讀成侵犯而非幫助的本質。我們不想滋長這樣的概念，不想讓你們覺得我們是以征服者的角色而來——無論如何，我們是來幫助的。

朵：你提到這個結果已經知曉。這是什麼意思？

菲：是最終極的結果，不是你們每個人必須為自己創造出的獨特和個人結果。

朵：什麼是最終極的結果？

菲：人類意識提升到宇宙層次。與外星人成為兄弟，而不是附屬或次等。

朵：這些生物，類人類或生化機器人的長相如何？

菲：那些你們形容為身形瘦小的灰色小人是最典型的。當然，眼睛是他們最突出的臉部特

徵，因為那是用來溝通的接收器。

朵：他們的眼睛跟人類眼睛的功能一樣嗎？

菲：就某方面來說，是的。他們能看，他們可以接收到更多你所稱的可見光譜——也包括紅外線及紫外線。

朵：他們的眼睛有瞳孔嗎？功能和我們的一樣嗎？

菲：就聚焦和捕捉光的功能來說是不同的。他們的瞳孔接收光線，但方式與這裡的人類不同。

朵：他們有眼皮嗎？

菲：他們的眼皮不是用來闔眼的，和你們所稱的眼皮功用不同。

朵：他們有類似人類的系統嗎？像呼吸系統？

菲：我們會說，類似處只在分解，而不是消化或換氣。

朵：他們攝取任何形式的營養來維持生命嗎？

菲：他們不需要任何實質的營養物來維繫生命。他們是能量生物，他們可以依靠純粹的心智能量維生。這就足夠了。

朵：那麼他們不攝取任何東西，不像人類一樣？

菲：他們不是那麼的肉體層面。

朵：他們可以透過滲透作用吸收嗎？

菲：他們有吸收作用，可以分解化合物，也或許修正某些可能出現的特定反常現象。然而，他們多是從能量源（energy sources）獲取養份，而不是從消化或呼吸的機能。

朵：他們以哪種能量維生？你是指像是大氣裡的元素嗎？

菲：心智能量維生物。

朵：他們有情緒嗎？受情緒滋養嗎？

菲：他們沒有情緒。他們被稱為機器人，因為沒有感情，但是他們對心智能量有回應。

朵：我是說，他們會從別人的情緒得到滋養嗎？

菲：會被影響，但不會因情緒滋養而維生，情緒無法提供補給。

朵：他們是怎麼被製造出來的？

菲：有些能量體有管理的天性，這些能量體居住的星球中央地區便負責製造的程序。從你們的政治體系來說，可類比為你們的縣郡或州。製造過程是將物質及精神兩種能量混合，因此這個物質建造物具有回應心智的機制。他並不是因此具有心智身份（mental identity），然而，心智感應的機制使得這個實體創造物可以回應心智的刺激。

朵：他們是複製，以某方式被製造出來的，還是被另一個個體所造？

菲：兩者皆是，因為心智能量來自生命力。但也可以說是被製造出來的，因為製造程序比較像組合，而不是成長。他們是元素（elements）或機件屬性。但這並不是說在這些組件裡沒有生命或生命力。這些生化機器人對你的心智能量有反應，但他們接受或是從屬於那些指導這些特定行動的人的指令。他們是僕從。

朵：有任何人類與機器人的基因實驗在進行中嗎？

菲：沒有。因為機器人之間並沒有生殖這回事。他們在本質上無法自立自足。他們純粹是透過砌合程序產生，並被給予生命力，因此可以和接觸到的生命力有所反應並瞭解對方的感覺。但他們並不能生殖。

朵：他們如何和地球上的生物溝通？

菲：我們希望澄清，他們並不和地球生物溝通，他們和他們的上級溝通。

朵：誰是他們的上級？

菲：那些負責這個特定任務的人。他們比這些機器人更高階。這就像是這個宇宙的主人們派出這些部屬來完成任務並回報。這和你們的軍隊結構很類似。

朵：因此機器人並不和地球人溝通？

菲：並不是說他們被指示這麼做，而是因為主導這個任務的不是人類。生化機器人確實會對情緒有所回應，但不到那種與智力互動的程度。

朵：他們了解人類情緒嗎？

菲：是的。他們具有了解別人感覺或動機的能力。

朵：他們會因任何不幸或痛苦影響壽命嗎？

菲：我們想不出什麼情況。但是他們會……應該說，會衰弱或耗損。

朵：這表示他們的生命是永恆的嗎？

菲：不是，因為在使用期過後，他們會被解體。

朵：在太空船上還有其他生物和這些機器人在一起嗎？

菲：當然。有許多，而且是不同形式。但這並不是說他們必得是不同的形式。

朵：他們是和我們比較類似的生物嗎？比如必須攝取維繫生命的養份等等？

菲：沒錯。

朵：那些最常伴隨生化機器人的外星人是怎樣的長相？

菲：他們在外觀上一樣是類人類；但不常被看到。他們觀察，但不被看見。被帶到太空船上的人類不容易看見他們。

朵：你的意思是，他們不常在人類面前現身？

菲：沒錯。

朵：如果他們攝取維持生命的物質，那會是哪種形態？

菲：對他們身體運作必要的元素和礦物質會是以液體形態被攝取。

朵：並不是如我們所知的固態食物？

菲：並不是說沒有固態食物。只是和你們維生的不是同一類。

朵：有許多地球上的居民正在和這些外星生物接觸或溝通嗎？

菲：是的，有許多的自願者。

朵：為什麼他們要把人類帶到太空船上？背後的目的為何？

菲：我們要求你們明瞭，你們居住在這個星球，並不是如某些人覺得的——是個意外。它也不是像其他人認為的，聖經上所寫「上帝以祂的形象造人」才是正確的。從基本教義的觀點來看，這樣的認知可以理解。但我們要求你明瞭，人類存在於這個星球，是由於那些現在回來檢查他們工作果實的生物之故。

朵：我很好奇為什麼這類的造訪一直持續？

菲：有個星球將被提供給那些選擇在另一個地方開始，而不參與地球最終的大變動的人類居住。因此，外星人有必要瞭解那些會選擇移居到另個星球的載具在生物學上的狀態，才不會將地球的污染帶到那個星球。那些選擇離開的人將被仔細的過濾和檢驗，因此基因或生物學上的缺陷或瑕疵才不會出現在那裡的人口。理想狀態是只有最適合的人被運送，種族的進化才可能沒有缺點。你們人類的基因庫裡有許多缺陷，你只要四處看看就可以知道，比如你們在心智和肉體上的畸形。這些是不受歡迎的。這個存有，菲爾，被選擇參與在這個計劃裡。在另一個時間，在另一個星球，這個靈魂是進行實驗的人。他現在選擇將自己置於被實驗者的位置，因此他可從另一個角度瞭解這個經驗。

朵：換言之，易地而處是公平的。

菲：沒錯。

朵：有一種說法：如果地球爆發核戰，到時將會有太空船等候，將一些生還者帶離我們的星球。關於這點，你有什麼可以告訴我們的嗎？

菲：我們會說，如果你描述的景象成真，那麼會有些人可以選擇移居到另一個星球。這個選擇在地球將來臨的地軸變動時，也會被提供。目前這個新的行星還在建構中，還不是非常完美。然而，她可以很容易地支持那些選擇去那裡的生命。會有人選擇留下來

收拾殘局，或試著重新開始，或重建地球。這些選項會被提供，並將完全依照每個人的自由意願。就如亙古以來，你的星球被播種、滋養和看顧，此時另一個星球已經獲得她生命的許可證，也已準備好供人類居住。你們的身體形態與那個星球相容，正準備成為那裡的新種族。歷史在它持續不斷的進展中，只是在重複自己。正當你的星球進入垂死的掙扎，並準備好接受猛烈創痛的變化時，另一個嶄新、未經污染及未遭破壞的星球，已為那些即將踏上旅程的人準備妥當。她就如你的星球曾經的原始和純樸，沒有瑕疵。在地球即將來臨的大變動期間，許多人不會生還，有的人會渴望移居他處。但願地球曾犯的同樣錯誤，不會在那星球上發生。

朵：如果選擇去另一個星球，他們會以原有的身體被運送嗎？

菲：是的，會是肉體，三度空間的運送，全體一起。

朵：太空船會被用來當作運輸的工具嗎？

菲：沒錯。

朵：你說的這個星球，是在我們的太陽系嗎？

菲：不在這個太陽系，但在這個銀河。

朵：那裡和地球相似嗎？

菲：在某方面來說，是的。在很多方面來說，不是。你們人類的身體將會有一段必要的適應期，因為你們已經適應了地球的能量，你們需要與那個新能量校準調和。會有段憂鬱期，也會感到不適應。然而，那個星球的支持能量最終會治癒地球能量所遺留的不平衡。那個星球將比地球更有益於你們人類的生命形式。

朵：那個星球現在有生物居住嗎？

菲：此刻並沒有你的種族居住在那裡。然而，那些具監護及建設本質的生物仍在那裡為選擇來這個星球的人類進行準備工作。這個星球目前有人煙，雖還不曾被大量人口聚居，但這個情況隨時可能發生。

朵：你說那個星球與地球有些不同。如何不同？

菲：那個星球有地球沒有的能量。這和星球所通過的宇宙能量河流有關。那個星球在不同的能量河上。

朵：那個星球有名字嗎？

菲：那個星球的名字在此時並沒有相等的翻譯。然而，在靈性實相上，這個星球有個振動頻率。選擇居住在那個星球的人，將被賦予命名的責任，命名會是基於移居前，以及到時在那個星球上的經驗。在星球的真正繼承人還沒決定名字前，我們不應該如此冒

昧，越俎代庖地代為命名。

朵：那個星球和地球在地形上有什麼不同嗎？

菲：有的。在此時，那個星球最適合居住的地區類似於你們的中西部平原。這星球本身還不穩定；成長尚未完成，就星球而言，還不成熟。然而，它會是最適合支持你們這類的生命形態。而且，是的，動物也會被運送到那個星球。它也可以支持動物生命。

朵：如果我們選擇去那個星球，我們會記得我們離開了地球嗎？

菲：當然。你不會失去意識。然而，只有對那個星球最有建設性的人，才會被允許遷移。那些會帶入犯罪成份的人們不會被准許。只有那些最高尚天性和本質的才能移居。

朵：那麼，就是會有些特定限制。

菲：這麼說是正確的。

朵：那些留在地球，沒選擇去那個星球的人，是否將拾起碎片，依照舊有重建地球？還是會有創造不一樣環境的渴望？

菲：會有人選擇留在地球清理殘跡，換句話說，重新開始。外星人也將提供多方面的協助。光體（beings of light）亦會繼續幫助那些活下來的人，在地球建立一個更完美結合的身心和靈。留在這裡可以學到許多和堅強有關的課題。那些選擇離開的，將在另一個星球開始新文明。他們會是留在地球人類的堂兄弟。

朵：留在這裡的人也會有必須符合的條件嗎？

菲：由個體自行決定留下來與否。只要是肉體得以生還就符合條件。不會有強迫的移居。決定完全在於個人。到時將是充滿考驗的時期。對那些容易神經質或過於敏感的人或許並不適合。

朵：如果地球安然無恙，也還會有那個星球嗎？

菲：是的。

朵：在那個星球，人們居住的環境會是如何？

菲：那裡同樣會有你們建設城市和社會的技術。然而，會提供更多的技術和觀念來幫助你們建設一個更完美的社會——沒有你們現在社會裡的偏見與限制。

即使那樣的完美星球眞的存在，要我放棄地球這個家，我們的世界，我的內心還是會抗拒。

朵：我們有沒有可能建造出太空船，往返在這兩個星球之間？

菲：以你們的技術，無需作此嘗試，因為你們還不到這個階段。這個能力早已存在於宇宙。然而，這不是你們人類技術可及的。

朵：那些選擇去那裡的人會被允許往返嗎？回到地球，在這兩個星球間旅行？

菲：到時將會有來回穿梭的人。他們會把在新星球所學到的，整合到這個舊星球（地球）；屆時會有知識的分享交流。

朵：到時地球和那個新世界會有心靈感應式的溝通嗎？

菲：將會有溝通。但心靈感應式的溝通，完全視個人而定。那些選擇讓自己發展這個能力的人，將會學習如何使用並增進這種能力。最終，所有的人都將在心靈層次相互溝通與感應，因為這會變得非常普遍。

朵：你可以告訴我們那些要協助地球人移居行動的外星人的事嗎？

菲：如早先說過的，他們是幫助者（the Helpers）。他們具有較高的靈性，甚至在現在，他們都正在幫助你們星球的能量更改方向，希望防止你們自我摧毀。他們就是你們所說的，取樣和「綁架」的外星人。在過去，他們曾有過自己的星球在類似情況下毀滅，因而移居到另一星球的經驗。他們足以勝任協助的工作，因為他們可以從自身星球發生的事件裡汲取經驗。他們是主動協助這項任務，因為他們很能了解整個社會和住民移居到另一個星球的必要事項。有許多不同類型的幫助者都參與了這個計劃。他們並非來自同一個星球，但他們都想協助地球人，幫助提升你們的意識，並讓你們變得更覺察，不光是覺察到你們自己，還有你們周圍的人。他們是來協助你們意識到這個以基督聖靈或上帝能量所創的宇宙，並和宇宙的愛連結。

朵：昴宿星人（Pleiades）在我們所討論的遷徙中具有任何特別意義嗎？

菲：只在這點：那些協助的外星人都具有昴宿星人本質。許多是來自那個地區或昴宿星系的住民。然而，那個新家（星球）本身並不是在昴宿星系裡。

朵：這是我的下一個問題。據說在睡夢狀態時，我們有些人被帶到太空船上，被告知將要發生的事件訊息。這是真的嗎？

菲：沒錯。任何一個要經歷如此劇烈變化的文明，事先一定會有輔導和演練，因此在真正的運送期間，個體不致有完全喪失方向、不知所措的感覺，而是有種實現，有種已經練習過或做過多次的熟悉感。這純粹是為了那些會選擇遷徙的人所作的準備——讓他們在遷移過程中盡可能的自在。因此當事情發生時，他們不會感到陌生，而是非常熟悉。這雖不是在肉體層面進行，但在精神層面是全然地真實。可以這麼說，這是一種預演。我們要求你現在想像「避難所」的概念，這是受到地球變化影響的人們將移往

的地區，而這個地球變化正在進行中。

朵：這個變化已經進行了一段長時間嗎？

菲：不在你們的年代表裡。然而，在精神/靈性層面已經準備並進行了無限長。

朵：我們的季節似乎有些變化。這和地球的變動有關嗎？

菲：這是變動的顯現，不是導致變動的原因。它純粹反映了現實，反映變化的確在進行中。就像有許多其他改變，目前也在很多不同的層面發生，對於那些願意注意到這些變化的人，改變是顯而易見的。

朵：那麼我假設季節已發生變化是正確的了。

菲：沒錯。

朵：這是因地軸變動引起的嗎？

菲：是的。

朵：加州的大地震也屬於這個變化之一嗎？

菲：沒錯。你的星球現正進行地殼板塊位置的變動，從較為固定變為流動。板塊運動的增加已被觀察到。這是由於你們星球周圍的電磁場正在變化之故，使得地殼的鐵成份要重新與新的電磁場校準。地殼因而隨著新校準移動。

朵：那麼是和鐵的含量有關？

菲：地殼本身多少會和環繞你們星球周圍的電磁場磁性有所反應。就好像地殼會對電磁場產生電抗（reactance）並試著與這些磁場重新對準一樣。這和鐵粉會被紙下的磁鐵吸引類似。我們知道，目前的板塊學說指出地球自轉與板塊變化有關。就地殼企圖與電磁場校準這點而言，並不是完全正確。板塊轉移是因為電磁場的變化，而不是磁極校整。

朵：這些年來，有許多家畜被肢解的案例都和幽浮，也或許是外星人有關。如果這是真的，為什麼他們要這麼做？由於有太多例子，這不像是研究的動作。

菲：我們會說，在許多例子裡，這純粹是有些個體誤用了自身能量，他們發展出一種對刺激的需求，他們只是在展現能力而已。但這並不是說所有的肢解都是這種性質。這其中有一部份與外星人有關。在這些例子裡，肢解是為了對這些動物的生物學、免疫學及生理學，獲得更多瞭解而進行的實驗。目前正對一些動物進行相容性的測試，以便將牠們移居或運到目前正準備的播種星球，讓牠們在那裡繁衍。遺傳基因及生物學上的實驗需要牠們的器官。無論如何，這會是很少數的情況。

朵：那麼外星人不只是準備人類的身體，他們也在準備人類所需要的食物資源。你是這個

意思嗎？

菲：並不是說準備。而是對那些最適合的生物種類有更多的瞭解。換言之，多少將目前在你們星球的這些資源突變到較高的等級，讓牠們和另一個星球更相容。

朵：在新的星球，人們應該不會再吃肉了。是吧？

菲：對有些人來說，肉類最能支撐他們的生命力。

朵：看來人類不會完全改變嗜好。（笑）我很好奇外星人是否正對我們進行任何基因上的計劃？有任何加速基因進化的技術被使用嗎？

菲：我們覺得你是指應用在人類身體上。我們會說，的確有創造更完美的人類身體的企圖，讓它對疾病的免疫力更強，更不容易生病，使得人類身體能對現今地球的大多數疾病更具抗抵力。這個基因工程的目的，在本質上，是創造一個更完美的肉體。到時提升了意識的靈體，便能進入這些較完美的身體。一個比較完美的靈體需要一個比較完美的身體。

朵：這麼說，他們提供的協助確實比造成的傷害多，不是嗎？

菲：確實如此。他們所做種種並沒有任何傷害的意圖。為了要使人類物種，也就是人類肉體更加完美，取樣和研究是必要的。在地球進行的努力是為了製造完美的人類載具。

諸如因老年而生的疾病和心智退化等令人類衰弱的現象，以及所有形式的疾病都能消除。為了更瞭解引發這些衰退現象和疾病機制的運作，詳盡地研究人體構造是有必要的。這些努力是為了創造完美的人類載具。這樣一來，那些居住在另一個星球的人類便會開始生育這些基因學上的優秀身體或載具。

朵：擁有優秀肉體的目的是什麼？我以為我們主要的目標是提升靈性。

菲：沒錯。但相形下，你會寧願住在一個較劣等，而不是較優秀的載具裡嗎？

朵：如果靈魂在人世只是暫時的，這真的有關係嗎？

菲：當然有。因為你的載具（肉體）的執行力，直接影響你的靈魂能否達成來此的目的。

朵：我有其他個案也有過這類的幽浮經驗。要從他們那裡獲得資料也一樣困難嗎？

菲：由於這其中涉及了人格的易變本質，資料本來就難以觸及或得到。意識實相的極端扭曲，使得這些資料被埋葬在高度混亂和分裂的情緒創傷底下。

朵：這些資料被隱埋是因為個人潛意識的保護機制，還是因為外星人做了某些事讓資料變得模糊？

菲：這是保護這些資料不受潛意識操弄的安全機制。或許在這裡我們應該說，潛意識會改變對資料的詮釋，讓它以較愉快的方式呈現。我們因此會需要重新整理，讓它能呈現得更為正確。

朵：當潛意識將它詮釋得有所不同時，你認為這是種安全機制嗎？

菲：沒錯。它會以合理的方式詮釋。我們會說資料的隱埋是必要的，這個經驗才不會被意識想合理化的念頭干擾或失真。資料因此必須被埋葬在某個遠離意識心的層面。

朵：我懷疑外星人是不是使用某種催眠形式來隱藏資料，就像我使用的。

菲：是有些關聯，但涉及的方法更為複雜，因為有許多精神層面的機制尚未被人類意識察覺。意識絕大部份仍是人類未知的領域。人類對意識的瞭解只是皮毛而已。

朵：所以這比我們所知道的還要複雜。這是為什麼這麼難回想嗎？

菲：沒錯。

朵：要使隱藏的記憶浮現，似乎就要使用催眠。這有任何原因嗎？

菲：這純粹是因為資料就埋藏在意識層面底下。因此必須要避開意識「編輯」或重新整理資料的機會才行。催眠是和我們通常稱為的「潛意識」直接溝通的形式。

朵：那麼，使用這個方法，所得的資料就會是正確的？

菲：它會是那個個體的感知能力所能提供的最佳詮釋。因為所得的資料就是將當時所感受到的經歷重新敘述。

朵：但你認為我可以放心的將由此收到的資料視為正確的嗎？

菲：所提供的資料會有可能被那個人經歷過的情感創痛影響或渲染。

朵：但他並不真能作假？

菲：這要視那個人的品德而定。如果他的品德標準不是會攙雜或改變資料的人，那麼他就會以此作為敘述標準。然而，總是會有些人沒有那麼高的標準。

朵：那麼，假設有人有誇大事實或編故事的傾向，他們在催眠狀態下也會這麼做？

菲：沒錯。

朵：他們會是全部捏造，還是只改變某些細節？我總是很好奇要如何分辨？

菲：或許並沒有確切的方法可以分辨何者為捏造虛構，何者又是真實經驗。那個個體的性格症狀，支配了他的品德標準。因此要確認資料被渲染的程度，就有必要對那個人的性格有完全的了解。一個不那麼高貴、淨化的人格，潤飾的需要可能會比較常見。並不是說所有不那麼純淨的人格都會這麼做。純粹是因為……（停頓，在尋找字彙）修飾的傾向在不那麼高尚的人格裡可能較為普遍。

朵：我只是懷疑，有沒有可能他們告訴我的故事全部都是虛構的？

菲：是有這個可能，雖然並不常見。

朵：那麼，具有部份事實要比潤飾來得常見。

菲：沒錯。或許該說是錯誤的認知，而不是刻意的誤導。

朵：那麼，基本上當他們告訴我故事時，我可以假設是有某些正確性的。

菲：是基於某些事實。然而，再一次重申，對事實的認知決定和支配了說法，亦即事件如何被詮釋。

朵：這就是我擔心的事；當我處理這類資料時，我如何能確定它的正確性。但你提過這些記憶被深埋在潛意識和心靈，以便保護個案。這我同意。有些和外星人有過接觸經驗的人開始作惡夢。這有什麼原因嗎？

一段很長的沉默後，菲爾睜開了眼睛，出乎意料地離開了催眠的出神狀態。他只是說：「我很抱歉。我醒了。我醒來了。」

很明顯地，我不慎入侵了禁區。他們顯然不認為我的其他問題具威脅性，直到我不小心地跨越了這條他們認為可能和菲爾本身經驗有關的界線。雖然我看不出其中關聯，但他們顯然認為我是往那方向前進。看來他們因為不喜歡問題的走向而離開，因此打斷了菲爾的出神狀態。他們曾警示過我；為了保護菲爾不受更多的折磨，他們阻擋了問話。這個情形在過去只發生過罕有的幾次。一旦發生，菲爾便無法自行繼續。他沒有意識上的答案。因此我們可以確知這些資料不是來自他，而是透過他傳遞。

第二十四章　神秘的黑盒子

好幾個月過去了，由於忙於其他的催眠個案，我將菲爾的事暫拋腦後。我認爲我們已盡力在現況下挖掘到許多資料了。菲爾想必在處理和消化那些和他今生經驗有關的奇怪內容，因爲我一直沒有接到他的電話。

黑盒子的問題仍然困擾我，令我好奇不已。我想知道如何打開，以及裡面到底有些什麼。但我必須將菲爾的案子當做暫時結案，因爲那似乎是我們怎麼也無法接觸到的資料。在我的催眠工作裡，個案的利益向來居首位，我絕不會爲了滿足自我的好奇心，危及他們精神或身體上的安適。沒有故事值得如此。我也絕不會強迫他們進入任何會讓他們不舒服的情境。因此，如果我們要得到答案，想解開黑盒子的秘密，就必須等菲爾做好了繼續探索的決定再說。

就這樣過了幾個月，我突然接到菲爾的電話。他做了一個奇怪的夢，強烈暗示他和外

星人有另一次接觸；他覺得這夢可能和黑盒子有關。他希望再進行一次催眠，因爲他只記得些片段，但他有種強烈印象，夢境揭露了許多意識無法記起的重要訊息。他覺得這些訊息就在意識層面之下，應該很容易便可觸及。對他來說，探索黑盒子的秘密越來越必要，他知道如果不去挖掘，他便無法安心。由於他非常急切，等待只會令他更爲焦慮，我們將會面時間安排在隔天。

一見面，他就開始說起他記得的內容。他再次在太空船裡，被一群小灰人包圍著，他們的小手溫柔地碰觸他的手臂和身體。在他面前站著那位金髮飛行員，手裡拿著黑盒子。這一次，菲爾感受到他們的關切和焦慮，飛行員的眼神更流露出迫切，好似一個決定性的時刻已經到來。菲爾有個感覺，他們在爲他加油，希望他能認出盒子的重要，進而破解盒內的訊息。然而菲爾也知道，如果時間未到，他無法開啓盒子，這盒子將被放回太空船上，再等待適當的時機。

他還記得當他手裡握著這只黑盒子，心中充滿了期待和擔憂。自此，夢就變得無法解讀。他所能記得的，就是一道眩目的白光，接下來的一切都不復記憶——除了感受到這些外星人散發出的愛與滿足。不論那時發生了什麼，他們都很爲他開心。菲爾在愉快的感覺中醒來，但他隱約有股牽掛，彷彿有東西被積壓在內心。菲爾敘述完這個夢後，我們一致

認爲他顯然已經取得開啓那個神秘黑盒子的方法。看來訊息已被釋出，只是還未到達意識層面；而這便是我的工作：進入菲爾的潛意識，將記憶帶到他的意識面——如果不再被禁止進入的話。

菲爾舒適地躺在床上，進入了催眠狀態。當電梯門一打開，他立刻看到方才描述的場景：小灰人圍著他，眼神滿是焦急和期待。飛行員遞給菲爾黑盒子，大家都在等待他的反應。菲爾仔細看著盒子，描述它小而黑，橢圓，形狀像棺材。菲爾知道它是由一種地球上沒有的石頭製成，只有當他的精神振動頻率和其吻合時，才能開啓。這是因爲盒子是設定在一定的振動頻率，除非他進展到了適當的階段，無論多集中心志也無法打開。頻率無法作假，也因爲鑰匙是由菲爾本人設定，只有他能開啓。菲爾在瞬間突然感受到盒子裡包含了太多資料，他根本不可能在肉身形態時接收到完整內容。這些資料龐大且深奧，超乎人類心智所能理解。菲爾領悟到這點，並知道他只能獲得一小部份有助他瞭解此生的資訊。但對目前來說，知道那些也已足夠。

當他認知到這點，奇怪的事發生了。就好像按下了起動裝置，黑盒子的最底部滑出一個小抽屜，他看到抽屜裡有顆發出藍綠色亮光的橢圓石頭。菲爾終於找到打開黑盒子的步驟，但這一切與這個發光的石頭有何關係？

菲爾心中感應到一個訊息，如果他直視這個不透明石頭的表面，他潛意識裡的某個部份便會啓動，他的記憶會被觸發，資料會因此傳導至意識層面。

我興奮地期待著。我們是不是終於找到了埋藏的資料？這會是些什麼內容？我非常好奇，期待「管制」的屏障終能撤除。當菲爾凝視著石頭，太空船的景象漸漸淡去，起而代之的是其它的畫面。

菲：我看到一道非常強烈的白光，極度純淨耀眼，它來自高層次，白得一如電光。這是常被稱為「保護的白光」的能量。它就是「保護的白光」。這個能量沒有身分（identity），因為在這個層次，身分已毫無意義。然而，它有著你們層次所稱的「意識」或覺察力，它是宇宙最高階或最高光度的能量。

朵：我現在真的在跟我們所稱的「白光」説話嗎？

我對白光的概念很熟悉。當我爲個案進行催眠時，我總是想像有道白光保護著他們。這樣一來，催眠過程就不會受到任何負面影響。

菲：比較正確的說法是，白光的能量在進行溝通。這個能量現在要對菲爾說話，因為有很明確的訊息要在現在告訴他。由於訊息的發出和接收者處於不同的能量層次，我們會轉譯這些訊息並協助整個溝通過程。

訊息如下：我們的孩子，你已經學到你該學的課題了。在你目前的進化過程中，有一個覺察的管道已經被打開，你因此可以直接獲得那些你向來無法觸及的資料。你曾被拒絕獲取這些資料是有原因的。在前世的時候——假如你選擇用這個詞——你濫用了你的權利，你那部份的覺知因而被關閉，好讓你經驗到「缺乏」；一個非常明確的被拒絕的感受。這麼做是為了讓你更珍惜使用這個覺察力和它的力量。在你這次的轉世，你因而感受到許多的悲傷和掛念。你的哀傷過於強烈，使得你經常渴望重回靈界，再次回到這些能量的懷抱（這顯然是指菲爾早年自殺的傾向）。你在其他星球的前世，曾經因為誤用這些能量而使它們失去平衡，這個經驗讓你決定要以最適切的方式來重新平衡能量。

朵：他在其他轉世，曾將這些能量使用在負面的用途嗎？這是為什麼這力量被關閉的原因嗎？

菲：是的，這可以比喻為「降級」。

朵：你一直說沒有時間這回事，但我很好奇這是什麼時候發生的？

菲：我們會用你們的說法來轉譯……雖然這個比喻有些粗糙……大約有你們的幾百萬年。

朵：他必須等待那麼長的時間，經驗一次又一次的轉世，才能重新獲得使用這種能量的權利？

菲：是的。現在我們可以坦率地說出此事是因為這個經驗對於……我們不想用「載具」這個詞，因為這不是正確的說法……這個經驗對他的發展是必要的。這個能量體（指菲爾）的組合經驗以「階段」來描述會比較正確。讓這個「階段」去體驗誤用能量和移除這些能量的後果是很重要的。之所以如此（他會被剝奪權利）是因為在某個時期，他渴望協助提升那些歸他管轄的生命，他因此揭示了當時不該揭露的事。然而，宇宙對於什麼可以給，什麼不能給，有嚴格的規定。這些規定是絕對且不能被違背。在他企圖協助時，他違反了這些規定，因此他接觸這個能量的權利就被移除。我們所說的這些能量是屬知識、資料和直覺洞見。他獲取這些能量的管道被撤除，好讓他瞭解這些規定存在的必要性。這些能量只是暫時被關閉，由此開始了他長期的轉世過程，直到這次的肉體轉世達到最高峰，也就是在這時候，這個載具「找到」了自己，現在這

些能量開始回來，他也再次學習它們的用法。由於在轉世過程中，使用的方法已逐漸被遺忘，因此現在最重要和必要的，是重新訓練他的意識正確使用這些能量。總之，這個載具所需要的經驗已經完成，於是他重獲使用這些能量的能力，也希望他能正確的使用。

朵：這是發生在其他星球的事嗎？

菲：這是發生在其他次元。不是在這一個宇宙，而是在另一個類似的宇宙的物質實相裡。

朵：當時他的職位是什麼？你說他負有責任。

菲：當時有幾百萬個生命體或轉世的個體在他的管轄範圍，你可以說他是一個系統的管轄者。

朵：我試著了解你的意思。你之前說過，在不同的宇宙裡有許多議會，是這類型態嗎？

菲：不是宇宙層次，而是系統（system）層次。一個系統就像是宇宙裡的附屬單位。

朵：就像一個銀河或太陽系嗎？

菲：是的，可以這麼說。是一群有生命體居住的星球的集合。

朵：他那個時候具有物質形體嗎？

菲：這麼說不正確。星系管轄的任務不可能在肉身或物質形體裡執行。因為管轄整個系

統，就必須要能同時覺知到星系發生的事，因此覺知意識要非常龐大且多元，要能遍及整個星系，才能時時覺知一切狀態。

朵：那就是說他已進化到非常高的層次了，對不對？

菲：這是個正確的說法。

朵：我試著去理解你所說的，所以我的問題可能會顯得有些膚淺。在這眾多的宇宙裡有許多議會，而這些議會又劃分為統治或管理者，分別管轄不同的星系嗎？

菲：這就像你們的政府或管理等級一樣。一開始可能是最低階——一家之主。再來是負責一個鄰里或區域安全和福利的人；這個人可能對市長或市政委員會負責，而市長又對州長和聯邦負責。由此再往上到星球層級。

朵：然後又會有負責許多星球或一個系統的階級？

菲：是的。

朵：那麼他直接對議會負責嗎？或是這中間還有其他的人和階層？

菲：在每個不同的層級裡有許多議會。系統管轄者對在他之上的層級負責。在系統之下的對系統負責。系統管轄者不是最高也不是最低的地位。

朵：換句話說，在那個時候，他負有許多責任也擁有很多知識，但他洩漏了不該洩漏的事，誤用了他的權責。是這樣嗎？

菲：他把資料和能量給了某個想提升其星球意識的族類。管轄者覺得在這種情況下提供這些資訊是合適的。這算是很特殊的情形，規則並不太適用於這種狀況。

朵：聽起來他的動機很純正。

菲：是的，他並沒有惡意或不好的意圖。然而，規定被破壞後，管轄者非常沮喪，因為資訊被誤用，以至他原本想要協助的進展反而退化了。

朵：所以他當時透露資訊是因為他覺得對他們的進化會有所幫助。

菲：與其說資訊，不如說是能量。能量有許多種。特定的能量如果能被善用，確實可以提升這個族類的進化。然而，他們並不了解也誤用了能量，因此造成這些人的墮落和退步。

朵：你可以比較明確的說出是哪種能量嗎？

菲：在你們的經驗領域裡並沒有相對應的東西，因此無法轉譯。

朵：我很好奇他們是怎麼誤用的。

菲：就像任何能量都可能被誤用一樣。

朵：我想每種能量都有正反兩面，而他們以負面的方式來使用它？

菲：是的。

朵：那麼他當時給他們能量，卻沒有讓他們瞭解相關知識？

菲：當時這個族類還沒進化到可以瞭解這些能量的階段。但他經過評估後決定冒這個風險。

朵：這不也曾發生在我們的星球上嗎？他們有時也冒險透露知識給我們，而如何使用則是我們的自由意志？

菲：沒錯。宇宙對於在什麼時候給特定個體哪些能量，都有適用的規定。

朵：所以這是類似的案例，但那個族類的自由意志卻是負面地使用它。

菲：是的。

朵：我不懂這為什麼會是他的錯。

菲：規定被破壞了。規定明言，在這個族類確實演進到可以使用這些能量之前，能量必須加以控制。也就是說，當他們進化到能完全了解這些能量的影響力時，才能給予。但他們並未演化到那個階段。

朵：但顯然他們在未來也會獲得這些能量的，不是嗎？

菲：是很有可能。

朵：但從你告訴我的故事裡，這種事不也曾經發生在地球歷史上？在不適當的時機提供知識給人類。

菲：我們不該為這事爭論，整個宇宙都知道錯誤已造成。

朵：但在這個狀況下，他被撤離職位多少是種懲罰，不是嗎？

菲：我們不會說是懲罰，因為對宇宙能量來說，這不是一個正確的評斷。讓這個個體去體驗為什麼規則要如此訂定是有必要的。於是，讓違反規定者去體驗缺乏這些能量的感受，然後透過逐漸的演進，他重獲這些能量，他也因此懂得珍惜這種能量的施與受。

朵：原來如此。你之前稱為「降級」，換句話說，他是下降到較低的地位。

菲：我們不會對此做價值評斷，因為在你們的措辭裡，「降級」是個負面用語。在我們看來，它只是一個經驗，一個學習的課程。一個非常中立且必要的課程，它增益了這個個體的整體經驗。犯錯在很多層級都會發生，而透過身歷其境的領會，才能療癒那個錯誤造成的傷口，這個領會與了解，則是透過所稱的「降級」獲得。

朵：這真的很難理解，就算某人已進化到很高的層次，他們還是有可能會犯錯而「倒退」，然後就得花上很多、很多，或許是幾千次的轉世，才能被允許回到原來的層級？

菲：我們不會說要轉世好幾千次。幾百次就足夠了。你所知道和討論過的這些轉世，對這個能量體的經歷來說，只不過是小小的片段而已。他這次選擇投生在地球，是經過許多內省和深思決定的。他知道地球經驗會是陌生、困難和寂寞，這也是為什麼他那麼渴望離開地球人世。對這些較高等能量體來說，要適應地球是極為困難的事，因為他們根本上是單純且純淨。他們較為習慣光明面，無法了解你們世界的陰暗面。他們必須要有極大的勇氣，才能離開光，來到這個黑暗的世界執行他們的任務。我們對他們致上愛與尊敬。

朵：那麼，他現在得到了這些訊息，他將會學習正確的使用所接收到的能量？

菲：因為現在是這個能量回歸的時候了，因此他必須有意識地察覺這一切的目的。假使能量突然出現，會像是毫無意義，不知從哪冒出來一樣，因此讓他在意識上知曉能量被給予的原因是必要的，同時也讓他知道擁有這個能量的責任。

朵：這樣他就可以明智地使用了。

菲：是的。在偉大的愛和宇宙和諧中，這一切得以發生。在物質層面的星球，比如地球，這樣的機會並不常有。然而，這個星球（地球）的演化很適合那些值得的靈魂接收這種能量，並將它使用在促進宇宙目標與需要的實現上。

朵：他會在任何特定方面使用這個能量嗎？

菲：他先會變得熟悉並熟練它，而且知道能量的用途和使用的時間。這會讓他感受到自身真正的價值，而這種自我價值感是他在這一世所欠缺的。

朵：那麼當時機一到，他會得到幫助，知道該怎麼做？

菲：是的。甚至在我們說話的此刻，他也獲得協助；透過這些回溯，他的覺察力也在回復中。

朵：我常想，雖然我和他的相遇是如此意外，但背後一定有很明確的目的。

菲：沒錯，而且這目的是為了你們兩人。在宇宙裡，並沒有你們所謂的「意外」。所有發生的事都有其節奏及理由。沒有巧合。孩子（指菲爾），我們現在告訴你，你已經從你個人的黑暗期完成了這輪迴的循環。你值得得到原屬你的一切，回歸到原本真實的你，而這也是你極為渴望的。現在你可以選擇回到這邊，以你覺得最適合的方式運用你的力量，或是選擇留下，以你覺得最自在的方式在地球層面使用這些力量。此刻，這完全決定於你。我們建議你，好好地靜坐冥想，用你之前所學到的方法告訴我們你的決定。你最近才得到一個可以讓你在有意識下，回到你的高層自我，並和宇宙能量溝通的方式。請使用這個方法告訴我們你的決定，那會是你在意識層面所做的選擇。

因為這個答案現在必須從意識層面考量。我們要對菲爾說，假如你選擇留在這個星球，在適當的時候會有更多的資料讓你知道，還有進一步的指示。不要企圖預期這會是些什麼，只要讓該發生的發生。目前的這條路是適切的，日後，你會得到更多的指引。當你醒來後，你一定要好好思考這個問題，並有意識地決定你要留下來還是離開。只要繼續遵從你內心的回應，因為那是真正的指引和監督者。孩子，明智地做選擇，並且記住，不會有任何評斷。不論你選擇了哪條路，都將是你任務進展的路途。至於你，朵洛莉絲，我們鼓勵你使用你所收到的資料，這些資料沒有使用上的限制，如果不是如此，資料就不會被給予。

就在這個時候，菲爾說白光消散了，他又再次意識到手上正握著放置那發光石頭的黑盒子。他看見飛行員和小灰人的臉，感受到從他們身上散發的那股愛、喜悅和滿足。顯然他們知道菲爾已被允許接觸某些他過去的秘密。

在資料揭曉以及菲爾被告知要做出意識的決定後，他將石頭放回抽屜，抽屜自動縮回了盒子裡。飛行員從他手中將盒子拿走，並說，盒子會收藏在這太空船裡原來的地方；那是久遠以前菲爾自己放置的地點，一直等著他想起並開啓。現在這個黑盒子將繼續存放，

直到下次有需要使用。

菲爾明白他所收到的訊息，只是蘊藏在那石頭裡的一小部份資料而已。他也知道，其餘部份很可能在他這一世都永遠無法得知。當他進展到下個階段時（不論是在未來的哪一世），有關他的來處及命運的資料，才有可能釋出。

菲爾從催眠狀態中完全清醒，從他認眞專注的表情，我知道，他在未來將會有一番深思。

起初我很猶豫是否要將這些資料放在這本書裡，因爲我擔憂資料可能被誤解，而讀者可能會以爲菲爾意指他和上帝是同一層次。他其實說得很清楚，系統管轄者這個層級，仍然遠在至高無上的層級之下。他了解並服從於更高的力量。

我相信這些資料是在試圖告訴我們，「人類」不是靈魂所能選擇和使用的唯一形式。那是我們人類的認知，但它卻是非常狹隘和受限的想法。這次的催眠內容顯示了你可以進化（或回歸）到一種純粹能量的狀態，在這種狀態下，沒有肉身的限制，你可以獲得難以

置信的力量。但由於靈魂還未達到完美的境界，仍然有可能犯錯，即使是在純粹能量體的形態下。

即便是在那個階段，宇宙法則依舊適用。如果這表示一切要從頭來過，也無關緊要，因爲靈魂和課程是永恆的，而時間並不存在。只有成長、學習、體驗，以及對知識的永恆追尋。因此人類必須認識到，他是比他意識所認知，比他所能想像的，還要豐富與無限。他是不朽的，而身爲不朽的靈魂，他的視野和經驗亦是無窮無盡。他在不同的形體和不同的次元裡玩味和探索生命，直到永世萬古，直到他終於達到所追尋的完美，最後，他回歸到他的源頭，也就是一切萬有的最終起源——萬物的創造者。且讓我們除去塵世的眼罩，允許心靈與視野遨翔。我們將發現人類的自我限制是如何渺小和狹隘。宇宙才是我們的世界；穹蒼之下，沒有什麼是不可能的。

在這次的催眠後，菲爾開始在許多方面有明顯的改變。這種情形常出現在我的個案，尤其是合作了一段長時間之後。我無法解釋原因，因爲我並沒有給他們任何會改變他

們人生的暗示或指令。有些變化產生，可能是因爲他們變得較能敞開心靈，並察覺到自己的潛意識；潛意識就像是我們每個人心中那個寂靜微小的聲音。他們也變得較能活出眞實的自我，知道自己的人生要些什麼。他們開始下重大的決定和承諾。在此之前，他們通常都是困惑、不確定和害怕。在每個案例中，改變都證明是好的。我也眞誠的希望如此，因爲我完全不想對任何人有不當或無意識的負面影響。

菲爾仍舊是那個溫和的年輕人，但他變得更有安全感，他決定結束在家中車庫經營的電器維修生意，到一家電器公司上班。上班的第一個月，他認識公司一位迷人的年輕女性，兩人開始交往。他們發展的速度前所未有，他搬到了她的公寓和她及她的兒子同住。這些都不像是我知道的菲爾。我雖然驚訝，但認爲這樣很棒，這顯示他在情感上成長了，也成熟了。他不再逃避內心感情。他願意冒險，不害怕可能受到的傷害。他願意對另一個人承諾，也代表他對自己人生的承諾。

他如今也用另一個角度看待他的存在。「在我的生命裡，我曾經想『退出』，我還可以預測時間，因爲它就像個清楚的週期。通常一年會發作兩次，春天和秋天。在那段期間，我感覺自己像是被某股力量牽引，渴望回家，回到『另一邊』。這種情形有時持續幾天，最糟持續幾個禮拜。那段時期我會沮喪到極點，但還不致到無法承受，我也不曾再嘗

試自殺。大約從去年開始，我似乎能穩定自己的情緒了，那種不屬於這裡的感覺和沮喪好似平靜了下來。就好像我終於能掌握生命並且隨遇而安。我接受了所有情緒的起伏高低。我變得較能平靜地接受事實，因為我現在知道這些情緒是從何而來了。」

我問他，我們在催眠中所揭露的資料對他是否有所幫助。

「我想是的。」他回答。「它使我更全面且更深入地看待自己。我了解到，我比自己所知道和體認到的還來得多。我很高興能知道這些，雖然我並沒有憶起所有的事，但單是想到我所經歷的，我就感到滿意和知足了。」

「你覺得這些催眠有幫助你解釋你那些不安的來源嗎？」我問。

「有，我想有的。它解釋了為什麼我會覺得不自在和疏離，還有我對自己和他人的高標準。看到人們充滿偏見、粗暴無禮、那些……偷竊、謀殺和殘害等等行為，這世上的種種負面讓我感到喪氣。這些都曾經很困擾我，而我會把它當作『我不想在這裡』的藉口，因為這不是我想生活的世界。我希望的世界是有秩序、乾淨、穩定、和諧的。然而，真讓我受傷的是，我發現自己也想跟旁人一樣，想得到大家的認同，因此我會開始做一些我不喜歡在別人身上看到的事，只為了和別人一樣『正常』。我總覺得我必須這麼做才能融入。但它只是徒增孤單、困惑和挫折的感受。」

「沒錯，」我心有同感地附和：「因爲你是在違背你的本性。我瞭解那樣做只會讓你更受挫。我想這世界可能有許多人正在經歷同樣感受，特別是青少年，而我們很難了解這背後的因素。」

「是的，我同意。它不是那種跳到你面前，敲敲你的腦袋，執意要你注意它的存在的事。而是你根本不清楚爲什麼會這樣，但你就是能感受到這種情緒。它就在那裡，你感覺得到。你很難說清楚是什麼，但它卻眞實無比。——我想我以前是怕我自己，因爲我並不了解自己。我怕讓任何人接近我，因爲我並不知道自己想要什麼。我想，我也是害怕受傷。但現在，我開始了解自己，也能喜歡自己。我不必害怕，或認爲自己跟別人不同，是個怪胎什麼的，因爲我知道我其實和別人沒多大差異。我之前的問題是我對人生有太多期待，我期待這裡的生活和那裡一樣。因此當發現生活達不到我的期望時，我總會感到失望。」

「而當你憂鬱時，你並不瞭解是這麼一回事。」

「對，當時我不明白。」他很認眞的回答。「我現在知道了，我知道我對這生的期望過高。知道這點以後，失望也變得比較容易承受，因爲這無關個人。我也發現，每個人都感受到失望，我不是唯一的一個。這是存在的一部分，是身爲人類的一部份。現在，我的

沮喪期只持續很短的時間。當發生時，也沒什麼不好，因爲我已經知道這感覺從何而來。我現在知道，一切都會安然無恙。」

還有什麼能比這個更好呢？我不敢說我對此有些許貢獻，因爲我並沒意識到菲爾這些轉變。在他向我傾訴前，我甚至完全不知道困擾他人生的問題。發現菲爾的外星血統，顯然對他有很正面的影響。我相信菲爾從潛意識獲得的知識和資料，有助於讓他接受自己，他也因此可以在我們這個混亂的世界裡，和一般人一樣正常生活。如果我們的催眠合作有助他達成這些改變，我非常感激能有這個機會。

某個夜晚，我正慵懶地看著一部科幻電影，內容是耳熟能詳的「外星人佔領地球」。突然間，有個聲音清楚且大聲地在我腦海裡說：「爲什麼他們要這樣描述我們？這樣只是將恐懼灌輸給這個已經充滿恐懼的世界。我們不是他們說的那樣，我們已告訴過你了。請告訴這個世界，我們眞正的身分。我們是來自天際的兄弟，人類的守護者和保護者。我們無需用武力佔領這個星球，她已經是我們的，她一直都是。打從一開始，我們就在這裡——照顧和滋養地球。現在，我們正在幫助你們，防止你們摧毀這個星球。因爲自由意志是這個星球生命許可的主要前提，你們必須要由自己做出決定。然而我們無法呆坐，眼看著我們的家人毀滅自己和他們的家園。注入新血是唯一的辦法。假使人類的影響不是太強大，我們的計畫就會成功。我們將達成我們的目標——不是佔領這個星球，而是拯救她。」

是的，外星人就在地球，他們正與我們一同生活。他們在此有三種方式：一種是以靈魂投生爲人類；一種是模擬人類形體，居住在人群之間不被察覺；還有那些住在秘密基地，觀察和注視我們的外星訪客。不論哪種方式，他們都是來防止人類自我毀滅。

他們是我們的祖先和親人，地球上所有生物都流著他們的血。最近期的外星人更帶著過去世的印記及情感而來，好幫助他們適應我們混亂的人世生活。他們是一群注入地球的新血，他們不相信恐懼、戰爭和毀滅是最終的答案；他們的特性是愛、和平和體諒。他們感受力敏銳，對別人的情緒也較爲敏感，然而他們卻很少知道自己眞正的血脈。青少年不斷升高的自殺率，證明了許多溫和的新來者雖然具有較高的靈性，且自願參與這份拯救的工作，但他們仍無法適應這裡的生活。生活在這個星球純粹太苦了。

由於沒有辨識這些外星人的方法，也少有人知道自己的靈魂旅程，因此我們無需費心猜疑。我們必須做的，是將外星人愛與和平的信仰及目標，融入我們的生活裡，幫助他們一起拯救我們的星球。

是的，外星人就在這裡，就在我們生活的地球。感謝老天，有他們在此，我們不致迷失。

二〇二〇新版 園丁的話

十多年前出版朵洛莉絲的著作，因爲內容有太多人類需要知道的事。當時完全沒有想到這本《地球守護者》和後來的《迴旋宇宙》系列會爲朵洛莉絲·侃南的催眠法打開了華人世界的大門。

因此，我想說說這些年對台灣和大陸相關現象的想法。尤其是如果有人因此想嘗試被催眠而自行在網路搜尋的話。

就如所有行業的工作者，不論地域，難免有素質良莠不齊的情形。亞洲學習朵洛莉絲催眠法的人也不例外，這跟學習的動機和個人心性有關。譬如說，朵洛莉絲嚴禁遠距和視訊催眠，但仍會有自稱學習量子催眠的人在網路宣傳可以遠距。朵洛莉絲的催眠以次計費，有些人的以次計費卻有限時，超過一定時間就再收費。朵洛莉絲的教導是永遠以個案福祉爲重，而有些人並沒遵守。因此，如果台灣有人因看了書好奇而想嘗試被催眠，請來信宇宙花園service@cosmicgarden.com.tw詢問，以確保你們聯繫的是能切實執行朵洛莉絲生前教誨的催眠操作者。

現在的世道，騙子太多了，除了政治、宗教圈，身心靈圈也不少。曾有人根本沒學過催眠，就毫無忌憚地打著朵洛莉絲的名號。有人喜歡裝神弄鬼，也有某團體聲稱可接收宇宙訊息，然後開大雜燴式的工作坊，其實根本是貪婪的神棍。大家眞的要留意。

網路上的外星訊息也不要照單全收，有些被扭曲了，也有很多是人類腦袋的產物。譬如，有一群人喜歡講陰謀論（某些內容事實上是在混淆人類心智），推崇川普，說他是光明的，是外星人支持的。這眞的是胡扯。如果外星人會支持種族主義者，會支持破壞環保、加速地球暖化、喜歡罷凌、羞辱別人，謊言不斷的仇恨散播者，那麼這樣的「外星」人和團體是很低階的。有良知的人類都看得出川普的邪惡。手持聖經拍照並不表示心有聖經，聖經和宗教只淪爲他的政治工具。

光從川普這樣一個再明顯不過的例子，可想而知有多少造假和偏頗的訊息解讀，甚至是在刻意誤導人類的資料在網路流傳。希望大家能多加辨識。盡信書不如無書。保持客觀，保持心胸開放，多探索多思考，用心用良知作判斷，分辨眞假就不是那麼難了。

宇宙花園向來不擅行銷，一直都是低調地出版自已喜歡並有助大眾靈性和意識提升的書。但在閱讀風氣越來越式微，獨立出版社的通路和曝光度遠不及中大型出版社的情況下，許多重要且正確的靈性知識和資訊也只在一群同樣低調的少數讀者心裡共鳴。

進入二〇二〇，許多事情變化的速度都在加快。在資訊爆炸，在絕大多數人慣於只看表象、淺碟式思考的今天，朵洛莉絲書裡的宇宙資料和訊息更顯重要。因此，如果你們喜歡這本書，而身邊也有人對宇宙、對外星、對探索生命意義，對個人成長和身心靈主題有興趣，請推薦宇宙花園的書籍讓他們認識。你們的支持和推介會爲這個地球帶來更多的光與愛，並協助人類意識的提升。衷心感謝！

宇宙花園 04

地球守護者

Keepers of the Garden

作者：Dolores Cannon

譯者：張志華

出版：宇宙花園

通訊地址：北市安和路 1 段 11 號 4 樓

e-mail：gardener@cosmicgarden.com.tw

編輯：宇宙花園　內頁版型：黃雅藍

協力翻譯：郭思琪（chap1-4,7-9,24）

印刷：鴻霖印刷傳媒股份有限公司

總經銷：聯合發行股份有限公司　電話：(02)2917-8022

初版：2006 年 5 月　平裝新版四刷：2023 年 5 月　　定價：NT$ 470 元

ISBN：978-986-86018-8-8

國家圖書館出版品預行編目（CIP）資料

地球守護者：地球實驗的阿卡西紀錄 / Dolores Cannon 著；張志華譯 . ---
初版 --- 臺北市：宇宙花園，2006〔民 95〕
面；　公分 . ---（宇宙花園；4）
譯自：Keepers of the Garden
ISBN 978-986-86018-8-8（平裝）
1. 太空生物學　2. 不明飛行體

361.9　　10109244